JN234179

テキストシリーズ 土木工学 11

土質力学

足立格一郎 著

共立出版株式会社

「テキストシリーズ 土木工学」刊行に当たって

　近年，国際化，情報化，先端技術化の社会情勢の中で，土木事業および土木技術は大きく変革しています．加えて，市民意識が多様化しソフト化する中で，社会基盤施設整備に対する市民のニーズは単に経済発展や地域の活性化を推進するためというだけにとどまらず，豊かで快適な生活環境の創造や地球規模ともいえる環境問題への取組みなどを求める方向にあります．

　このような状況において，土木工学も一層の革新と内容の充実が要求され，境界領域を含めた新たな角度からの体系化と再編成が行われ，ますます総合工学的なものへと変遷してきています．

　本テキストシリーズは，この新時代に相応しい土木工学のカリキュラム編成を考慮しながら，専門基礎教育に対応する科目を取り上げたものであり，とくに次により編集しました．

　一．シリーズ全体を「概論・共通基礎／構造／材料／基礎工・土質／水工／計画」の各分野で構成し，それぞれさらに分冊して体系化しました．
　一．各冊とも，将来の関係分野の専攻にかかわらず必要とされる基礎が十分理解でき，また最新の技術，今後の動向が把握できるよう務めました．

　大学，高専などの土木系，建設系学生および高度技術革新時代における初級エンジニアを読者として想定して，各冊とも適宜に例題・演習を配し，またビジュアルな図・表を多用するなど学習の便を図っています．専門基礎課程のテキストとして，あるいは参考書・自習書として本シリーズの活用を大いに期待する次第です．

編集委員（五十音順）
足立紀尚　京都大学名誉教授　工学博士
髙木不折　名古屋大学名誉教授　工学博士
樗木　武　九州大学名誉教授　工学博士
長瀧重義　東京工業大学名誉教授　工学博士
西野文雄　政策研究大学院大学教授　工学博士

まえがき

　本書は，大学の学部における「土質力学」の教科書として書いたものである．執筆に当たり，モットーとした事項をあげると以下のとおりである．
① 基本的事項と，本質的で重要な事項が欠けないように記述する．
② 内容の本質がよく理解できるように，正しく，かつ難しくなく（わかりやすく）説明する．
③ 本書に記述されている内容が，実際の建設プロジェクトにおいてどのように利用されるのか，すなわち，具体的業務への適用を念頭に置いて，学生の興味を喚起するとともに，実務に携わる技術者にも有用な図書となるように心掛ける．
④ 内容・数式・記号など，全体に間違いのない図書となるように留意する．
⑤ 全章を通じて，論理と説明の一貫性を重視する．
⑥ 図表を大きくして，使いやすく正確に利用できるようにしたいと考えたが，A5判という教科書サイズと本の価格という制約のために，この目的は実現できなかったのが残念である．

　当書の執筆には数年を要し，著者の予想をはるかに越える時間がかかった．その理由は，(1) 大学・学会などでの仕事が多く，著作に使える時間が著者の予想より大幅に少なかった，(2) 著作を始めると，新たに調べるべき事項と，著者の執筆内容に対する認識の不十分な事項が予測以上に多いことがわかり，それらを補充するために時間がかかった，の2点が大きいと感じている．とくに最近の2年は辛かった．無謀なことを始めてしまったのではないかと悩んだことが少なくない．何とか当書をまとめ上げることができたのは，多くの方々の励ましと助力によるところ大である．

　ここで当書出版に関し，お世話になった方々にお礼の言葉を記したい．まず，著者の大学院生活時代を中心に現在まで，学術面・私生活面を通じて，言葉で言い表せない程に「教え」と「助力」をいただいたイリノイ大学のペック教授

（Professor R. B. Peck）とメスリー教授（Professor G. Mesri）に心からの謝意を表したい．また，学部生活を送った東京大学において教えを受け，私に土質力学に対する強い関心をかき立てていただいた故 最上武雄教授に深くお礼申し上げたい．

広島大学の森脇武夫先生には，著者の原稿を大変ていねいにレビューしていただき適切なコメントをいただいた．心より感謝申し上げたい．極力そのコメントに対応したつもりだが，ページ数と時間の制約により100％の対応ができなかったことを申し訳なく思っている．芝浦工業大学・地盤工学研究室の卒業生・大学院生・卒業研究生には，原稿の整理とまとめに当たり，大変お世話になった．その名前をすべて記すことができないのが残念であり申し訳ないが，心からの謝意を表したい．

具体的にお名前をあげるには，その数が多過ぎて不可能であるが，学会・研究委員会・実務等を通じてさまざまな面で学術的・実務的討議をさせていただき，有意義な助言と助力をいただいたきわめて多くの方々に心からのお礼を申し上げたい．また，共立出版(株)の瀬水勝良氏には，原稿がなかなかまとまらないのを，我慢強く見守っていただき，かつ励まし続けていただいて，ようやく完成にたどりつけたことを心から感謝申し上げたい．

最後に，著者の妻・足立田鶴子に長き苦闘の間，心からの励ましと助力を続けてくれたことに深く感謝したいと思う．英語の本では1ページを使って，「To my wife Tazuko」と書くのであるが，日本ではきざになるのでここで「本当にありがとう」と述べることにする．

当書は以上のように，著者としては全力投球をしてまとめたつもりであるが，不十分な点が残されていることは著者自身が認識している．読者諸氏のご批判・ご意見をいただき，今後さらに改良がはかれるよう努力したいと考えている次第である．当書が読者の方々に，役立つ図書であることを願って前書きとさせていただく．

2002年5月

足立 格一郎

目　　次

1章　建設プロジェクトにおける土質力学の役割

1.1　構造物を支える ……………………………………………………………… 1
1.2　沈下の問題 …………………………………………………………………… 7
　　　演習問題・参考文献 ……………………………………………………… 11

2章　土の構成と基本的物理量
―土をはかる，土の状態を示す―

2.1　土の構成 …………………………………………………………………… 13
2.2　土の基本的物理量 ………………………………………………………… 15
2.3　土粒子の大きさと粒径加積曲線 ………………………………………… 22
2.4　土粒子の形状と土の構造 ………………………………………………… 26
　　　演習問題・参考文献 ……………………………………………………… 31

3章　透　　水

3.1　透水係数とダルシーの法則 ……………………………………………… 33
3.2　各種の土の透水係数とそれを左右する要因 …………………………… 35
3.3　水頭と透水 ………………………………………………………………… 37
3.4　浸透速度 …………………………………………………………………… 41
3.5　浸透水圧とクイックサンド ……………………………………………… 42
3.6　流線網による2次元透水問題の解析 …………………………………… 43
　　　演習問題・参考文献 ……………………………………………………… 49

4章　土の分類

4.1　土の生成と土の生成過程による分類 …………………………………… 51
4.2　土の粒度組成による分類 ………………………………………………… 55
4.3　アッターベルグ限界（コンシステンシー限界） ……………………… 56
4.4　土の工学的分類 …………………………………………………………… 60
4.5　分類法に含まれない有用な指数 ………………………………………… 64
　　　演習問題・参考文献 ……………………………………………………… 66

5章　全応力・間隙水圧・有効応力

5.1　有効応力の概念 …………………………………………………… 69
5.2　土中の有効応力と静水圧 …………………………………………… 71
5.3　土の微視構造から見た有効応力の意味 …………………………… 74
5.4　不飽和土のサクション ……………………………………………… 75
　　　演習問題・参考文献 ………………………………………………… 77

6章　地盤内の応力分布

6.1　地盤上の鉛直集中荷重による地盤内応力分布 …………………… 79
6.2　半無限弾性地盤上の分布荷重による応力 ………………………… 81
　　　演習問題・参考文献 ………………………………………………… 87

7章　圧　　密

7.1　粘土地盤の圧密沈下とは …………………………………………… 89
7.2　テルツァギの圧密理論 ……………………………………………… 92
7.3　三笠の圧密理論 ……………………………………………………… 100
7.4　圧密試験 ……………………………………………………………… 101
7.5　粘土地盤の最終圧密沈下量の算定 ………………………………… 107
7.6　圧密過程における沈下量の経時変化 ……………………………… 112
7.7　正規圧密粘土と過圧密粘土 ………………………………………… 119
7.8　粘土の圧密に関する考慮事項 ……………………………………… 121
　　　演習問題・参考文献 ………………………………………………… 123

8章　土の締固め

8.1　土の締固めの目的と機構 …………………………………………… 125
8.2　土の締固め試験の方法 ……………………………………………… 126
8.3　土の種類および締固めエネルギーの大小が締固めに与える影響 …… 131
8.4　土の締固めの施工管理 ……………………………………………… 132
8.5　CBR試験 ……………………………………………………………… 133
　　　演習問題・参考文献 ………………………………………………… 134

9章　土のせん断強さ

- 9.1　物体はどのようにしてこわれるのか …………………………………… 135
- 9.2　物体（土要素）内に生じる応力 ……………………………………… 138
- 9.3　モールの応力円 ……………………………………………………… 140
- 9.4　モール・クーロンの破壊規準 ………………………………………… 144
- 9.5　土のせん断試験の種類 ………………………………………………… 150
- 9.6　土のせん断強さ―三軸圧縮試験をもとに― ………………………… 154
- 9.7　圧密あるいは排水条件が土のせん断強さにどう影響するか
（具体的プロジェクトへの適用に際して） ……………………………… 175
- 9.8　土のせん断強さを支配する要素 ……………………………………… 177
- 9.9　間隙水圧係数 B および $\bar{A}$ ……………………………………………… 178
- 9.10　応力経路 ……………………………………………………………… 181
- 9.11　砂質土のせん断強さ ………………………………………………… 184
演習問題・参考文献 …………………………………………………… 185

10章　砂地盤の液状化

- 10.1　砂地盤の液状化とは ………………………………………………… 187
- 10.2　液状化の原因 ………………………………………………………… 189
- 10.3　砂地盤の液状化に影響する主な要素 ……………………………… 194
- 10.4　液状化判定 …………………………………………………………… 194
- 10.5　液状化防止対策 ……………………………………………………… 198
演習問題・参考文献 …………………………………………………… 198

11章　土　　圧

- 11.1　土圧とは ……………………………………………………………… 201
- 11.2　ランキンの土圧理論 ………………………………………………… 202
- 11.3　クーロン土圧 ………………………………………………………… 210
- 11.4　静止土圧 ……………………………………………………………… 214
- 11.5　壁の変形と土圧の再配分 …………………………………………… 214
演習問題・参考文献 …………………………………………………… 216

12章　斜面の安定

- 12.1　斜面の安定解析 ……………………………………………………… 217

12.2　鉛直切り取り面の安全性 …………………………………………… 226
12.3　自然斜面の安定性の検討 …………………………………………… 227
　　　演習問題・参考文献 …………………………………………………… 231

13章　地盤の支持力

13.1　地盤の支持力とは ……………………………………………………… 233
13.2　支持力に関する基本事項 …………………………………………… 234
13.3　浅い基礎の支持力 ……………………………………………………… 237
13.4　浅い基礎の沈下量 ……………………………………………………… 247
13.5　深い基礎の鉛直支持力 ……………………………………………… 250
13.6　深い基礎の支持力に関する考慮事項 …………………………… 258
13.7　土の強さを求めるための原位置試験 …………………………… 262
　　　演習問題・参考文献 …………………………………………………… 267

　　SI 単位について …………………………………………………………… 269
　　演習問題略解 ……………………………………………………………… 271
　　索　引 ……………………………………………………………………… 277

記 号 一 覧

〔記号はアルファベット順（大文字→小文字）に示し，その後にギリシャ文字を示した〕

A	活性度	g	重力加速度
$\bar{A}$	間隙水圧係数（$\bar{A}$ 係数）	H, h	高さ
A, a	面積	H_c	限界高さ（斜面の）
a, α	加速度	H_D	最大排水長
A_f	杭周面の面積	h	水頭，水位差，減衰定数
A_p	杭先端の面積	I	断面二次モーメント
B	間隙水圧係数（B 係数）	I_L	液性指数
B, b	幅，基礎幅	I_P	塑性指数
CBR	CBR 値	i	動水勾配（動水傾度）
C_c	圧縮指数	i_{cr}	限界動水勾配
C_r	クリープ比，再圧縮指数	K	体積弾性係数，側圧係数
C_s	膨張指数，膨潤指数	K_0	静止土圧係数
C_α	二次圧密係数	K_A	主働土圧係数
c	粘着力	K_P	受働土圧係数
c'	粘着力（有効応力表示）	k	透水係数，地盤反力係数
c_v	圧密係数	L, l	長さ
D, d	直径，粒径	M	モーメント，マグニチュード
D_f	基礎の根入れ深さ	M_D	滑動モーメント
D_r	相対密度	M_R	抵抗モーメント
E	弾性係数，ヤング率，（変形係数）	m	質量
E_s, E_{50}	変形係数（割線）	m_s	土粒子の質量
E_t	変形係数（接線）	m_v	体積圧縮係数
e	間隙比	m_w	間隙水の質量
e_{cr}	限界間隙比	N	打撃回数，N 値
e_{max}	最大間隙比	N_c, N_q, N_γ	支持力係数
e_{min}	最小間隙比	N_s	安定係数
F	力	n	間隙率
F_c	細粒分含有率	OCR	過圧密比
F_l	液状化に対する安全率，FL 値	P	荷重，力
F_s	安全率	p	圧力（単位面積当たり）
G	せん断弾性係数，剛性率	P_A'	主働土圧の合力
G_s	土粒子の比重	P_P'	受働土圧の合力

記号一覧

記号	説明	記号	説明
P_{FN}	負の摩擦力により生じる杭軸力	V_p	P波速度
p_0	先行圧密応力	V_s	土粒子の体積，S波速度
p_c	圧密降伏応力	V_v	間隙の体積
pH	pH値	V_w	水の体積
Q, q	流量	v	速度，流速
q_a	許容支持力（単位面積当たり）	W	重量
q_c	コーン指数	W_s	土粒子の重量
q_d	極限支持力（単位面積当たり）	W_w	間隙水の重量
q_s	荷重強度，接地圧（単位面積当たり）	w	含水比，自然含水比
		w_L	液性限界
q_u	一軸圧縮強さ	w_n	自然含水比
q_y	降伏応力	w_{opt}	最適含水比
Δq	載荷重（単位面積当たり）	w_P	塑性限界
R, r	半径	w_S	収縮限界
R_a	杭の許容支持力	Z, z	深さ
R_f	杭の周囲摩擦による支持力	α	加速度，角度，形状係数
R_p	杭の先端支持力	β	角度，傾斜角，形状係数
R_u	杭の極限支持力	γ	単位体積重量，せん断ひずみ
S	沈下量	γ'	水中単位体積重量
S_r	飽和度	γ_{sat}	飽和単位体積重量
S_t	鋭敏比	γ_t	湿潤単位体積重量
s	サクション	γ_w	水の単位体積重量
s_t	引張強さ	δ	壁面と土との摩擦角
$s_u(c_u)$	非排水せん断強さ	ε	ひずみ
T	温度，固有周期，時間係数	$\varepsilon_{1,2,3}$	主ひずみ
t	時間	ε_a	軸ひずみ（鉛直ひずみ）
U	平均圧密度	η	粘性係数
U_c	均等係数	κ_a	空気の圧縮率
U_c'	曲率係数	κ_{sk}	土の骨格構造の圧縮率
U_z	標準化した深度Zにおける圧密度	κ_w	水の圧縮率
u	間隙水圧，間隙圧	ν	ポアソン比
u_a	間隙空気圧	ρ	密度
u_e	過剰間隙水圧	ρ_d	乾燥密度
u_w	間隙水圧	ρ_{dmax}	最大乾燥密度
V	体積，容積	ρ_{dmin}	最小乾燥密度
V_a	空気などの気体体積	ρ_{dsat}	ゼロ空隙状態における乾燥密度

記 号 一 覧

ρ_s	土粒子の密度	σ_h'	水平方向有効応力
ρ_{sat}	飽和密度	σ_m	平均主応力
ρ_t	湿潤密度	σ_m'	平均有効主応力
σ	全応力	σ_P'	受働土圧
σ'	有効応力	σ_v	鉛直方向全応力
σ_1	最大主応力	σ_v'	鉛直方向有効応力
σ_1'	最大有効主応力	τ	せん断応力
σ_2	中間主応力	τ_d	繰返しせん断応力振幅
σ_2'	中間有効主応力	τ_f	せん断強さ
σ_3	最小主応力	τ_l	液状化抵抗
σ_3'	最小有効主応力	τ_v	ベーンせん断試験によるせん断強さ
σ_A'	主働土圧		
σ_c	セル圧	ϕ	せん断抵抗角，内部摩擦角
σ_{cr}	限界応力度	ϕ'	せん断抵抗角（有効応力表示）
σ_f	せん断破壊時の直応力	ϕ	土中水のポテンシャル，周長
σ_h	水平方向応力		

（注）図表などに 1)※ をつけたものは，文献 1) を参考に加筆・修正した図表であることを示している．

記号一覧

ギリシャ文字とその読み方

大	小	読み方	大	小	読み方
A	α	アルファ	N	ν	ニュー
B	β	ベータ	Ξ	ξ	グザイ（クシー）
Γ	γ	ガンマ	O	o	オミクロン
Δ	δ	デルタ	Π	π	パイ
E	ε	イプシロン	P	ρ	ロー
Z	ζ	ジータ（ゼータ）	Σ	σ	シグマ
H	η	イータ（エータ）	T	τ	タウ
Θ	θ	シータ	Υ	υ	ユプシロン
I	ι	イオタ	Φ	ϕ	ファイ
K	κ	カッパ	X	χ	カイ
Λ	λ	ラムダ	Ψ	ψ	プサイ（プシー）
M	μ	ミュー	Ω	ω	オメガ

上記の読み方は主として英語読みである．（ ）内に示したのは，ギリシャ系・ドイツ系読みでわが国ではあまり使われない．

1

建設プロジェクトにおける土質力学の役割

> 土質力学は，多くの建設プロジェクトにおいて大変重要な役割を果たしている．これから学ぶ土質力学が，具体的建設プロジェクトにおいてどのように利用されているかを知ることは，土質力学の重要性を認識し，土質力学への興味を感じる糸口となる．学問に興味をもち意義を感じながら学ぶことは非常に大切である．とくに工学では，その学問が**実務でどのように役立っているか**が興味と関心の源になるといえる．本章では，いくつかの具体例をもとに，建設プロジェクトにおいて土質力学が果たす役割を調べてみよう．

　土質力学という言葉は「土の力学」の学問名称である．すなわち，土を科学し，土の変形や土の強さ，といった土の力学的諸問題を調査・研究し，体系化したものが「土質力学」と呼ばれる学問である．

　われわれの生活は，地球，とくにその表層部の地盤をベースとして成り立っている．そして，この地盤は，「土」と「岩石」により構成されており，土質力学は，その「土」を主対象としている．土は植物の生育に不可欠であり，したがって人間を含む動物の生活にも不可欠のものである．さらに，われわれの生活環境と生活基盤諸施設にも土（地盤）は深く関わっている．その代表例として，吊橋，高層ビル，空港などを取り上げ，土質力学がこれらのプロジェクトの計画・設計・施工という段階で，どのような役割を果たしているかを見てみよう．

1.1 構造物を支える

　土および岩盤で構成される地盤は，高層ビル，長大橋，原子力発電所などを

含む種々の構造物を支えている．われわれの生活は，地盤の支えによって成り立っているといってもよい．ここでは，橋梁およびビルディングを例にとり，構造物が地盤により，どのように支持されているかを考えてみよう．

A　明石海峡大橋

1998年4月に完成した明石海峡大橋は中央径間が1991mであり世界最長の吊橋が建設された．吊橋のサイズは2つの主塔間の距離（中央径間）で表示され，ギネスブックの2000年版で見ると，1位明石海峡大橋：中央径間1991m（日本），2位ハンバー橋：中央径間1410m（イギリス），3位ベラザノ・ナロウズ橋：中央径間1298m（アメリカ）となっている．

明石海峡大橋の建設には，いくつかの困難な問題点があった．その代表的な事柄のひとつが，水深約45mの海底下に2つの主塔（2Pおよび3Pと呼ばれる）の基礎を建設することであった．図1.1に明石海峡大橋の全体図および地盤構成断面図を示した[1]．

2Pおよび3Pの2つの主塔は，つねにギガニュートン（GN＝1×10^{9}N）オーダーの鉛直荷重（1GNはコンクリート約4.3万m^{3}の重量に相当する）を支えなければならない．また，風や地震などの力にも耐えなければならない．

この2つの主塔の基礎構造を決定するために，まず必要となる情報が建設地点の地盤条件である．海上に作業用プラットフォームを設置し，海底下の地盤

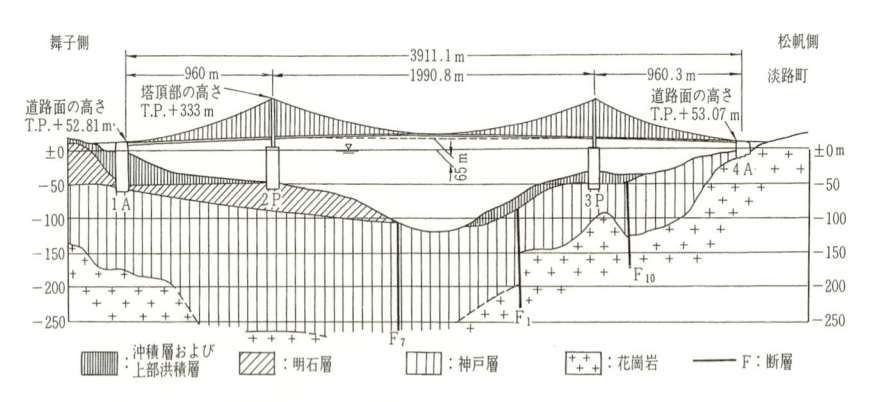

図 1.1　明石海峡大橋と地盤断面図[1]※

状況をボーリングにより調査した．調査結果をとりまとめ，明石海峡大橋建設地点の地盤構成断面図として示したのが前述の図1.1である．主塔2Pは明石層と呼ばれる砂礫層に，また主塔3Pは神戸層と呼ばれる軟岩層（泥岩および砂岩より成る）に基礎を置く案が提案され，その支持力が十分であるか否かの検討が必要となった．図1.2は明石層の試料を採取したときの写真である．このように，海底地盤より採取さ

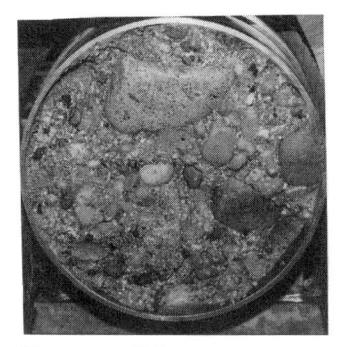

図 1.2 明石層（砂礫層）試料の写真
（試料の直径：30 cm）

れた試料は実験室に運ばれ，その圧縮性，強度，地震時の液状化の可能性，などについて試験が行われた．また，現位置での地震波速度の計測や，実際に荷重を加えて支持力を調査する載荷テストも実施された．

このような種々の土質力学的・地盤工学的調査と解析・検討を経て，2つの主塔が設計され施工されたわけである．2P・3P両主塔には，ケーソン基礎と呼ばれる大型基礎が用いられた．いずれも円形で，その直径は2Pが80m，3Pが78mである．表1.1に両主塔ケーソン基礎の設計・施工条件の要点を示した．

表 1.1 明石海峡大橋主塔ケーソン基礎の設計・施工条件[2]※

	基礎底面の最大荷重強度 (MN/m^2)		基礎底面深度（TP）	基礎の根入れ深さ（海底面からの深さ）
	常時	地震時		
2P	1.67	2.75	-60 m	約15 m
3P	1.57	3.73	-57 m	15〜20 m

B 高層ビル：ラッフルズタワー

高層ビルの設計および施工にも，土質力学は重要な役割を果たす．日本でも東京・新宿副都心などに数多くの高層ビルが建設されている．ここでは，著者が深く関与したシンガポールでの高層ビル建設を紹介する．図1.3に示したのは，ラッフルズタワーと名づけられた，シンガポールにおいて1982年に完成

した高層ビルの断面図および平面図である[3]．地上44階，地下3階の高層ビルである．著者は，当時シンガポールに在住し，地盤工学コンサルタント技術者として活動していた．そして，このラッフルズタワー・プロジェクトの設計・施工を地盤工学コンサルタントとして担当した．このプロジェクトに関し，地盤工学コンサルタントが答えなくてはならない命題には，以下のようなものがあった．

① 建設地点の地盤条件はどうなっているか．
② 主要な土層の工学的特性は．
③ 高層ビルの基礎は，どのような形式のものが最適か．
④ 高層ビル荷重に対する基礎の沈下量はどのくらいになるか．また，不同沈下は生じないか．
⑤ 地下3階のための，深さ約12mの掘削を行う際に，どのような土留め壁を用いればよいか．
⑥ 地下掘削時に，透水による地下水の湧水量はどの程度か．

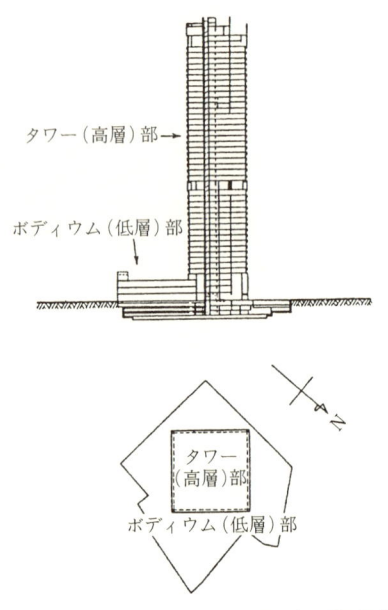

図 1.3　ラッフルズタワー断面図および平面図[3]

以上のような課題に答えるためには，透水（3章），構造物による地盤内の応力分布（6章），土の強さ（9章），土圧（11章），支持力（13章）などについての十分な知識が必要であり，**土質力学を最大限に活用して課題に取り組む必要がある**．

図1.4はラッフルズタワー建設地点の土層断面図である．ラッフルズタワーは，この図に示されている「ボルダークレイ」と呼ばれる玉石まじりの硬質粘土層の上に，直接基礎（べた基礎とも呼ばれる）により支持されることになった．著者は，基礎の沈下量を約2.5cmと予測した．

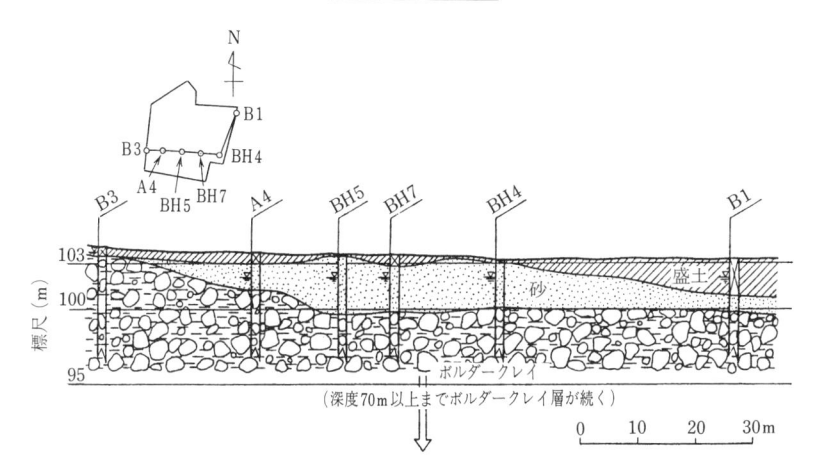

図 1.4 ラッフルズタワー建設地点土層断面図[3)]

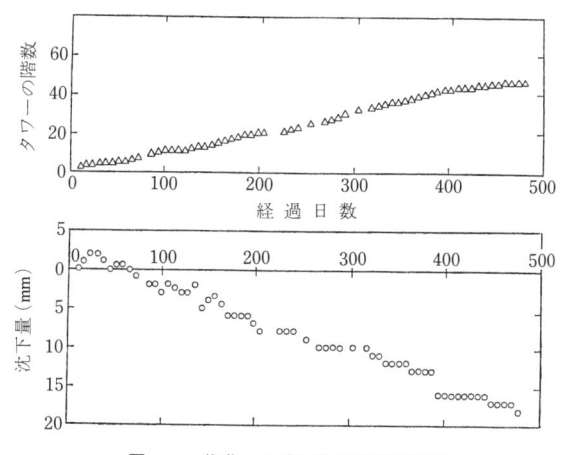

図 1.5 基礎スラブの沈下量観測結果[3)]

図 1.5 は構造物荷重の 70% が載荷された時点までの基礎スラブの沈下量観測結果である．1.8 cm の沈下量が観測されている．2.5 cm × 0.7 = 1.75 cm であるから，沈下量予測はほぼ適切であったと判断できる．この高層ビルは，全般的に大きな問題点は発生せず，順調に建設が進み完成へと向かったことは関係者として喜ばしいことであった．

日本でも多くの高層ビルが建設されている．たとえば，東京都新宿の高層ビ

ルの大部分は,「東京礫層」と呼ばれる更新世(洪積世)に堆積した地層上に,直接基礎(べた基礎)で建設されている.一方,東京の臨海地域に建設された高層ビルは,杭などの深い基礎を用い,地表より 30～40 m 下の支持層に支えられる構造となっている.

C 4階建ての校舎建物

比較的身近にある建物の例として,東京都荒川区内に建設された中学校校舎を紹介したい.著者は,大学を卒業し地盤工学コンサルタント会社に入社して比較的日の浅い頃に,この中学校校舎建設に当たり,建設予定地の地盤条件調査と基礎工の設計を担当した.

図 1.6 に示したのは,校舎建設敷地の地層断面図である[4].3本の調査ボーリング(BH 1～BH 3)をもとに,図示のような支持層深度を想定し,コンクリート杭(打込杭)を用いた基礎を提案した.提案はそのとおり受け入れられ,建設工事が開始された.ところが,杭打ち工事が開始されると,予定杭長の 1.5～2倍の長さを打ち込まないと支持層に達しない杭が多数出現した.再調査をすると,敷地内には図 1.6 に示すように「おぼれ谷」と呼ばれる粘土で埋められた深い谷地形が隠されていることがわかった.この地域では,今から何万年か前には旧荒川が流路をさまざまに変え,支持層地盤に谷地形を形づくっていた.その後,その谷地形部分を含め,沖積粘土層が支持層上を覆い,現在の平

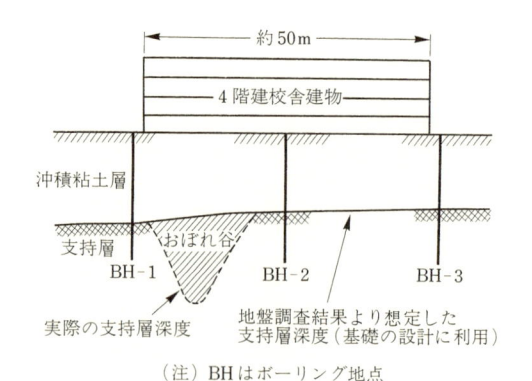

(注) BH はボーリング地点

図 1.6 校舎建設敷地の地層断面[4]

坦な沖積平地となったのである．この地域には，このような「おぼれ谷」が数多く存在するという認識が，当時の私になかったことが失敗の原因である．

この「おぼれ谷」と呼ばれる地形は，海水位の変動と深く関係している．海水位の変動と地層構成との関係については，4章において述べる．

1.2 沈下の問題

日本の多くの大都会（東京，大阪，名古屋など）は，軟弱地盤が広く分布する沖積平野に発展している．このような地域では，さまざまな理由により沈下の問題が発生する．**圧密沈下**（7章）と呼ばれる粘土の長期間にわたる沈下現象がその原因である．この圧密沈下現象は，土質力学の中心テーマのひとつである．以下に，2つの具体例を取り上げ，土質力学の果たす役割を調べてみよう．

A 関西国際空港

図1.7に示すとおり，関西国際空港は，大阪湾泉州沖の平均水深18mの地点に，約4.4km×1.3kmの人工島をつくり，24時間離着陸可能な新国際空港を建設する大型プロジェクトで，1987年に着工し1994年に開港した．関西国際空港は，騒音問題の少ない海上に建設され24時間運行可能な，日本の本格的国際空港として特記されるが，関西国際空港を有名にしたもうひとつの理由が「地盤沈下問題」なのである．

人工島建設前の設計では，人工島荷重による海底地盤の沈下量は，6.5～8mと予測されていた．しかし，建設が始まり沈下量を実測すると，予想を大幅に上回る沈下量が観測された．このため，種々の再検討が行われ，最終沈下量は，モデル地点Kにおいて11mと修正された．この予測の誤りが主因となり，空港の開港は当初計画より約1年遅れた．図1.8は，人工島造成埋立工事の進め方を示しており，沖積粘土層には，サンドドレーンと呼ばれる圧密速度を促進させる工法が用いられたことが示されている．図1.9は修正された沈下量予測（予測値：11.0m）の内容を示している．また，図1.10は沈下の進行状況の実測値を示したものである．空港開港時点で実測沈下量は約11mであるが，沈

図 1.7 関西国際空港
(写真提供：東海大学情報技術センターOR ⓐ TRIC)

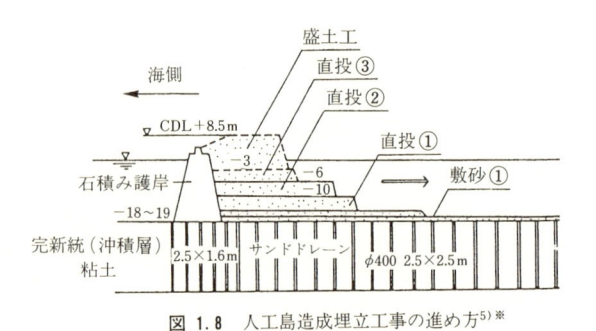

図 1.8 人工島造成埋立工事の進め方[5]※

下はまだ進行し，空港開港より15年後には約13mになると考えられている．この沈下予測の誤りは，空港の工費と工期に大きな影響を与えたのであるが，土質力学的観点から誤りを生んだ要素をあげてみると下記のものが考えられる．

① 沈下は厚さ約20mの完新世堆積土層（沖積層）のみではなく，その下の更新統（洪積層）でも起こっている．

1.2 沈下の問題

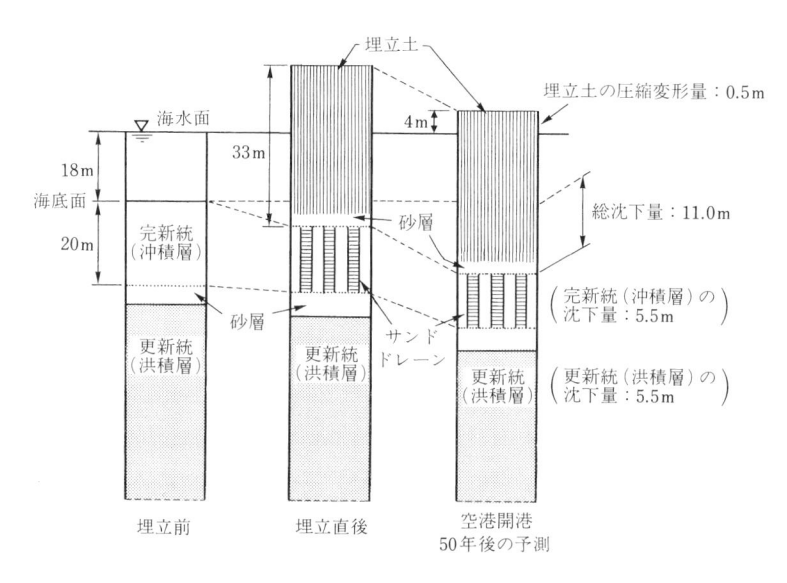

図 1.9 修正された沈下量予測図（K点）[5]※

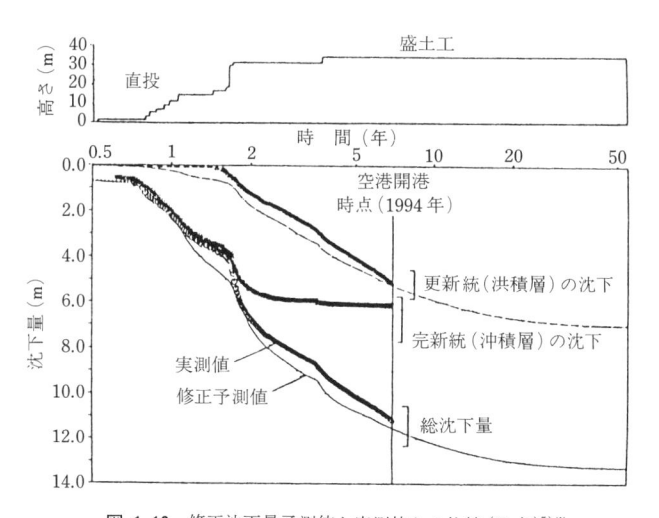

図 1.10 修正沈下量予測値と実測値との比較（K点）[5]※

② 更新統（洪積層）の沈下量は，最終的には完新統（沖積層）の沈下量を上回る値となる．

③ 完新統（沖積層）の沈下は，空港開港時点でほぼ終了しているが，更新統（洪積層）の沈下はまだ継続しており，今後の空港の運営に影響を与える可能性がある．

④ 上記の①〜③の事項は，厚さ約 33 m（10 階建ビルの高さより大きい），平面的には 4.4 km×1.3 km という巨大な荷重を載荷した場合の海底地盤への応力分布（6 章）およびそれによる圧密沈下（7 章）の検討が完全ではなかったことを示唆している．

周到な土質力学による解析の重要性と，これほどスケールの大きなこれまでに経験したことのない大型プロジェクトへの適用では，常識的思考に止まってはならないことを教えているといえよう．

2001 年頃より関西国際空港（株）は，それまでほとんど公開しなかった沈下データを公表する方針に変えた．2001 年 10 月現在の沈下データを対数目盛でプロットすると，沈下はまだまだ続き総沈下量は 13 m を上回ることが予測され，空港の運営に深刻に影響を与える危険性が心配される状況である．

B 広域地盤沈下（東京都江東区亀戸の例）

軟弱粘土地盤の圧密による沈下例をもうひとつ示そう．図 1.11 は，東京都江東区亀戸にある 3377 水準点の 1900 年から 1990 年の間の沈下状況を示した図である．図に示されるとおり，この地点は 1915 年頃より 1975 年頃の間に約 4.4 m もの沈下を起こした．これは，工業用水を井戸による地下水のくみ上げに頼っていたことにより，地下水位が長期間にわたり低下し，広い地域が大きく地盤沈下したことを示す例である．東京低地部，大阪低地部など，大都会の低地部は地下水のくみ上げが規制されるまで，このような広域地盤沈下を続けていた．最近でも，タイのバンコク市など広域地盤沈下問題に悩む都市は少なくない．

地下水のくみ上げにより地下水位が長期間にわたり低下した状態が続くと，なぜ地盤沈下が起こるのか．それは，5 章と 7 章においてじっくりと検討することにする．

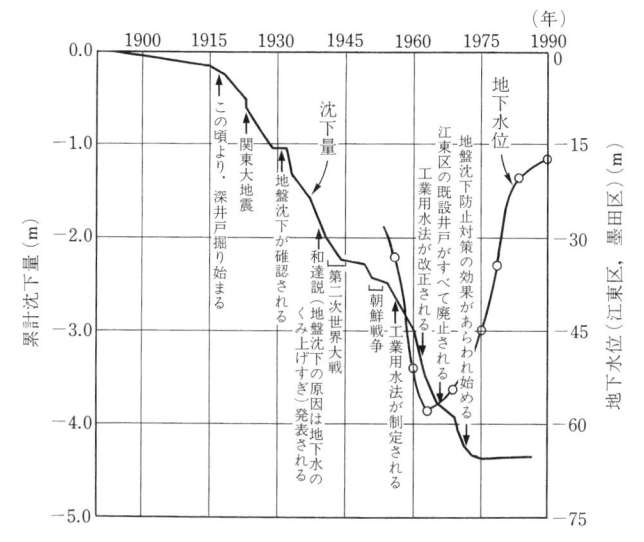

図 1.11 東京都江東区亀戸の3377水準点の沈下状況
（大森昌衛：東京の自然をたずねて，p.23，築地書館，1989に一部加筆）

　以上，いくつかの例で，土質力学が建設プロジェクトや自然現象に深く関わり，大変重要な役割を果たしていることが理解できたと考えられる．われわれの生活に重要な関係をもつ「土質力学」を，これから，しっかりと学ぶことにしよう．

［演習問題］

1.1　本章で紹介した高層ビル「ラッフルズタワー」では，沈下量が2cm程度であるのに，「関西国際空港」では10mを超える沈下が生じている．その相違の理由として考えられる事項を，3つあげよ．

1.2　身近な，あるいは，最近の建設プロジェクトを例にとり，土（地盤）の問題がそのプロジェクトにどのように影響したと思うか．意見を述べよ．

1.3　構造物を支持する場合に，杭などの深い基礎が必要となるのはどのような地盤条件の場合であろうか．具体的に説明せよ．

[参 考 文 献]

1) 加島　聰：明石海峡大橋下部工における技術開発，土と基礎，Vol. 46, No. 4, pp. 1-4, 1998
2) 吉田　巌：明石海峡大橋の基礎―調査と計画，土木学会論文集，第 418 号/Ⅲ-13, pp. 1-15, 1990
3) 足立格一郎：実例による土質調査，第 10 章　海外工事：ラッフルズタワー，pp. 233-251, 土質工学会，1984
4) 足立格一郎：地盤調査・土質試験結果の解釈と適用例，第 1 章，p. 9, 地盤工学会，1998
5) Shiraishi, N. and Suzuki, S. : Settlement Management System for the Construction of Kansai International Airport, Proceedings of International Symposium : Compression and Consolidation of Clayey Soils, Vol. 1, pp. 647-651, Balkema, 1995

2

土の構成と基本的物理量
―土をはかる，土の状態を示す―

> 本章では，土の組成と，土の単位体積重量などの基本的物理量について説明する．土は土粒子の集合体だが，土には土粒子の他に水と空気が含まれている．本章では，土を構成する土粒子・水・空気の三相の関係と，土の質量・重量・体積に関連する基本的物理量について知識を整理する．また，土粒子の大きさと形を調べ，それが土の構造と性質にどのように影響するかを検討する．

土と一言でいうが，土にもいろいろの種類がある．砂場の砂，庭の土，工事現場から掘り出された土など，その重量・含水状態・土粒子の大きさなど多様である．土の組成と，土の質量・重量・体積などの基本的物理量を共通の方法で示すことは，これら多様な土を特定し，その性質を適切に表現するために大変重要である．

土は土粒子の集合体だが，土の構成成分は土粒子だけではない．土粒子の他に水と空気が土には含まれている．すなわち，土は，土粒子・水・空気の三相から構成されており，その構成割合が土の性質に大きく影響する．本章では，土を構成する三相の関係と，土の質量・重量・体積に関連する基本的物理量について学ぶことにする．

2.1 土の構成

土は，土粒子（固体）と水（液体）および空気（気体）の三相から構成されている．図 2.1 は，このような三相による土の構成を模式的に示したものである．図 2.1 に示されるように，土粒子が土の骨格を形成し，その骨格の間隙を水と空気が占めている．これら三相の体積や重量に関する相対値は，土の各種

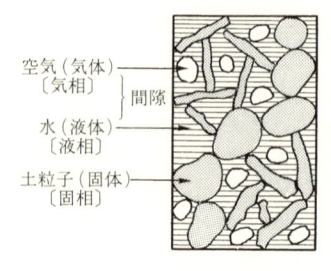

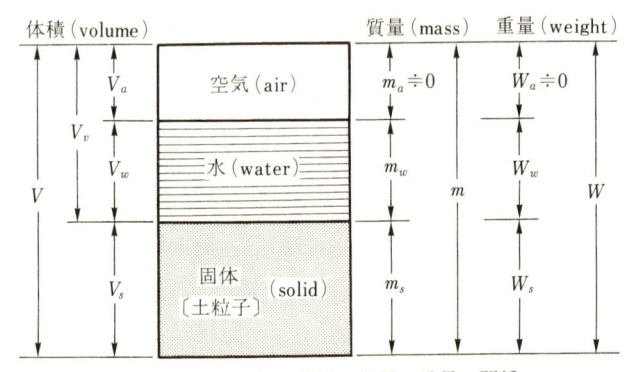

14　　　　　　　　　　2章　土の構成と基本的物理量

空気（気体）
〔気相〕
　　　　間隙
水（液体）
〔液相〕

土粒子（固体）
〔固相〕

(a) 土を構成する三相
（自然土の断面―拡大模式図―）

体積（volume）　　　　　　　　質量（mass）　　重量（weight）

空気（air）　　　　　　$m_a \fallingdotseq 0$　　　$W_a \fallingdotseq 0$

水（water）　　　　　　m_w　　　　　　W_w

固体（solid）
〔土粒子〕　　　　　　　m_s　　　　　　W_s

V_a, V_v, V_w, V, V_s ; m ; W

(b) 土の構成三相と体積・質量・重量の関係

図 2.1　土の構成（三相モデル）

特性に直接的に影響するので，土の状態を定量的に規定するうえできわめて重要である．

図 2.1 に示すように，土の体積（volume）には V の記号，質量（mass）には m の記号，重量（weight）には W の記号を与える．また空気（air）には a，水（water）には w，土粒子（固体：solid）には s のサフィックスを付すこととする．よって土全体の体積は V，土中の空気の体積は V_a，水の質量は m_w，土粒子の重量は W_s などと表現されることになる．

この土を構成する三相のうち，気体と液体が占めている部分は，土粒子が構成する骨格構造の間隙（void）に相当するので，v のサフィックスをつけ，たとえば間隙の体積は V_v と表記する．したがって

$$V_v = V_w + V_a \tag{2.1}$$

である．

2.2 土の基本的物理量

A 体積に関係する物理量

a) 間隙比（void ratio）：e　土粒子の体積 V_s に対する土の間隙の体積 V_v の比率を表し

$$e = \frac{V_v}{V_s} \tag{2.2}$$

で定義される．

b) 間隙率（porosity）：n　土全体の体積 V のうち，間隙の占める体積 V_v の割合をパーセントで示したもので

$$n = \frac{V_v}{V} \times 100 \quad (\%) \tag{2.3}$$

で定義される．式（2.2）より

$$1 + e = \frac{V_s + V_v}{V_s} = \frac{V}{V_s}$$

が得られるから，これと式（2.3）を用いて間隙比 e と間隙率 n との間には

$$n = \frac{100e}{1+e} \tag{2.4}$$

$$e = \frac{n}{100-n} \tag{2.5}$$

なる関係がある．

　なお，土質力学では間隙率よりも間隙比の方が多用されている．その理由は土の体積 V は，土の間隙から水や空気が排出されることにより変化するのに対し，土粒子の体積 V_s には変化がないことによる．分母の値が不変量である間隙比 e の方が，土の挙動を解析する上で便利な場合が多いのである（7章など参照）．

　c) 飽和度（degree of saturation）：S_r　土の間隙の何パーセントが水で占められているかを示すもので

$$S_r = \frac{V_w}{V_v} \times 100 \quad (\%) \tag{2.6}$$

で定義される．$S_r=100\%$ の土は，その間隙がすべて水で満たされており，土の中に気体が存在しない．このような土を「**飽和土**」と呼ぶ．気相の存在する土の性質は，気相のない土と大きく異なり，かつ，気相の存在は土の特性に強く影響するため，土質力学において飽和度は重要な指標のひとつである．なお，$S_r<100\%$ の土を「**不飽和土**」と呼ぶ．

B 質量に関係する物理量

a) **土の湿潤単位体積質量（湿潤密度）（wet density）：ρ_t** 体積 V なる土の質量を m とすれば，その土の単位体積質量は，m/V である．自然のままの湿潤状態にある土の単位体積当たりの質量を湿潤単位体積質量（湿潤密度）ρ_t と呼び

$$\rho_t = \frac{m}{V} \tag{2.7}$$

で定義される．単位は t/m³，g/cm³ などとなる．

b) **土の乾燥単位体積質量（乾燥密度）（dry density）：ρ_d** 単位体積の土の中に含まれる土粒子の質量を，土の乾燥単位体積質量（乾燥密度）ρ_d という．したがって

$$\rho_d = \frac{m_s}{V} \tag{2.8}$$

である．なお，図 2.1 に示すように，式 (2.8) は $m_a=0$ を前提としている．

c) **土の飽和単位体積質量（飽和密度）（saturated density）：ρ_{sat}** 空気・水・土粒子から成る土の，空気が水に置き換えられたとき，すなわち飽和土となったときの土の単位体積質量を飽和単位体積質量（飽和密度）ρ_{sat} という．したがって，$\rho_{sat}=(m_s+m_w)/V$ で表される．ただし，この場合には $V_a=0$ である．また，ρ_{sat} および ρ_d を求める際に，とくに条件を示さない限り，土全体の体積 V は変わらないものとする．

d) **土粒子の密度（density of soil particles）：ρ_s** 土粒子の密度 ρ_s は

$$\rho_s = \frac{m_s}{V_s} \tag{2.9}$$

で定義される．すなわち，ρ_s は土粒子のみが空間を満たした状態（間隙のない状態）での単位体積当たりの質量である．一般の土では，ρ_s の値は 2.65〜2.70 g/cm³ のものが多い．これは，土粒子の母材である岩石や鉱物の ρ_s がこの範囲にあるためである．土粒子の密度は，後述する水の密度と同様に温度により変化する値であることに留意する必要がある．

e) 水の単位体積質量（水の密度）(density of water)：ρ_w　水の密度 ρ_w は

$$\rho_w = \frac{m_w}{V_w} \tag{2.10}$$

で定義される．なお水の密度，すなわち水の単位体積質量は温度の関数であり，3.98°C において最大値 1.00 g/cm³（=1.00 t/m³）を示す（厳密にいえば 1 気圧〔101325 Pa〕のもとで）．ρ_w の温度との関係を，図 2.2 に示した．

f) 土粒子の比重 (specific gravity of soil particles)：G_s　土粒子の比重 G_s は，同一体積・同一温度下での土粒子の質量と水の質量との比で定義され

$$G_s = \frac{\rho_s}{\rho_w} \tag{2.11}$$

で示される．

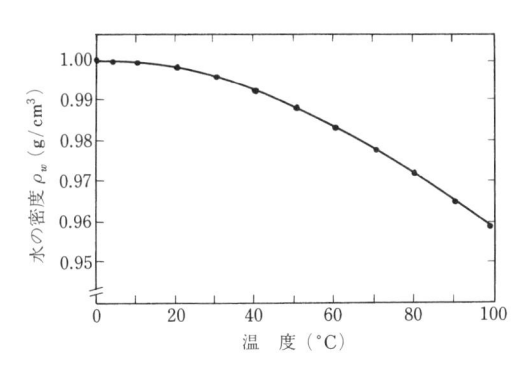

図 2.2　水の密度 ρ_w と温度との関係（1 気圧下）

C　土中の水に関係する物理量

土に含まれる水の量は，土の性質に影響するところ大である．土中の水分量

に関係する物理量には次のものがある.

a) 含水比（water content）:w　ある土に含まれる土粒子の質量を m_s, 水の質量を m_w とすると, 含水比 w は

$$w = \frac{m_w}{m_s} \times 100 \ (\%) \qquad (2.12)$$

で定義され, 土中の水の質量の, 土粒子質量に対する割合をパーセント表示したものである. なお一般にパーセント表示される物理量には, …率という用語が用いられているが, 含水比のみは例外であり留意する必要がある.

D　重量に関係する物理量

後述の各章で説明するが土の圧密沈下, 土の強度, 土圧など, 土質力学の主要な問題は, 土の重量が深く関わってくる. 土の重量は, 土質力学において重要なインプットであるといえる. 土の重量に関係する物理量には, 以下のものがある. なお, 巻末に説明を付したが, SI単位系では, 質量1kgの物体の地球上での重量は

$$1\,\text{kg} \times 9.81\,\text{m/sec}^2 = 9.81\,\text{kg·m/sec}^2 = 9.81\,\text{N}$$

質量1tonの物体では

$$1\,\text{ton} \times 9.81\,\text{m/sec}^2 = 9.81 \times 10^3\,\text{kg·m/sec}^2 = 9.81\,\text{kN}$$

となることを再確認しておきたい.

a) 土の湿潤単位体積重量（unit weight of soil）:γ_t　自然状態の土の単位体積当たりの重量を土の（湿潤）単位体積重量 γ_t といい

$$\gamma_t = \frac{W}{V} \qquad (2.13)$$

で定義される. 単位は kN/m^3 などとなる.

b) 土の乾燥単位体積重量（dry unit weight of soil）:γ_d　単位体積の土に含まれる土粒子の重量を, 土の乾燥単位体積重量 γ_d という. したがって, γ_d は

$$\gamma_d = \frac{W_s}{V} \qquad (2.14)$$

である. なお, 式（2.14）では $W_a = 0$ を前提としている.

c) 土の飽和単位体積重量（saturated unit weight of soil）：γ_{sat}　飽和状態の土の単位体積重量をγ_{sat}で示し

$$\gamma_{sat} = \frac{W_s + W_w}{V} \quad (ただし\ V_a = 0) \qquad (2.15)$$

である．

d) 土の水中単位体積重量（submerged unit weight of soil）：γ'　水中にある土は，通常飽和土である．物質の水中重量は，その物質の単位体積重量から，水による浮力つまり水の単位体積重量γ_wを差し引いたものとなるから，土の水中単位体積重量γ'は

$$\gamma' = \gamma_{sat} - \gamma_w \qquad (2.16)$$

となる．土の水中単位体積重量γ'は，以後の各章で重要な指標となるのでしっかりと記憶にとどめておきたい．

表2.1に，代表的な土の基本的物理量を例示した．

ここで，土の基本的物理量に関する具体的計算を行う際に，とくに断わらないが常識として考えなければならない事項を以下に列記しておく．

① 空気（気体）の質量・重量，あるいは気体に対する浮力は無視する．つまり，$m_a = 0$, $W_a = 0$ とする．これは，空気の密度が$1.29\,\text{kg/m}^3$（$= 0.00129\,\text{g/cm}^3$）で，土や水の密度の約1/1000であり実務上無視してよいことによる．

② 常温での水の密度ρ_wは$1.00\,\text{g/cm}^3$（$= 1.00\,\text{t/m}^3$）とする（図2.2参照）．

③ 質量1kgの物体の重量は9.81N，質量1tonの物体の重量は9.81kNである．

表2.1　代表的な土の基本的物理量

土の種類	湿潤密度 ρ_t (t/m³)	含水比 w (%)	土粒子密度 ρ_s (g/cm³ = t/m³)	間隙比 e	間隙率 n (%)	湿潤単位体積重量 γ_t (kN/m³)
砂	1.7〜2.0	10〜40	2.65〜2.70	0.4〜0.8	30〜45	16.5〜20.0
沖積粘土	1.4〜1.6	50〜120	2.60〜2.70	1.5〜3.0	60〜75	14.0〜16.0
関東ローム	1.4〜1.6	60〜120	2.60〜2.70	1.0〜3.0	50〜75	14.0〜16.0
有機質土（腐植土）	1.0〜1.5	80〜500	1.5〜2.5	2〜10	70〜90	10.0〜15.0

④ 体積 V は，乾燥あるいは飽和のプロセスで変化しないと考える（実際には変化する場合がある）．

[**例題 2.1**] 直径 5 cm，高さ 10 cm の円柱形の土試料の質量が 280 g，土粒子の密度 ρ_s が 2.65 g/cm^3，間隙比 e は 1.70 であった．この土の含水比 w，間隙率 n，飽和度 S_r を求めよ．次に，この土の乾燥密度 ρ_d および飽和密度 ρ_{sat} を求めよ．

（**解**） 土試料の体積 V は，$V = \dfrac{1}{4} \times 3.14 \times 5.0^2 \times 10.0 = 196.3\,\text{cm}^3$

自然状態における土試料の間隙の体積を V_v，土粒子の体積を V_s とすると

$$V = V_v + V_s, \quad e = \frac{V_v}{V_s} = 1.70$$

これらの式より，V_v を消去すると

$$V_s + 1.7 V_s = 2.7 V_s = 196.3\,\text{cm}^3 \quad \therefore \quad V_s = 72.7\,\text{cm}^3, \quad V_v = 123.6\,\text{cm}^3$$

土試料中に含まれる土粒子と水の質量をそれぞれ m_s，m_w とすると，土粒子の密度 $\rho_s = 2.65\,\text{g/cm}^3$ であるから

$$\rho_s = \frac{m_s}{V_s} = 2.65\,\text{g/cm}^3$$

$\therefore \quad m_s = 2.65 \times 72.7 = 192.7\,\text{g}, \quad m_w = 280 - 192.7 = 87.3\,\text{g}$

よって，含水比 w，間隙率 n，飽和度 S_r をそれぞれ求めると

$$w = \frac{m_w}{m_s} \times 100 = \frac{87.3}{192.7} \times 100 = 45.3\%$$

$$n = \frac{V_v}{V} \times 100 = \frac{123.6}{196.3} \times 100 = 63.0\%$$

$$S_r = \frac{V_w}{V_v} \times 100 = \frac{87.3}{123.6} \times 100 = 70.6\%$$

また，**飽和時**における空気の体積は 0 となるので

$$V_v = V_w = V - V_s = 123.6\,\text{cm}^3$$

水の密度は 1 g/cm^3 であるから，$m_w = 123.6\,\text{g}$．ゆえに，土の乾燥密度 ρ_d，および飽和密度 ρ_{sat} は

$$\rho_d = \frac{m_s}{V} = \frac{192.7}{196.3} = 0.982\,\text{g/cm}^3$$

$$\rho_{sat} = \frac{m_s + m_w}{V} = \frac{192.7 + 123.6}{196.3} = 1.61\,\text{g/cm}^3$$

となる.なお,このタイプの問題では,下に示すような表を作って解答するとよい.

	自然状態		飽和状態	
	V (cm^3)	m (g)	V (cm^3)	m (g)
空 気	36.3	0.0	0.0	0.0
水	87.3	87.3	123.6	123.6
土粒子	72.7	192.7	72.7	192.7
全 体	196.3	280.0	196.3	316.3

前述のとおり,土は三相体であるので独立した3つの物理量がわかると,他の物理量を求めることができる.逆にいえば,土の状態を特定するためには3つ以上の物理量を測定する必要がある.

［例題 2.2］ 土粒子密度 $2.69\,\mathrm{g/cm^3}$,間隙比 2.20,含水比 80.0% の土試料がある.この土 $1\,\mathrm{m^3}$ の湿潤重量,乾燥重量,飽和重量,および水中重量を求めよ.なお,水の単位体積重量は $9.81\,\mathrm{kN/m^3}$ とせよ.

（解） 土試料の体積 $V=1.0\,\mathrm{m^3}$ として計算する.

$$V=V_s+V_v=1.0\,\mathrm{m^3},\quad e=\frac{V_v}{V_s}=2.2$$

より V_v を消去して

$$V_s+2.2V_s=1.0\,\mathrm{m^3}\quad\therefore\quad V_s=0.313\,\mathrm{m^3},\quad V_v=0.687\,\mathrm{m^3}$$

$\rho_s=2.69\,\mathrm{g/cm^3}\,(=2.69\,\mathrm{t/m^3})$ より,土粒子の質量 m_s を求めると

$$m_s=2.69\times0.313=0.842\,\mathrm{t}$$

また,含水比 $w=80\%$ より,土試料中の水の質量 m_w は

$$m_w=0.8\times0.842=0.674\,\mathrm{t}$$

ゆえに,土の乾燥単位体積重量 γ_d は,$\gamma_d=\dfrac{W_s}{V}=\dfrac{0.842\times9.81}{1.0}=8.26\,\mathrm{kN/m^3}$

次に,**飽和時**について考えると,空気の体積は 0 となるから

$$V_w=V_v=0.687\,\mathrm{m^3},\quad \rho_w=1\,\mathrm{t/m^3}\,\text{であるから},\quad m_w=0.687\,\mathrm{t}$$

したがって,この土の飽和単位体積重量 γ_{sat} は

$$\gamma_{\mathrm{sat}}=\frac{W_s+W_w}{V}=\frac{(0.842+0.687)\times9.81}{1.0}=15.00\,\mathrm{kN/m^3}$$

よって,水中単位体積重量 γ' は,$\gamma'=\gamma_{\mathrm{sat}}-\gamma_w=15.00-9.81=5.19\,\mathrm{kN/m^3}$.

前問と同じく次のような表を作って解答するとよい．

	自然状態			飽和状態		
	V (m³)	m (t)	W (kN)	V (m³)	m (t)	W (kN)
空 気	0.013	0.000	0.00	0.000	0.000	0.00
水	0.674	0.674	6.61	0.687	0.687	6.74
土粒子	0.313	0.842	8.26	0.313	0.842	8.26
全 体	1.000	1.516	14.87	1.000	1.529	15.00

2.3 土粒子の大きさと粒径加積曲線

土の諸特性，とくにその力学的性質は，土を構成する粒子の大きさと粒子の形状によって著しい差が生じる．また，土粒子の大きさと形状にはお互いに関係があり，砂や礫（レキ）のように粒径の大きい土は粒状の形状のものが多いのに対し，粘土のように粒径の小さな土は薄片状のものが多くなる．

A 土粒子の大きさおよび土の粒径による分類

土を構成する固体粒子の大きさは，川底にある玉石のような大きなものから，電子顕微鏡でようやく見ることのできる微細な粘土粒子まで非常に広範囲にわたっている．このような土を，その粒子の大きさ，すなわち粒径に着目して分類する方法が，**土の粒径による分類**である．図2.3には，土の粒径によって土を分類し，土の名称（土の呼び名）を定める方法として，**日本統一分類法**[1]

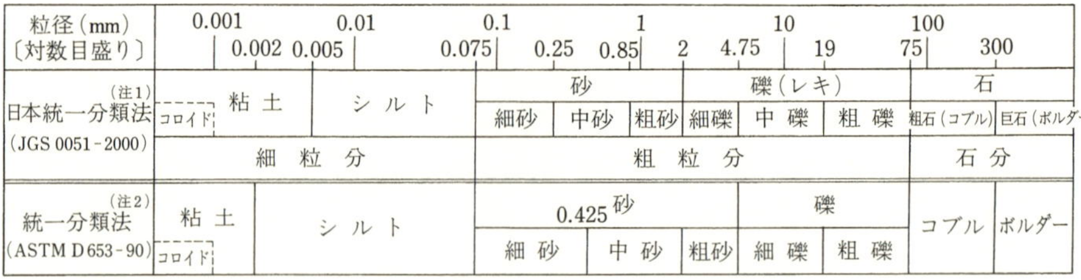

粒径 (mm) 〔対数目盛り〕	0.001　　0.002　0.005　　0.01　　　0.075　　0.1　　0.25　0.85　　1　　2　　4.75　　10　19　　75　100　300										
日本統一分類法^(注1) (JGS 0051-2000)	コロイド	粘土	シルト	砂			礫（レキ）			石	
				細砂	中砂	粗砂	細礫	中礫	粗礫	粗石（コブル）	巨石（ボルダー）
		細　粒　分		粗　粒　分						石　分	
統一分類法^(注2) (ASTM D653-90)	コロイド	粘 土	シルト	0.425　砂			礫			コブル	ボルダー
				細砂	中砂	粗砂	細礫	中礫	粗礫		

(注 1) 日本地盤工学会基準（2000年）による．
(注 2) Unified Soil Classification System と呼ばれる方法で，アメリカを中心に広く利用されている．

図 2.3　土粒子の粒径による分類（土の名称：呼び名）

およびアメリカを中心に利用されている統一分類法（Unified Soil Classification System）[2]を示した．75μm以下のシルトあるいは粘土と呼ばれる粒子を**細粒分（細粒土）**と呼ぶ．砂（75μm～2mm）および礫（2mm～75mm）をまとめて**粗粒分（粗粒土）**と呼び，さらに75mmより大きな粒子を**石分**（コブル，ボルダー）と呼ぶ．

シルトと粘土の境界が，日本では5μmであるのに対し，アメリカおよびヨーロッパ諸国では2μmである点，および，砂と礫の境界がアメリカでは4.75mm（日本およびヨーロッパ諸国では2mm）である点が，所変わればルールが異なる状況なので注記しておく．また，ISO（国際標準化機構）で議論されている案では，細粒土と粗粒土の境界値が多少変わる可能性もある（2002年現在）．

B 粒径加積曲線と粒度分布

自然状態の土に含まれる粒子の大きさの分布は，その土の生成過程や組成鉱物の種類などによって大きく異なる．このような粒径の分布，すなわち粗粒分を多く含むか，細粒分を多く含むかなどによって，土の特性は大きく変化する．この土粒子の大きさの分布状況を**粒度分布**（あるいは**粒径分布**）という．

土中に含まれているいろいろな大きさの粒子の分布割合を求める試験を**土の粒度試験**という．その詳細は参考文献[3]にゆずるが，75μmより大きな粒子はふるいにより分析し，75μmより細かい粒子は**沈降分析**と呼ばれる方法によって分析する．

この粒度試験結果は，粒径加積曲線と呼ばれる図に表示するのが最も適切である．その具体例を図2.4に示す．土粒子の粒径を横軸に対数目盛で表示し，縦軸には，ある粒径より細かい粒子の含有割合を土粒子の全質量に対する百分率（通過百分率という）で表示する．このようにして得られた図中の点を結ぶ曲線を粒径加積曲線という．

ある土の粒径加積曲線が描かれると，その曲線からその土に含まれる粒子の大きさの相互の関係を知ることができる．たとえば，図2.5①～④に示すように，粒径加積曲線の状況によって，その土の特色を判断することができる．

① 粒径加積曲線が図の左の方に寄っていると，その土には細かい粒子が多

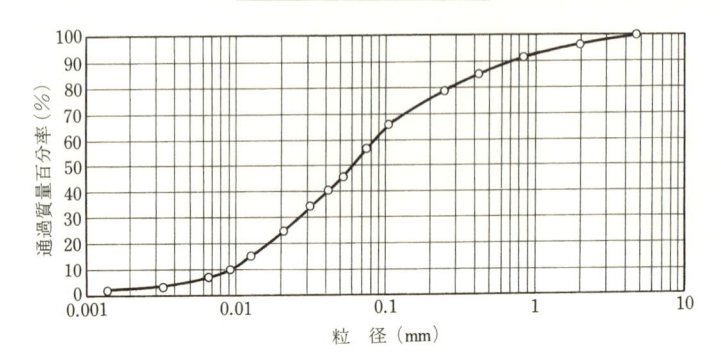

図 2.4　粒径加積曲線

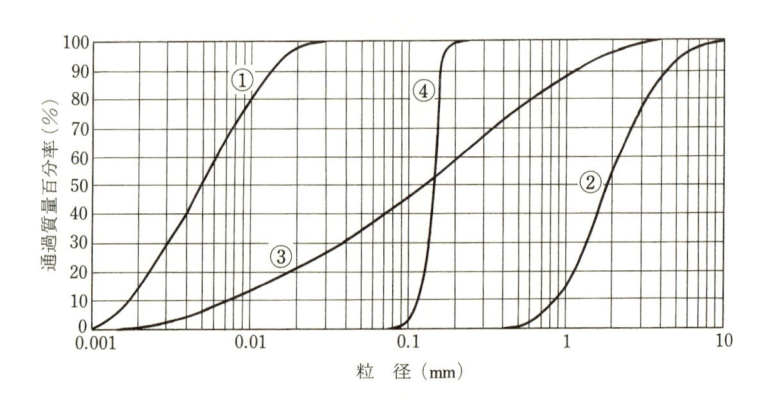

図 2.5　粒径加積曲線に示される土の特色

　　く含まれていることがわかる.
② 粒径加積曲線が図の右の方に寄っている場合には，粒径の大きい粒子が多い土である.
③ 粒径加積曲線が水平に幅広く描かれているときは，さまざまな粒径の土粒子が適度に混じり合った土であり，このような土を**粒度配合の良い土**と呼ぶ．粒度配合の良い土は，締固めを行う場合に締め固まりやすい土という特色をもつ.
④ 粒径加積曲線が鉛直に立った形状の土は，ある大きさの土粒子が土の大部分を占める，粒径の揃った土である．このような土を**粒度配合の悪い土**と呼ぶ．粒度配合の悪い土は，締め固めても締まりにくく，また粗粒

2.3 土粒子の大きさと粒径加積曲線

土の場合には液状化しやすい土である.

また,粒径加積曲線をもとに,D_{10}(**10%径**)および D_{60}(**60%径**)が定義される.それぞれ,通過質量百分率が 10% および 60% に対応する粒径であり,図 2.4 の土であれば,$D_{10}=0.009$ mm,$D_{60}=0.084$ mm となる.なお D_{10} は**有効径**とも呼ばれる.

この D_{10} および D_{60} を用いて均等係数 U_c が定義されている.

$$U_c = \frac{D_{60}}{D_{10}} \tag{2.17}$$

図 2.4 の土の U_c の値は,9.33 となる.なお,U_c の値は主として粗粒土に対して適用され,細粒土にはあまり用いられない.それは,粘土のような細粒の土の性質は,粒度配合以外の要素の影響が大きく,粒度配合を主体とした評価は適切でないからである.

粒度配合の良い土は U_c の値が大きくなり,粒度配合の悪い土は U_c の値が小さくなる.日本地盤工学会基準では,$U_c \geq 10$ の土を粒度配合の良い土(粒径幅の広い土)とし,$U_c < 10$ の土を粒度配合の悪い土(分級された土)としている.一方,アメリカの統一分類法では,礫の場合には $U_c \geq 6$,砂の場合には $U_c \geq 4$ のものを粒度配合の良い土と規定している(ただし,曲率係数 $U_c' = (D_{30})^2/(D_{10} \times D_{60})$ が,$1 \leq U_c' \leq 3$ であるもの).この両規定の相違に関し,著者の個人的意見では,アメリカの規定の方が現実的ではないかと感じている.

[**例題 2.3**] 図 2.4 の粒径加積曲線で示される土に関して,粘土,シルト,砂,礫の含有割合を求めよ.

(**解**) 図 2.3 の分類表と図 2.4 により
  粘土(粒径 5μm 以下):5%
  シルト(5μm~75μm):50%
  砂(75μm~2 mm):42%
  礫(2 mm~75 mm):3%
なお,この解を図 2.6 に図示した.

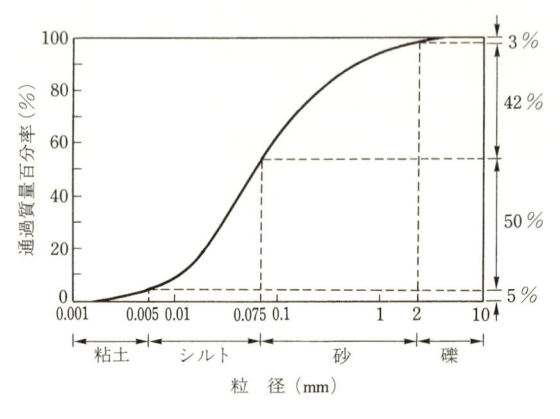

図 2.6 例題 2.3 の解

2.4 土粒子の形状と土の構造

A 土粒子の形状

土粒子の形は，**粒状**と**薄片状**に大別される．砂・礫などの粗粒の土の形状は粒状のものが多い．ただし，粒状の土粒子にも，丸味をおびたものと角張ったもの，さらにその中間のものがある．岩石が破砕されたままの粒子は角張っているが，それが河川で運ばれるに従って丸味をおびてくる．海浜の砂が丸味をおびたものが多いのは，このような理由による．

図 2.7 には，粒状の土粒子の写真を示した．(a) は利根川上流部の砂であるが，比較的角張った形をしているのがわかる．(b) は，砕石工場で安山岩を破砕した際に得られた細砂の写真であるが，非常に角張っており，また表面がざらざらしている．(c) は海浜の砂の代表である**豊浦標準砂**（山口県豊浦海岸より採取）の写真である．河川および海岸流で流され洗われる間に，このように丸味をおびた形に変化することが理解できる．

一方，細粒土粒子の形状は，粗粒土とは異なり，薄片状のものが多くなる．図 2.8 には，関東低地部に広く分布する沖積粘土（有楽町層と呼ばれている）の顕微鏡写真を示した．

(a) 利根川上流部の砂 　　　　　　　　(b) 砕石工場で得られた安山岩からの砂

(c) 豊浦標準砂

図 2.7　粒状の土粒子（粗粒土）の写真

(a) 東京沖積粘土（有楽町層下部層） 　　(b) 東京沖積粘土（結晶板が見える）

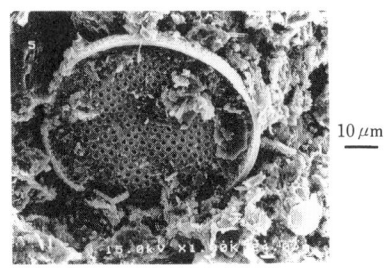

(c) 東京沖積粘土中に存在する珪藻

図 2.8　薄片状の土粒子（沖積粘土）の写真

B 土の構造

 土を構成する土粒子が，どのような状態で組み合わさっているかは，土の性質に大きく影響する重要な要素である．この土粒子の組み合わさり方を**土の構造**，あるいは**土粒子の骨格構造**という．

a) 粗粒土の構造 — 単粒構造 —

 砂や礫などの粗粒土においては，粒状の粒子がお互いに接触し合って積み重なっている．このような状態を単粒構造という．この単粒構造においては，土の骨格は土粒子間の摩擦力によって支えられ，土の圧縮性は比較的小さい．

 単粒構造においては，土粒子の粒径分布が与えられても土粒子の関係位置（つまり方）によって，間隙比は異なってくる．たとえば，パチンコの球のような均等な球を箱につめる場合を考えてみよう．図2.9 (a) のように，球の頂に他の球が重なるような場合が間隙が最も大きくなるケースで，このときの間隙比は0.91となる．一方，図2.9 (b) のように，球と球が互いにその間隙を埋めるような状態につまっている場合が間隙比最小となり，この場合の間隙比は0.35となる．薬ビンに錠剤をつめるときに，ビンをトントンとたたくことにより，より多くの錠剤を入れることができるのは，(a) の状態から (b) の状態に錠剤のつまり方を変えていることに対応する．単粒構造において，間隙比の高い構造を「**緩い** (loose)」といい，間隙比の低いよくつまった状態のものを「**密な** (dense)」と表現する．

 粒度配合の良い土，つまり粒径の異なる粒子が程よく混じり合った土は，大

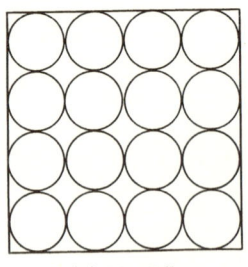

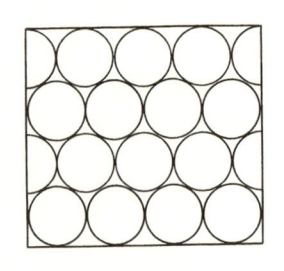

(a) 緩い状態　　　　　　(b) 密な状態

図 2.9 単粒構造（粗粒土の構造）

きな粒子同士が作る隙間に小さな粒子が入り込むことにより，全体として間隙の少ない状態になることができる．このような土は，間隙比が小さい場合が多く，また，この粒度配合の良い土を使って盛土・締固めを行うと，よく締め固まるわけである．

b) 細粒土の構造

粘土のような細粒土の構造は，粒子が薄片状をしていることが主因となり，図 2.10 に示すような (a) 綿毛構造, (b) 配向構造, (c) ランダム構造, といった比較的隙間の大きな構造となる．

綿毛構造は，薄片状の粘土粒子が海水中に堆積する場合などに形成され，海成粘土の微視構造の代表的なものである．一般に，薄片状の粘土粒子は，粒子端部が＋（プラス），粒子面部が－（マイナス）の電荷をもっており，それがイオン濃度の高い（Na^+, Cl^- などを含む）海水中に沈殿すると，粘土粒子の端部が面部に引き付けられ，綿毛構造と呼ばれる間隙の非常に多い構造を形作る．海成粘土の間隙比が大きく圧縮性が高いのは，このような粘土の微視構造が関与しているのである．

配向構造とは，図 2.10（b）に示すように，薄片状の粒子がその面の方向をある程度揃えた形になっている構造をいう．粘土粒子が淡水中に沈殿・堆積した場合や，綿毛構造の粘土が圧密変形した場合などに配向構造となるケースが多い．

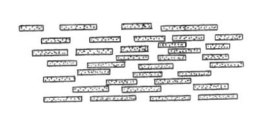

(a) 綿毛構造　　(b) 配向構造

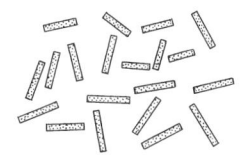

(c) ランダム構造

図 2.10　細粒土の構造（模式図）

ランダム構造とは，図2.10(c)に示すように薄片状の粘土粒子がばらばら（ランダム）な状態になっているものをいう．綿毛構造や配向構造の粘土を人為的に練り返した場合などにランダム構造となるケースが多い．

c) 粘土・コロイド粒子の微視的構造

粘土粒子・コロイド粒子のように，細粒で薄片状をした粒子は，粗粒で粒状の粒子とは異なる特性をもっている．その特性は，マイクロメータ（μm），ナノメータ（nm）といったきわめて小さなスケールで，はじめて観察することのできるものなので，微視的構造（微視的特性）ともいわれる．この微視的構造は，粘土の工学的特性に大きく影響する重要な特性であり，詳論は他書[4),5)]にゆずるが，そのポイントを以下に説明する．

① **表面電荷**：図2.11(a)に示すように，薄片状の粘土粒子は，粒子端部が＋（プラス），粒子面部は－（マイナス）の電荷を帯びている．

② **吸着水層**：細粒の薄片状粒子の表面には，吸着水層と呼ばれる固体的挙動を示す水分子が吸着されている．この吸着水層は，密度が $1.4\,\text{g/cm}^3$ 程度で通常の水に比し大変大きく，また，荷重による圧密などでは排除されない（図2.11(b)）．

③ **比表面積が大**：質量1gの土に含まれる土粒子の総表面積を比表面積というが，薄片状で細粒の粘土・コロイド粒子は，この比表面積が大変大きくなる．たとえば，1辺1cmの立方体の表面積は $6\,\text{cm}^2$ であるのに対し，この立方体を1辺 $1\mu\text{m}$ の小片の立方体にきざんだとすると表面積は $60,000\,\text{cm}^2$（$=6\,\text{m}^2$）となる．これが，さらに立方体でなく薄片状になると表面積がより大きくなる．比表面積が大きいということは，上述した①，②の特性を増幅する効果があり，粒子が細粒化するほど，微視的特性が土の諸特性に大きく影響することになる．

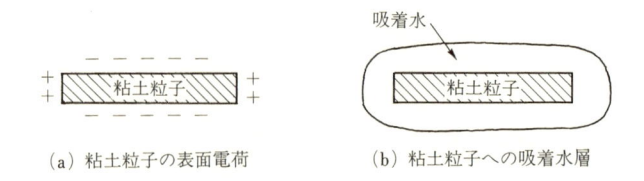

(a) 粘土粒子の表面電荷　　(b) 粘土粒子への吸着水層

図 2.11　粘土・コロイド粒子の電荷と吸着水

上述の①～③のような微視的特性が要因となり，粘土においては粒子相互間の関係が粗粒土の場合よりも複雑となる．すなわち，粗粒土においては，土粒子と土粒子との接触点における力と変形が粗粒土の全体的挙動を支配するのに対し，粘土・コロイド粒子を主体する細粒土では，土粒子は吸着水層を介しての接触が多く，したがって，細粒土の挙動には吸着水層の性質，表面電荷などによる電気的な力，などが深く関係してくる．細粒土の挙動を，微視的特性をふまえて総合的に説明しようとする研究は，現在精力的に進められている[6]が，まだ完成の段階に達してはいない．これは，土質力学における重要な課題の1つであり，近い将来にその解明が進むことを期待したい．

[演習問題]

2.1 土取場で一辺10cmの立方体の土試料を採取したところ，質量が1325g，土粒子比重$G_s=2.68$，含水比$w=35.8\%$であった．①この土の間隙比e，飽和度S_r，および乾燥密度（乾燥単位体積質量）ρ_dを求めよ．②土取場でこの土を10m³採取し，それに1.0tonの水を加えた後締め固めたところ，単位体積質量が1.6t/m³となった．この締め固めた土のw, e, S_rを求めよ．

2.2 ダンプトラックが6m³の土を運搬してきた．この土の質量を計測すると9.0tであった．また，この土の土粒子密度：$\rho_s=2.65\mathrm{g/cm^3}$，飽和度：$S_r=50.3\%$であった．この土の間隙比$e$，間隙率$n$，含水比$w$，および乾燥密度$\rho_d$を求めよ．次に，この土が$S_r=100\%$になったときの飽和密度$\rho_{sat}$および飽和単位体積重量$\gamma_{sat}$を求めよ．なお，$g=9.81\mathrm{m/sec^2}$とせよ．また$\rho_w=1.00\mathrm{g/cm^3}$である．

2.3 土取場の土質を調べたところ$G_s=2.70$, $e=0.80$, $w=25.0\%$であった．この土を用いて仕上り量が1万m³の盛土工事を行う．ただし盛土中は散水し，$w=28.0\%$としてから転圧し，$\gamma_d=15.5\mathrm{kN/m^3}$を確保したい．①土取場での$S_r$, γ_t, γ_dはいくらか．②土取場で採取すべき土は何m³か．③転圧時に散水すべき全水量はいくらか．

2.4 以下を説明せよ．①粒径加積曲線とは何か．また，10％径とは何か．さらに10％径が重要性をもつ理由を述べよ．②綿毛構造とは何か．③比表面積とは何か．

2.5 本文の図2.5に示す①～④の試料の粒径加積曲線から，おのおのの試料の粘土，シルト，砂，礫分含有率（％）を求めよ．またD_{10}, D_{30}, D_{60}, U_c, U_c'を求め，その粒度配合の良否を日本とアメリカの基準に対して判定せよ．

[参 考 文 献]

1) 地盤工学会編：土質試験の方法と解説（第一回改訂版），p.216，地盤工学会，2000
2) ASTM 編：D 653-1990, ASTM, 1990 および D 2487-1993, ASTM, 1993
3) 地盤工学会編：土質試験の方法と解説（第一回改訂版），第 2 編 4 章，pp.69-92，地盤工学会，2000
4) 土壌物理研究会編：土の物理学，第 3 章 pp.36-71，第 8 章 pp.200-238，森北出版，1979
5) 土質工学会編：粘土の不思議，181 pp., 土質工学会，1986
6) Adachi, K. and Fukue, M.: Clay Science for Engineering, 606pp., A. A. Balkema, 2001

3

透　水

　　土の中を水が移動することを透水という．どのような土が水を移動させやすいか，逆に，どのような土は水を移動させにくいか．これは，たとえば運動場の排水性や，河川堤防の止水性などに関係する．さらに，土中の透水現象を調べると，いくつかの基本的原則に従って水は透水していることがわかる．本章では，この透水現象の基本的法則を調べ，土中の透水を解析しコントロールする方法を学ぶ．

3.1　透水係数とダルシーの法則

　土中の間隙の大部分は，連続した状態であるから，水はこの間隙を経て移動することができる．このように，土中を水が移動する現象を透水という．土中の透水は，河川堤防やアースダムの透水問題，あるいは地下掘削時の湧水量，さらに粘土地盤の圧密沈下問題などに直接的に影響する．また**土の透水性**は，**土の圧縮性**，**土の強度特性**とともに，土の最も重要な工学的特性の1つであり，さらにこれらの特性は相互に深い関係があることも含め，土のきわめて重要な特性である．

　土中の自由水は，重力により標高の高いところから低いところに向かって間隙中を流動するが，その流れは，流速が小さいので通常は層流と考えてよい．層流では，水分子は流線と呼ばれる平行な経路に沿って移動し，この流線は互いに交差することはない．土の間隙は非常に複雑な形をしているから，その中を流れる水分子の経路も複雑ではあるが，水分子の動きをていねいに観察すると，互いに平行な流線に沿って移動しており層流と見なすことができるのであ

る.

　ダルシー (Darcy) は，1856年に発表した論文において，図3.1に示すような装置を用いて，飽和した砂層中を単位時間内に流れる水量 Q を実測し，次のような実験的法則が成り立つことを示した．

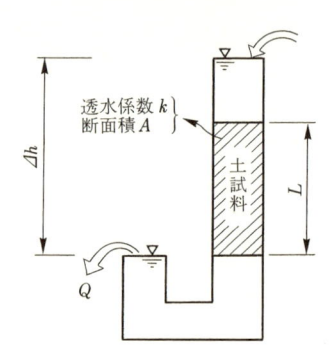

図 3.1 土中の透水に関する実験

$$Q = k\frac{\Delta h}{L}A \tag{3.1}$$

ここに，　Q：単位時間内の流量（cm^3/sec）
　　　　　k：透水係数（cm/sec）
　　　　　Δh：上流と下流の水位標高差（cm）
　　　　　L：透水方向の土試料長さ（cm）
　　　　　A：土試料の断面積（cm^2）

　式 (3.1) の k は，**透水係数**と呼ばれる重要な土質定数である．k の値が大きい土ほど水を通しやすく，そのような土を透水性が高い，逆に k の値が小さく水を通しにくい土を透水性の低い土と表現する．

　また，式 (3.1) の $\Delta h/L$ を記号 i で表し，これを動水勾配（または動水傾度）と呼ぶ．すなわち

$$動水勾配：i = \frac{\Delta h}{L} \tag{3.2}$$

さらに，$Q/A = v$ であることに注目すると，式 (3.1) は

$$v = ki \tag{3.3}$$

ただし，v：流速（cm/sec）
　　　　k：透水係数（cm/sec）[*)]

と書くことができる．式（3.1）あるいは式（3.3）は**ダルシーの法則**と呼ばれるもので，土質力学におけるきわめて重要な基本的法則の1つである．

[**例題 3.1**] 図3.1において，$L=4\,\mathrm{m}$（400 cm），$\Delta h=6\,\mathrm{m}$（600 cm），$A=40\,\mathrm{cm}^2$ であるときの1分間の透水量 Q が $72\,\mathrm{cm}^3$ であった．この土試料の透水係数 k および透水の流速 v を求めよ．

（**解**）　式（3.1）より $k=\dfrac{Q}{A}\cdot\dfrac{L}{\Delta h}\cdot\dfrac{1}{t}$　これに上記条件を代入すると

$$k=\frac{72}{40}\times\frac{400}{600}\times\frac{1}{60}=0.02\,\mathrm{cm/sec}$$

$v=ki=0.02\times\dfrac{600}{400}=0.03\,\mathrm{cm/sec}$　または　$v=\dfrac{Q}{A}=\dfrac{72}{60}\times\dfrac{1}{40}=0.03\,\mathrm{cm/sec}$

3.2　各種の土の透水係数とそれを左右する要因

A　各種の土の透水係数

透水係数 k の値は，土の種類によって大きく変化する．これは，3.3節で説明するように，透水係数の値は土中の間隙の大きさに依存し，これは土を構成する土粒子の大きさに強く影響されるからである．図3.2に，各種の土の透水係数の値およびその排水性をとりまとめて示した．

B　透水係数を左右する要因

土の透水係数が，図3.2に示すように，土の種類によって異なるのはどのような要因によるのであろうか．以下に，土の透水係数を左右する要因を，その重要さの順に述べることにする．

[*)]　SI単位では，cmよりm，mmの使用をすすめているが，k の値はダルシー以来一貫して cm/sec の単位で使用されている．ただし，最近は m/sec を使う研究者もいる．

透水係数 k (cm/sec)

	10^{-9}–10^{-8}	10^{-8}–10^{-7}	10^{-7}–10^{-6}	10^{-6}–10^{-5}	10^{-5}–10^{-4}	10^{-4}–10^{-3}	10^{-3}–10^{-2}	10^{-2}–10^{-1}	10^{-1}–1	1–10	10–10^{2}
排水性	実用上不透水			排水不良		排水良好					
土の種類	粘土		微細砂，シルト，砂・シルト・粘土の混合土				きれいな砂			きれいな礫	

図 3.2 各種の土の透水係数と排水性

a) 粒径の影響

図3.2に示されるように，土の透水係数の値は土粒子の粒径に大きく影響される．粒径が大きいと土の中の間隙も大きくなり，流水の管路が太くなったのと同等の効果が生まれ透水性が高くなる．逆に，粒径が小さくなると間隙のサイズも小さくなり，透水性も低くなるのである．

ハーゼン (Hazen) は，この点に注目し

$$k=C_e D_{10}^{\ 2} \tag{3.4}$$

ただし， k：透水係数 (cm/sec)

C_e：土の状態等により定まる定数 (均等な砂：150，ゆるい細砂：100，締まった細砂：70，など)

D_{10}：10% 径 (cm〔ハーゼンが使った単位〕)

なる実験式を提案した．ハーゼンの式は，細砂以上の比較的粗粒の土に対して良好な適用性をもつが，シルト・粘土のような細粒土には適用できない．それは，下記のb) 項以下の影響が大きくなるからである．

b) 間隙比の影響

同じ土でも密につまっているものと，緩い状態のものとでは，間隙の大きさおよび量に相違がある．したがって，間隙比も透水係数に影響を与える要因のひとつである．

c) 間隙の形状と配列

粘土のような細粒土になると，粒子の形は粒状ではなく薄片状のものが多くなり，さらに，配列も堆積時の環境によりさまざまなパターンを示す．このように，間隙の形状と配列は，とくに細粒の土の透水係数に影響を与える．

d) 間隙中の気泡の存在

土の間隙が水で飽和されている場合と不飽和の場合とでは透水性に差異がある．間隙中の気泡は，水の流路をふさいでしまうので，不飽和土の透水係数は飽和土よりも低い値となる．

e) 透過流体の影響

土の種類によって変化するa)～d)の項目とは別に，**透過する流体**が変化すると透水性は変化する（条件によっては，この項目の影響は大きい）．とくに透過流体の単位体積重量γ_fおよび粘性係数ηの影響を受け，透水係数kの値はγ_fに比例しηに反比例する．透過する流体が水の場合でも，粘性係数ηの値は温度によって大きく変化するので留意を要する（水の80℃におけるηの値は，20℃でのηの約1/3である）．

以上の種々の要因を考慮して，透水係数の値を推定する式として，テイラー（Taylor）の式（式(3.5)）およびコツェニー・カルマン（Kozeny-Carman）の式（式(3.6)）を以下に紹介する．上述の諸要因が組み込まれていて興味深いが，その詳細は専門書に委ねたい[1]．

$$k = C\frac{\gamma_w}{\eta}\frac{e^3}{1+e}D_s^2 \tag{3.5}$$

$$k = \frac{1}{k_0 S^2}\frac{\gamma_w}{\eta}\frac{e^3}{1+e} \tag{3.6}$$

ここに，k：透水係数，C：間隙の形状係数，γ_w：透過流体の単位体積重量，η：透過流体の粘性係数，e：間隙比，D_s：等価粒子径，k_0：間隙の形状と配列などによる係数，S：比表面積

3.3 水頭と透水

土中の透水を検討する上で，大変有用でありきわめて重要なものとして**水頭**という概念がある．ここでは，水頭についてその意味と利用法をしっかりと学ぶことにする．

A 水頭の概念

粘性をもたない液体の流管内の定常流に関し，水理学の基本定理の1つであるベルヌーイ（Bernoulli）の定理が成り立つ．すなわち

$$\frac{\gamma_w v^2}{2g}+\gamma_w z+u=\text{一定} \tag{3.7}$$

ここに，γ_w：液体の単位体積重量（kN/m³），v：液体の流速（m/sec），g：重力加速度（m/sec²），z：標高（m），u：圧力（液圧）（kN/m²）

式 (3.7) 左辺の第1項は運動（速度）のエネルギー，第2項は位置のエネルギー，第3項は圧力のエネルギーを示しており，この3項の和である「流管内を流れる単位体積の液体のもつエネルギー」はつねに一定値を保つことを式 (3.7) は示している．式 (3.7) の両辺を γ_w で割ると

$$\frac{v^2}{2g}+z+\frac{u}{\gamma_w}=\text{一定}$$

となる．土中の透水では，流速 v が小さいので，v^2 の項は無視できる．そして，その左辺は長さ（高さ）の次元をもっているので，h とおけば

$$h=z+\frac{u}{\gamma_w}=\text{一定} \tag{3.8}$$

となる．この式 (3.8) が，土中の透水を検討する際の基本式である．なお，流管内の液体が粘性をもつ場合には，流下とともに摩擦によりエネルギーが失われるので，式 (3.7)・式 (3.8) の左辺の値は流下とともに減少していくことになる．式 (3.8) において，$z=h_e$，$u/\gamma_w=h_p$ と書くと

$$h=h_e+h_p \tag{3.9}$$

と表示できる．式 (3.9) において，h を**全水頭**，h_e を**位置水頭**，h_p を**圧力水頭**と呼ぶ．h，h_e，h_p は，すべて**長さの次元**をもっている．

ここで，圧力水頭 h_p の意味を考えてみよう．$h_p=u/\gamma_w$ である．すなわち，h_p はその位置での液圧により，その液体がどの高さまで上昇するかを示すものであるということができる．

[**例題 3.2**] 図 3.3 のごとく，水の入った容器に大気圧（1気圧＝101325 Pa）が作用

しているところに，ガラス管を立て管内を真空（ゼロ気圧）にした場合に，重力加速度 $g=9.81\,\mathrm{m/sec^2}$ として，ガラス管内の水位が容器水面よりどれだけ上昇するかを求めよ．なお，$\rho_w=1.0\,\mathrm{g/cm^3}=1.0\,\mathrm{t/m^3}$ とせよ．

（解）　$\gamma_w = \rho_w \times g$
$= 1.0\,\mathrm{ton/m^3} \times 9.81\,\mathrm{m/sec^2}$
$= 9.81 \times 10^3\,\mathrm{kg \cdot m/sec^2/m^3}$
$= 9.81 \times 10^3\,\mathrm{N/m^3}$
$h_p = \dfrac{u}{\gamma_w} = \dfrac{101325\,\mathrm{N/m^2}}{9.81 \times 10^3\,\mathrm{N/m^3}} = 10.3\,\mathrm{m}$

図 3.3

注：地上にポンプを置く井戸では10mより深い所からの揚水はできない．
実際には，完全真空にはできないので，揚水は7〜8mが限度．

B　水頭を用いた土中の透水の検討

水頭の概念を用いると，土中の透水を要領よく検討することができる．図3.4に示す装置の土中を水が流れている場合について，検討してみよう．まず①〜④の各点の位置水頭 h_e はグラフに図示したとおりである．また，①，②，④の各点の圧力水頭 h_p は，大気圧を基準（ゼロ）として，それぞれ0m，2m，4mと求まる（点④は，排水側水圧により $h_p=4\,\mathrm{m}$ と求められる）．さらに，点①，②，④の全水頭 h は，式（3.9）により6m，6m，4mとなる．

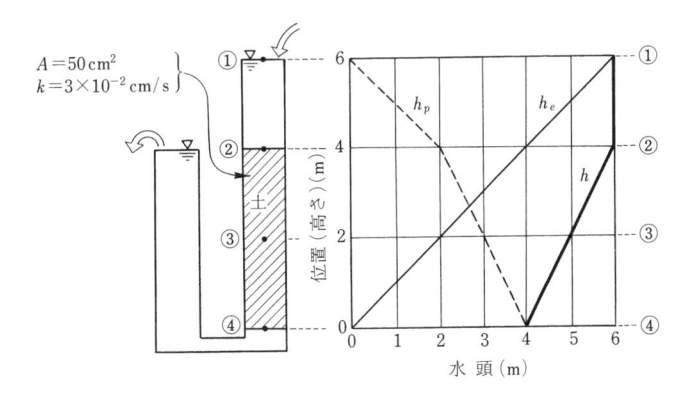

図 3.4　土中の透水と水頭

ここで実測結果をもとに，土中の透水に関する特性のひとつを示すと，「等質で等断面の土中の透水では，全水頭が一定の割合で減少する」．この特性を利用することにより，点②と点④の間の h の値は，両点の h の値を直線で結ぶことにより求められる．h と h_e の値が全点で定まったので，h_p も図示のとおりに求めることができる．また，この装置を単位時間（1sec）に流れる透水量 Q は，式（3.1）を用いて，$Q = 3 \times 10^{-2} \times 50 \times (200/400) = 0.75 \, \text{cm}^3$ と求めることができる．

[**例題 3.3**] 図 3.5 に示すような装置の透水に関し，Ⓐ〜Ⓔ 点の h_e, h, h_p を求め，図示せよ．

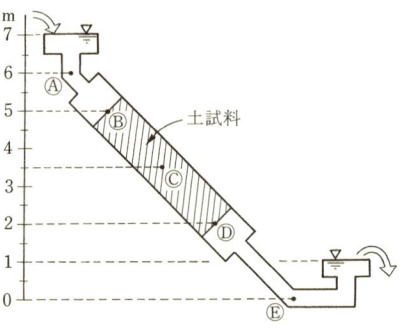

図 3.5 透水の実験（例題 3.3）

（**解**） 図 3.6 に示すとおり．

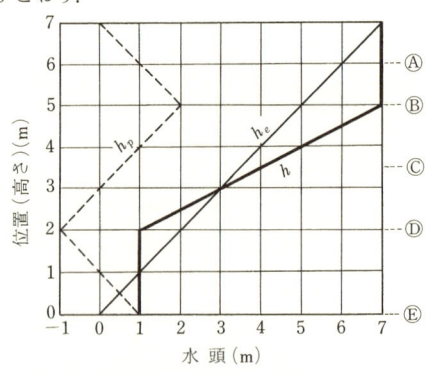

図 3.6 例題 3.3 の解

以上の解析結果を参考に，水頭の概念を用いた土中の透水解析に関し，重要なポイントを箇条書きにして示すと下記のとおりである．

① 土中の透水では，土中において全水頭が変化する．
② 全水頭は，土中でのみ変化（減少）する（土のない水のみの部分では変化しない）．
③ 水の流れは全水頭に支配され，全水頭の大きい点から全水頭の小さい点に向かって流れる．
④ 等質・等断面の土中では（k, A が一定の土中では），全水頭は一定の割合で減少する．
⑤ 位置水頭の基準点は任意に定めればよい（与えられていれば，それに従う）．圧力水頭の基準は，通常大気圧とする．
⑥ 圧力水頭の値には，負の可能性がある．
⑦ 原則として，境界部では位置水頭と圧力水頭の値を求めて全水頭値を定め，土中部では位置水頭と全水頭の値を定めた上で圧力水頭値を求めるとよい．

3.4 浸透速度

ダルシーの法則（式 (3.3)）で示される流速 v は，土粒子と間隙を含めた断面積で透水流量を割ったもので，つまり断面積 A の全面積にわたって水が流れると見なしたときの見かけの浸透速度ということができる．実際には，水分子は土の間隙部を流れるので水分子の流速 v_s は見かけの流速 v より速くなる．

いま，仮に間隙率 $n\%$ の土中を水が透水しているとして，図 3.7 のように流水すると考えると

$$v_s = \frac{Q}{A} \times \frac{100}{n} = ki\frac{100}{n} \qquad (3.10)$$

図 3.7 水分子の流速 v_s

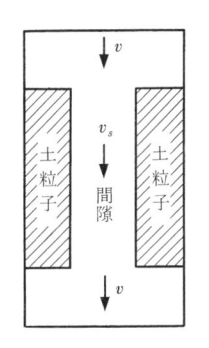

となる．実際には，土の間隙は流線に平行には存在しないので，真の v_s は式 (3.10) で求めたものよりもさらに大きくなる．

3.5 浸透水圧とクイックサンド

「流れの早い川に立つと流されそうになる」ように，流水中に物体を置くと流水から力を受ける．土中を流れる浸透水も土粒子に対して力を与える．この浸透水が土粒子に与える力を**浸透水圧**という．浸透水は，浸透水圧およびそれに伴う洗掘により，アースダムや堤防の破壊，あるいは地下掘削時の底面破壊などを引き起こす危険性がある．

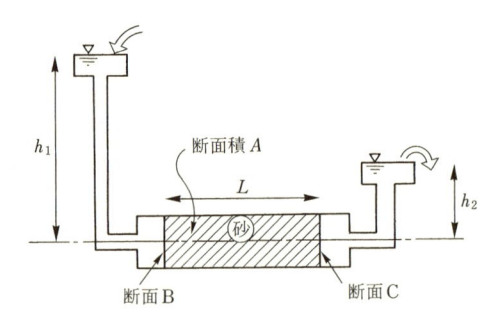

図 3.8 浸透水圧の実験

図3.8に示す装置を用いて，浸透水圧を求めてみよう．容器と砂試料との間の摩擦がないとすると，浸透力は断面Bと断面Cに作用する力の差として求められる．すなわち

$$F = \gamma_w A (h_1 - h_2) \tag{3.11}$$

浸透水圧 u は，単位体積当たりの浸透圧で定義されるので

$$u = \frac{F}{V} = \frac{\gamma_w A (h_1 - h_2)}{AL} = \gamma_w \frac{\Delta h}{L} = \gamma_w i \tag{3.12}$$

となる．

図3.8の砂試料を立てた状態にすると，砂試料に作用する物体力は浸透水圧と砂の水中重量である．この物体力がゼロであるとき，砂は水中に浮いた状態となるが，このような状態を，**クイックサンド現象**あるいは**クイックサンド（状態）**という．このクイックサンド現象を引き起こす動水勾配を，**限界動水勾配** i_{cr} と呼ぶ．砂粒子の比重を G_s，砂試料の間隙比を e として，i_{cr} を求める

3.6 流線網による2次元透水問題の解析

と以下のようになる．式（3.12）を用いて，砂試料に作用する物体力＝$\gamma'-\gamma_w i=0$ より

$$i_{cr}=\frac{\gamma'}{\gamma_w}=\frac{\gamma_{\mathrm{sat}}-\gamma_w}{\gamma_w} \tag{3.13}$$

γ_{sat} は，間隙を占める水の重量と土粒子の重量の和であるから

$$\gamma_{\mathrm{sat}}=\frac{V_v}{V}\gamma_w+\frac{V_s}{V}\gamma_s=\frac{e\gamma_w}{1+e}+\frac{1\times\gamma_w G_s}{1+e} \tag{3.14}$$

式（3.13），式（3.14）より

$$i_{cr}=\frac{e+G_s}{1+e}-1=\frac{G_s-1}{1+e} \tag{3.15}$$

すなわち，動水勾配が式（3.15）で示される値になると，クイックサンド現象が発生することになる．砂地盤中の掘削工事などでは，安全性を考慮し動水勾配を i_{cr} の 1/5 以下，一般には 1/8〜1/12 程度におさえるのが望ましい．

3.6 流線網による2次元透水問題の解析

A 流線網

図 3.9 に示すように透水性の地盤中を2次元の透水が進行している．2次元の透水とは，この図において紙面に垂直な方向への延長が十分に長く，水の流れは紙面に平行な面内を2次元的に進み，紙面に平行などの断面をとってもまったく同じ流れ方をしているような状態をいう．このような2次元の透水問題

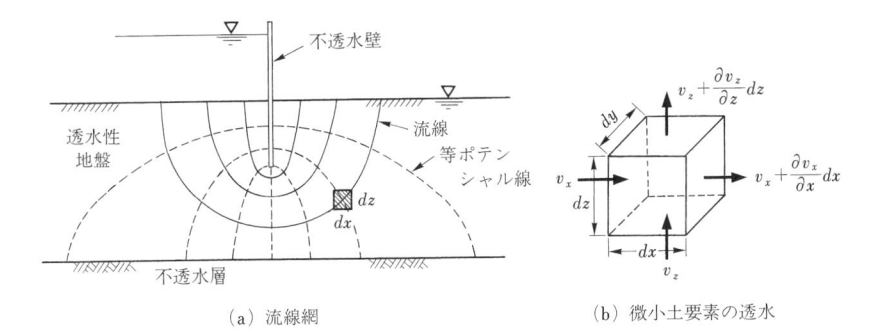

(a) 流線網　　(b) 微小土要素の透水

図 3.9　2次元の透水

の解析を行う場合には，通常単位幅の奥行に対して検討する．

図3.9において透水は上流側より下流側に向かって不透水壁の下をくぐり進行している．この図において実線で示した曲線は，透水する水分子の移動状況を示すものであり「**流線**」と呼ばれる．また，これに直交する点線で示した曲線を「**等ポテンシャル線**」と呼ぶ．

いまこの透水性地盤中に，幅 dx，高さ dz，奥行 dy なる直方体の微小な要素を考える（図3.9(b)）．この要素に流入する水の流速の x，z 方向成分は，図3.9(b)に示すように v_x，v_z であり，また流出する水の流速は要素内での流速変化を考えることにより

$$v_x + \frac{\partial v_x}{\partial x}dx \quad および \quad v_z + \frac{\partial v_z}{\partial z}dz$$

となる．したがって，単位時間に要素に流入する水量 Q_1 は

$$Q_1 = v_x dy dz + v_z dx dy \tag{3.16}$$

であり，流出する水量 Q_2 は

$$Q_2 = \left(v_x + \frac{\partial v_x}{\partial x}dx\right)dy dz + \left(v_z + \frac{\partial v_z}{\partial z}dz\right)dx dy \tag{3.17}$$

である．単位時間中にこの要素に流入する水量と流出する水量は等しいから $Q_1 = Q_2$ とおくことにより

$$\left(\frac{\partial v_x}{\partial x} + \frac{\partial v_z}{\partial z}\right)dx dy dz = 0 \tag{3.18}$$

が得られる．$dx dy dz \neq 0$ であるから，式 (3.18) は

$$\frac{\partial v_x}{\partial x} + \frac{\partial v_z}{\partial z} = 0 \tag{3.19}$$

となる．ところでダルシーの法則（式 (3.3)）により

$$v_x = k i_x = k\frac{\partial h}{\partial x}, \quad v_z = k i_z = k\frac{\partial h}{\partial z} \tag{3.20}$$

である．なお，ここでは図3.9(a)に示すように地盤の透水性は等方的であり，$k_x = k_z = k$ としている．式 (3.19) と (3.20) より

$$\frac{\partial}{\partial x}\left(k\frac{\partial h}{\partial x}\right) + \frac{\partial}{\partial z}\left(k\frac{\partial h}{\partial z}\right) = 0$$

が得られ，したがって

3.6 流線網による2次元透水問題の解析

$$k\frac{\partial^2 h}{\partial x^2}+k\frac{\partial^2 h}{\partial z^2}=0 \qquad (3.21)$$

が得られる．ここで$\Phi=kh$なる速度ポテンシャルと呼ばれる関数を用いると，式（3.21）は

$$\frac{\partial^2 \Phi}{\partial x^2}+\frac{\partial^2 \Phi}{\partial z^2}=0 \qquad (3.22)$$

と表される．式（3.22）あるいは式（3.21）はラプラス（Laplace）の方程式として知られ，透水性材料の中を流れる液体の2次元の流れを表すものである．また一定の厚さの電導体の中を流れる電流に対しても同じ式が得られる．このラプラスの方程式を適切な境界条件のもとで解くことにより浸透流や電流の流れの状態を知ることができるが，この式の解はあらゆる点で直角に交わる2組の曲線群で表される．このうちの1組の曲線を前述のとおり流線と呼び，他の1組の曲線を等ポテンシャル線と呼ぶ．そしてこの2組の曲線群を**流線網**という．流線は，浸透する水分子の移動の軌跡を示す曲線である．一方，等ポテンシャル線は，ある等ポテンシャル線上のすべての点において全水頭値が一定の値であるという特性をもつ．

透水量を求めたり，透水性地盤中の任意の点における水頭値を求めるような場合には，流線網を利用するとよい．流線網を求める方法には，①数学的方法（ラプラスの方程式を境界条件をもとに解く．電算プログラムによる解も含まれる），②実験的方法（染料を用いた透水実験など），③図式解法，があげられる．このなかで，図式解法は，透水現象を自分の頭で図を用いてイメージ化することにより，よりよく理解するのに役立つこと，および実務に必要な精度で解を与えることができること，の2点の特色をもっており広く利用されている．

B 流線網の図式解法

流線網を図式解法により描くためには，上述の流線網の特性に基づく下記の基本則に従って図を描くことが必要である．

① 流線と等ポテンシャル線は直交するように描く．
② 流線と等ポテンシャル線で囲まれる四辺形はなるべく正方形に近い形状となるように描く（円が内接するように描く）．

③ 上・下流境界面（地表面）は等ポテンシャル線の1つである．
④ 透水性地盤と構造物（図3.9では不透水壁）との境界面および透水性地盤と不透水層との境界面は何れも流線の1つである．

以上のような原則をもとに，流線網を描いた具体例を例題3.4の解として図3.11 (a), (b) に示す．何れも不透水のコンクリートダムの下を透水する同じ条件に対する流線網であるが，図3.11 (a) と (b) では流線および等ポテンシャル線の数が異なっている．しかし，何れも図式流線網として正しく描けており，それは次のテーマを議論することにより理解することができる．

[例題 3.4] 図3.10に示す2次元透水に関し，流線網を描け．また，その流線網を用いて，点 A, B, C, D, E における全水頭 h および圧力水頭 h_p の値を求めよ．また，単位幅 (1m) 当たり，1分間の透水量 Q を求めよ．

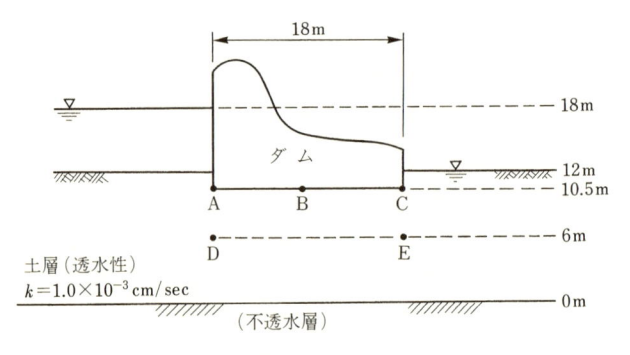

図 3.10 流線網を描け（例題3.4）

（解） 図3.11 (a), (b) の両図に示されているように，流線網が原則に従って正しく描けていれば，$N_f=3$ の場合 (a) と $N_f=4$ の場合 (b) のいずれの解もほぼ等しい値を与えていることがわかる．

C 流線網による透水量および水頭の求め方

まず，流線網を用いて透水量を求める方法を説明する．図3.11 (a) においてハッチングを施した四辺形の要素を考える．図に示すようにこの要素の流線に沿う辺長を a，等ポテンシャル線に沿う辺長を b とする．この要素内の動水勾配 i は $i=\Delta h/a$ である．

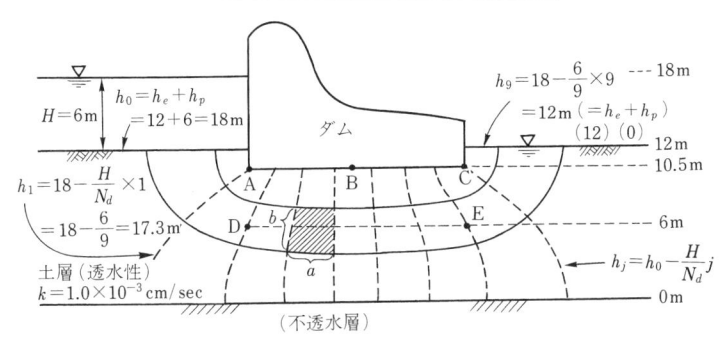

3.6 流線網による2次元透水問題の解析

図(a) 上図ラベル:
- $H=6\,\mathrm{m}$
- $h_0 = h_e + h_p = 12+6 = 18\,\mathrm{m}$
- $h_9 = 18 - \dfrac{6}{9}\times 9 \cdots 18\,\mathrm{m}$
- $=12\,\mathrm{m}\,(=h_e+h_p)$ (12) (0)
- $12\,\mathrm{m}$, $10.5\,\mathrm{m}$
- $h_1 = 18 - \dfrac{H}{N_d}\times 1 = 18 - \dfrac{6}{9} = 17.3\,\mathrm{m}$
- $6\,\mathrm{m}$
- $h_j = h_0 - \dfrac{H}{N_d}j$
- 土層(透水性) $k=1.0\times 10^{-3}\,\mathrm{cm/sec}$
- (不透水層) $0\,\mathrm{m}$
- ダム

$N_f=3,\ N_d=9$

$Q = kH\dfrac{N_f}{N_d}\times T$

$= 1.0\times 10^{-5}\,\mathrm{m/sec}\times 6\,\mathrm{m}\times \dfrac{3}{9}\times 1\,\mathrm{m}\times 60\,\mathrm{sec}$

$= 0.0012\,\mathrm{m^3/min}\ (=1.2\,l/\mathrm{min})$

$(1.2\times 10^{-3}\,\mathrm{m^3/min})$

位置	h_e (m)	h (m)	h_p (m)
A	10.5	$18-\dfrac{6}{9}\times 1 = 17.3$	6.8
B	10.5	$18-\dfrac{6}{9}\times 4.5 = 15.0$	4.5
C	10.5	$18-\dfrac{6}{9}\times 8 = 12.7$	2.2
D	6.0	$18-\dfrac{6}{9}\times 2 = 16.7$	10.7
E	6.0	$18-\dfrac{6}{9}\times 7 = 13.3$	7.3

(a) 例題3.4の解 ($N_f=3$ の場合)

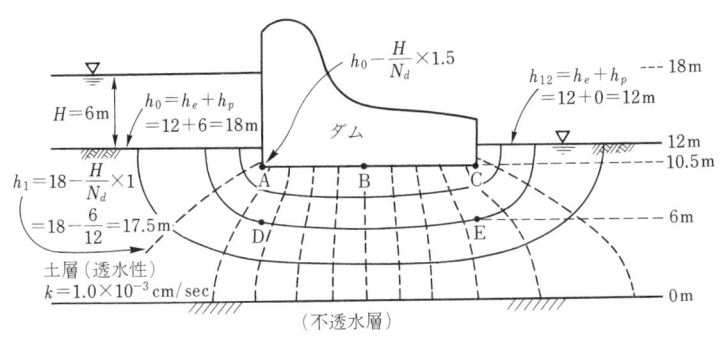

図(b) 上図ラベル:
- $H=6\,\mathrm{m}$
- $h_0 = h_e + h_p = 12+6 = 18\,\mathrm{m}$
- $h_0 - \dfrac{H}{N_d}\times 1.5$
- $h_{12} = h_e + h_p = 12+0 = 12\,\mathrm{m}$
- $18\,\mathrm{m}$, $12\,\mathrm{m}$, $10.5\,\mathrm{m}$
- $h_1 = 18 - \dfrac{H}{N_d}\times 1 = 18 - \dfrac{6}{12} = 17.5\,\mathrm{m}$
- $6\,\mathrm{m}$
- 土層(透水性) $k=1.0\times 10^{-3}\,\mathrm{cm/sec}$
- (不透水層) $0\,\mathrm{m}$
- ダム

$N_f=4,\ N_d=12$

$Q = kH\dfrac{N_f}{N_d}\times T$

$= 1.0\times 10^{-5}\,\mathrm{m/sec}\times 6\,\mathrm{m}\times \dfrac{4}{12}\times 1\,\mathrm{m}\times 60\,\mathrm{sec}$

$= 0.0012\,\mathrm{m^3/min}\ (1.2\,l/\mathrm{min})$

位置	h_e (m)	h (m)	h_p (m)
A	10.5	$18-\dfrac{6}{12}\times 1.5 = 17.25$	6.75
B	10.5	$18-\dfrac{6}{12}\times 6 = 15$	4.5
C	10.5	$18-\dfrac{6}{12}\times 10.5 = 12.75$	2.25
D	6.0	$18-\dfrac{6}{12}\times 2.7 = 16.65$	10.65
E	6.0	$18-\dfrac{6}{12}\times 9.3 = 13.35$	7.35

(b) 例題3.4の解 ($N_f=4$ の場合)

図 3.11

流速 v は

$$v = ki = k\frac{\Delta h}{a} = \frac{k}{a}\frac{H}{N_d} \qquad (3.23)$$

ここに N_d：等ポテンシャル線に挟まれた部分の数（図 3.11（a）では $N_d=9$）
　　　H：上・下流の全水頭差（図 3.11（a）では $H=6$m）

次に，単位時間当たり，奥行単位幅当たりのハッチングされた四辺形要素を透水する水量 ΔQ は

$$\Delta Q = bv = b\frac{k}{a}\frac{H}{N_d} \qquad (3.24)$$

である．したがって，透水性地盤全体を単位時間・単位幅当たりに透水する水量 Q は，正方形流線網の特性，①任意流管内の流量は相等しい，⑪相隣る等ポテンシャル線間の損失水頭は相等しい，の①をもとに

$$Q = N_f \Delta Q = kH\frac{b}{a}\frac{N_f}{N_d} \qquad (3.25)$$

ここに N_f：流線に挟まれた部分〔＝流管〕の数（図 3.11（a）では $N_f=3$）
ところで，流線網図式解の基本則②により $a=b$ となるので，式（3.25）は

$$Q = kH\frac{N_f}{N_d} \qquad (3.26)$$

となる．式（3.26）が流線網を用いて透水量を求める式である．図 3.11（a）に式（3.26）を適用すると，単位幅 1 m 当たり $Q=1.2\times 10^{-3}$ m^3/min となる．

ここで同一条件に対する別の流線網である図 3.11（b）に式（3.26）を適用すると $Q=1.2\times 10^{-3}$ m^3/min となり（図 3.11（b）参照），図 3.11（a）の場合と同じ値が得られる．流線網を原則に従って正しく描けば，N_d，N_f の数が異なっていても流線網は何れも正しく描けていることが示された具体例である．

次に透水性地盤中の任意の点における水頭値を求める方法を図 3.11（a）を用いて説明する．図 3.11（a）において上流側から j 番目の等ポテンシャル線上の全水頭 h_j は

$$h_j = h_0 - j\frac{H}{N_d} \qquad (3.27)$$

により求められる．A 点では $j=1$ なので $h=17.3$m となる．B 点は等ポテンシャル線上にはないが，$j=4.5$ とすることにより $h=15.0$m と，B 点の全水頭

値を求めることができる．

以上に説明したとおり，流線網を用いると透水に関する具体的な解を得ることができ，透水問題を解く上で大変有効な手法であることが理解できよう．

[演 習 問 題]

3.1 2章の図2.5に示す粒径加積曲線のサンプル②，④の透水係数をハーゼンの式を用いて推定し，図3.2と対比してコメントせよ．

3.2 図3.12（a）（b）（c）に示す装置の透水に関し，Ⓐ〜Ⓔ点の h_e, h, h_p を求め，図示せよ．なお，土試料の断面積および透水係数は一定値である．

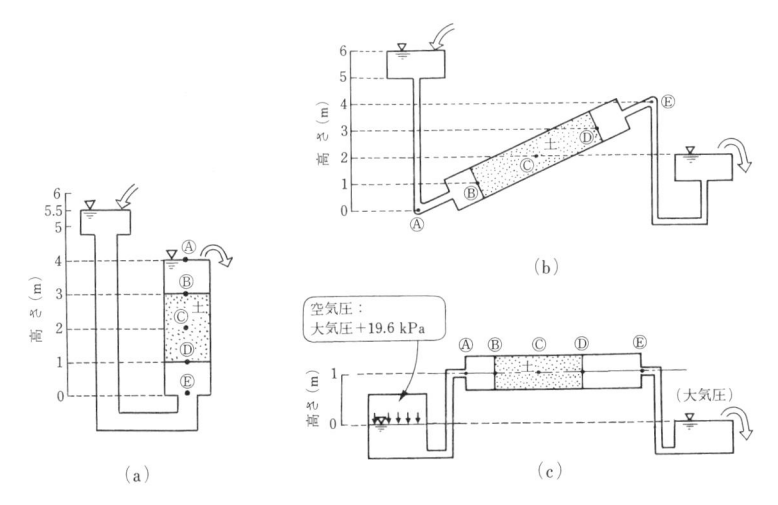

図 3.12 問題3.2の図

3.3 図3.13に示す2次元透水に関し，以下の質問に答えよ．
① $N_f = 3$ という条件で流線網を描け．また，描かれた流線網では N_d はいくらか．
② 境界条件のはっきりしているC点について，その位置水頭 h_e, 圧力水頭 h_p, 全水頭 h はいくらか．
③ 描いた流線網を利用し，A点およびB点の h, h_e, h_p を求めよ．
④ 奥行単位幅（1 m）の1時間当たりの透水量 Q を求めよ．
⑤ 次に，B点の直上にも，A点の直上と同様に標高10 mから5 mの間に不透水壁が設置されたとき，A点およびB点の h, h_p がどのように変化するかについて

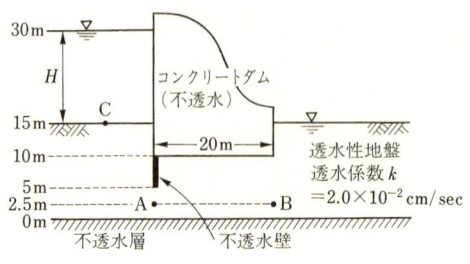

図 3.13 問題3.3の図

理由を付してコメントせよ．

⑥ ⑤とは逆に，A点の直上にもB点の直上にも矢板がないとき，図3.13に対してA点およびB点の h, h_p がどのように変化するかについて理由を付してコメントせよ．

[参考文献]

1) 土木学会編：新体系土木工学17 土の力学（Ⅱ），p.165，技報堂出版，1984

4

土 の 分 類

　砂場に入れる砂を買うために，建材会社に注文し，トラックで運ばれてきた砂を見ると，自分がイメージしていた砂とは異なり粘土分が多量に混入したものであった．このような事態は避けたい．このように，単に砂と表現しても，山地で採取した山砂と海岸で採取した海砂とでは相違がある．人によって砂のイメージが異なることを避けるために，また，「土の名称・分類」と「土の性質」との間に関連性をもたせるために，土を工学的にきちんと分類することが大切である．本章では，このような目的で「土を分類」することを学ぶ．

4.1　土の生成と土の生成過程による分類

　兵法において，あるいはスポーツにおいて，戦う相手の特徴・特性を知り対策を考えることは，勝利を得るための重要な要素の1つであろう．土質力学においても同様である．すなわち，土の特徴と特性を十分に認識することが，その土を取り扱う上できわめて重要なのである．そして，その鍵の1つが土の成因を知ることである．ある土がどのような経過により作られたかを知ることは，その土の性質を知る上で大変重要な情報である．

A　土 の 生 成

　土はどのようにして作られるのであろうか．土は，下記の何れかの過程により作られる．

(1) 岩石の風化

岩石が気象や水，または化学的作用により，形や性質を変える現象を風化という．気象や水による風化は**機械的（物理的）風化**とも呼ばれ，①温度変化，②水の作用（流水，波浪，降雨など），③風の作用，などが要因となる．**化学的風化**には，①大気中の酸素による酸化作用，②溶解・水和・加水分解などの水による分解作用，③炭酸および塩類による溶解作用，④動植物の影響による風化，などがある．

地球上に存在する土の大部分は，この岩石の風化により生成されたものである．

(2) 火山噴出物の堆積

火山の噴火に伴い大気中に放出される火山噴出物（火山灰など）が堆積し，土となる場合もある．富士山の噴火により関東地方に広く堆積・分布する「**関東ローム**」と呼ばれる土，九州南部に広く分布する「**しらす**」と呼ばれる土などがその代表例である．

(3) 枯れた植物の堆積・分解

湖岸の植物が枯れて堆積し黒色の土となる．湿原には，このような土が多く見られ，植物の**繊維**が見えるものもある．このように，植物が枯れ，その遺体が堆積・分解して土となったものを**有機質土**，あるいは**腐植土**と呼ぶ．北海道に広く堆積・分布する「**泥炭**」と呼ばれる土層は，植物の分解により生成された土の代表例である．

B 土の生成過程による分類

土の生成過程および土が河川などにより運搬され土層として堆積する過程をもとに土を分類する方法がある．これは土の成因による分類と呼んでもよく，土の分類名と土の性質との間に相関性のある分類法の1つということができる．この方法による土の分類を表4.1に示した．

残積土とは，土が生成された場所にそのままとどまって土層となっている土である．一方，**堆積土**あるいは**運積土**と区分される土は，水や風などにより運搬され，土が生成された場所とは異なる場所に堆積し土層となった土をいう．堆積土の中で，水により運搬され堆積した土が，われわれの生活にとくに関係

表 4.1 土の生成過程による分類

区　分	運搬の原因	生成過程による土の分類
残積土	な　し	風化土 腐植土（有機質土）
堆積土 （運積土）	水	海成堆積土（沖積土） 河成堆積土 湖成堆積土
	氷　河	氷河堆積土（till：ティル）
	風	火山灰土 風積土（loess：レス） 〔中国の黄土など〕
	海岸海流（と風）	海浜の砂 砂丘砂
	重力（と水）	崩積土〔崖錐：ガイスイ， 土石流堆積物，など〕

が深い．この点について，次項で検討する．

C　河川が地盤（土層）生成に果たす役割

「地盤（土層）の生成」および「生成された地盤（土層）の性質」には，河川による土の運搬と堆積過程が大きく関わっている．主として岩石の風化により生まれた土砂は，河川により運搬され，流速の低下（運搬能力の低下）とともに堆積し地盤を構成する．そして，堆積した土層の種類と性質には，河川の勾配（運搬能力）が大きく影響する．すなわち，流速の比較的速い地域には，礫・砂などの粗粒土が堆積するのに対し，流速の遅い三角州および海底には細

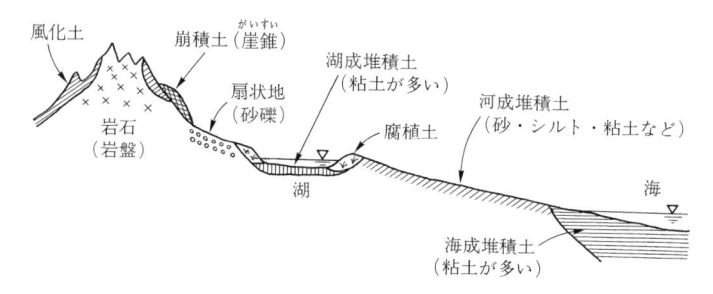

図 4.1　河川と地盤（土層）の関係

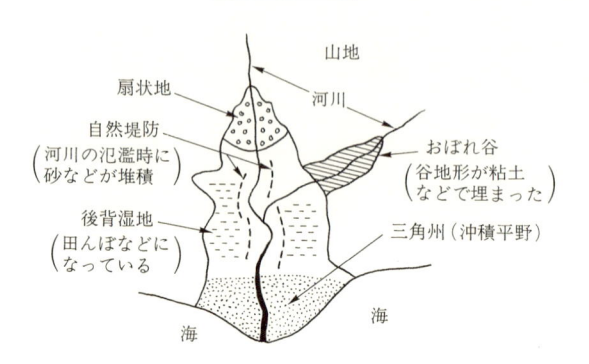

図 4.2 河川周辺の地形と地盤（平面図）

粒の粘土が堆積する．このような河川と土層との関係をイラスト風に示したのが図 4.1 である．また，図 4.2 には，河川中流～下流における河川と地盤の関連を平面図に示した．洪水による河川の氾濫により，自然堤防・後背湿地などができるのであるが，河川の運搬能力の時間的変化がその背景に存在する．

D 海水位の変動と地盤（土層）の性質

上述の河川による土の運搬・堆積に関連をもち，堆積土層の性格に深く関係するものが海水位の変動である．われわれは，たとえば東京湾平均海面（T.P. と略称される）などに代表されるように，平均海水位は大きくは変わらないと錯覚しがちであるが，地質学的時間スケールで見ると海水位は 100 メートルオーダーで変動しているのである．

図 4.3 は，約 2 万年前から現在までの海水面の変動と地形および地盤の形成との相関を示した図である．約 2 万年前の最終氷河期（ウルム氷期）には，海水面が現在より 100～140 m 程度低下していたと考えられている．この海水面低下に伴い河川流路は陸化した海岸平野に延伸し，谷地形を形成した．その後，海水面は急速な上昇を続け（海進：海が陸地に進入してくる），約 1 万年前の海水面の一時的低下期（小海退：海が陸地より退いていく）をはさんで，6000～5000 年前には現海水面より数 m 上の高さにまで上昇（縄文海進）した後，現海水面まで海面低下（弥生小海退）した．この海水面変動に対応して，海岸平野の地下には海退期を示す砂礫層，腐植土層などの海成堆積物に始まり，海

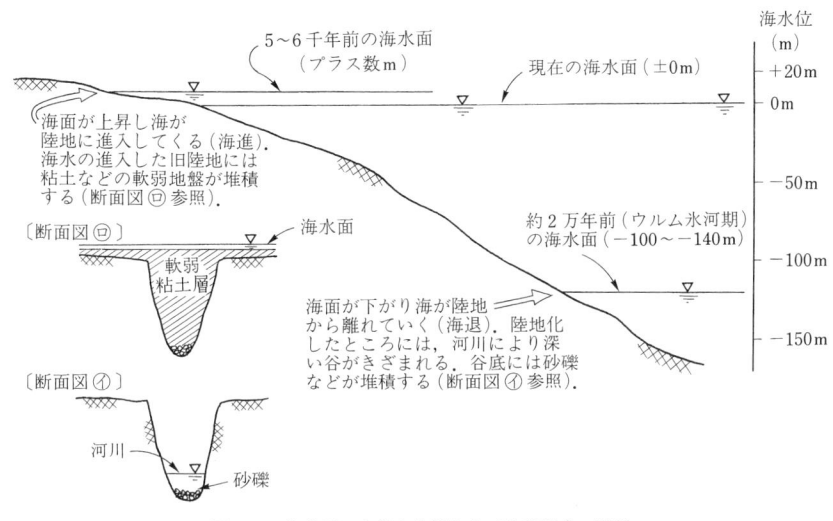

図 4.3　海水面の変動と地形および地盤形成の関係

進を示す粘性土層が堆積しており，最上部には弥生海退時期の河成堆積物が分布している．関東地域に広く堆積している，七号地層（砂・粘土・腐植土の互層），有楽町層下部層（軟弱粘土層）・上部層（液状化しやすい緩い砂層）に，この海水面変動の影響が顕著に表れている．

4.2　土の粒度組成による分類

2章の2.3節（土粒子の大きさと粒径加積曲線）において説明したとおり，土を構成する土粒子の大きさ（粒径）に注目し分類する方法が，土の粒径による分類法である（図2.3参照）．この土粒子の粒径に着目し，「どの名称の土粒子がどのような割合でその土に含まれているか」をもとに土を分類する方法が，土の粒度組成による分類法である．粗粒土は，粒土組成がその特性に大きく影響するので，粒度組成をもとに分類する．一方，細粒土は粒度組成よりも，後述するアッターベルグ限界がその特性により深い関連性をもつため，アッターベルグ限界を用いて分類する．

図4.4に示したのは，土の粒度組成を用いて土を分類する際に利用される三

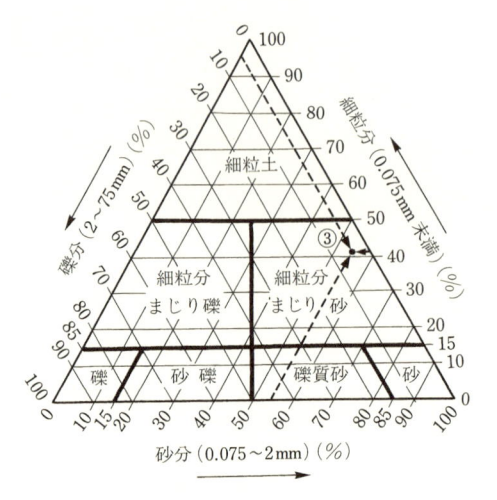

図 4.4 三角座標による粗粒土の分類
（日本統一分類法 JGS 0051[1] をもとに作成）

角座標分類図である．礫分・砂分・細粒分の含有割合によって，土の分類名称を決めることができる．

［例題 4.1］ 2 章の図 2.5 に示す②，③，④の土を図 4.4 を用いて分類せよ．

（解）③を例に解く．粒径加積曲線③より，細粒分（0.075 mm 未満）：41%，砂分（0.075～2 mm）：55%，礫分（2～75 mm）：4%，が得られる．これらの値を三角座標にプロットすると，③は「細粒分まじり砂」に分類される（図 4.4 の点③参照）．同様に②「礫質砂」，④「砂」，となる．

4.3 アッターベルグ限界（コンシステンシー限界）

1900 年代前半にスウェーデンを中心に活躍した科学者アッターベルグ（Atterberg）が提案し，その後も現在まで世界で幅広く利用されている「土中の水分量と土の性質との関係を示す指数」を，**アッターベルグ限界**あるいは**コンシステンシー限界**という．

コンシステンシーという言葉は一般的には物体の硬さ，軟らかさ，流動性の

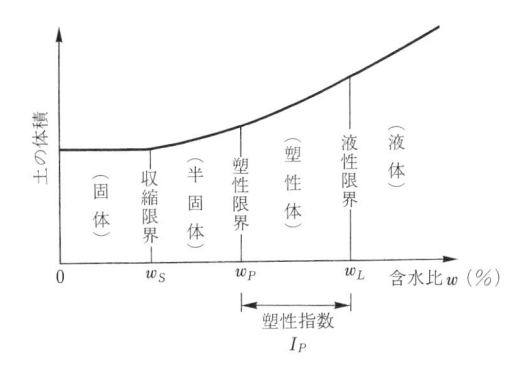

図 4.5 アッターベルグ限界（コンシステンシー限界）

程度を表すが，土の力学の分野では土の変形抵抗の大小を表す言葉として使われる．たとえば，「軟らかい土」とか「非常に硬い土」などが土のコンシステンシーを表現した例である．

図4.5が，このコンシステンシー限界を説明する図である．図に示されているように，土は含水比の変化により液状・塑性状・半固体・固体の状態に移り変わり，その境界をコンシステンシー限界という．

コンシステンシー限界のうち土が液状から塑性状に移るときの含水比を**液性限界**（liquid limit, w_L と略記する）といい，塑性状から半固体の状態に移る限界を**塑性限界**（plastic limit, w_P と略記する），半固体から固体状態に移るときの含水比を**収縮限界**（shrinkage limit, w_S と略記する）という．

土の液性限界と塑性限界の差を**塑性指数**（plasticity index, I_P と略記する）といい，これはその土の塑性の範囲の大小を示す指数である．すなわち，塑性指数 I_P は

$$I_P = w_L - w_P \tag{4.1}$$

ここに w_L：液性限界（％），w_P：塑性限界（％）

なお，w_L, w_P の値は％で表示するが，I_P の値は％をつけずに $I_P=40$ というように単位のない指数として表示する．

液性限界 w_L を求める方法を図4.6に示した．図（a）に示す黄銅皿に，425 μm ふるいを通過させ，粗粒な土粒子を取り除いた土試料を厚さ約1cmになるように入れ，形を整えた後，図（b）に示す溝切りゲージを使って土試料の

4章 土の分類

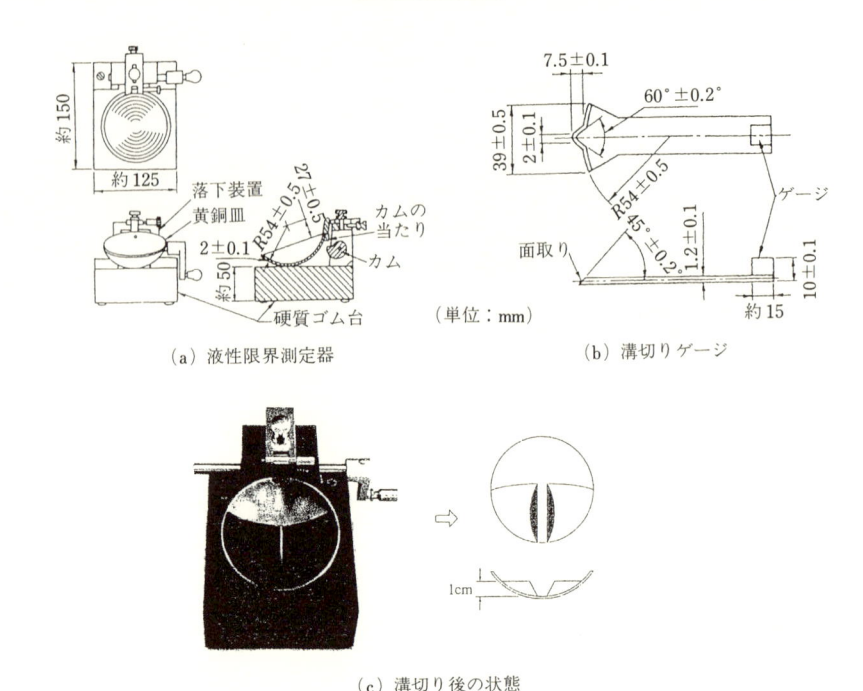

(a) 液性限界測定器

(b) 溝切りゲージ

(単位：mm)

(c) 溝切り後の状態

図 4.6 液性限界測定装置[4]

中央部に溝を切る．この状態で黄銅皿をハンドルを回軸させることにより1秒間に2回の割合で落下高1cmで落下させ，溝の底部の土が長さ約1.5cm合流するまで落下を続ける．溝が合流したときの落下回数を記録し，その土試料の含水比を求める．次に土試料の含水比を変えて同様の試験を数種類の含水比に対して実施し，図4.7に示す流動曲線を作成する．この曲線において落下回数25回に対応する含水比を求め，

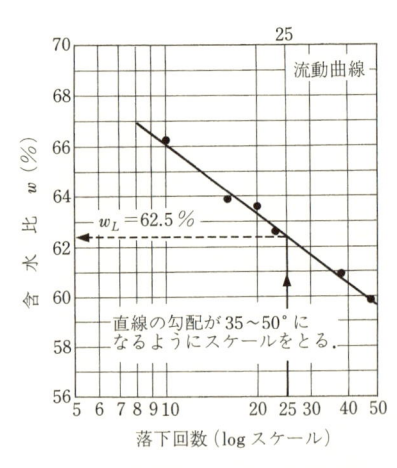

図 4.7 液性限界 w_L を求めるための流動曲線

$w_L = 62.5\%$

直線の勾配が35〜50°になるようにスケールをとる．

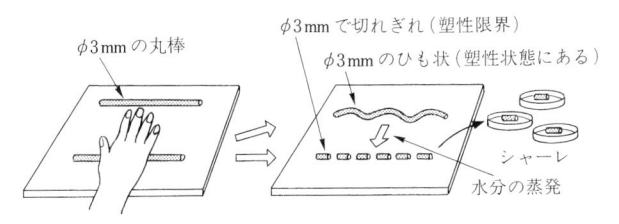

図 4.8 土の塑性限界試験方法[4]

これを液性限界 w_L と定める.

この他に，フォールコーンを用いて液性限界を求める方法も考案され，日本地盤工学会が基準を作成している．その詳細は参考文献 2) を参照されたい．

次に，塑性限界 w_P を求める方法を図 4.8 を用いて説明する．土試料の水分状態を，土試料が団子状になる程度に調整し，その土試料を図 4.8 に示すように手のひらとすりガラス板との間で転がしながらひも状にし，ひもの太さを直径 3mm の丸棒に合わせる．この土のひもが直径 3mm になったとき，土を再び塊状にしてこの操作を繰り返す．以上の操作において，図 4.8（右図）のように土のひもが直径 3mm になった段階でひもが切れ切れになったとき，その切れ切れになった部分の土を速やかに集めて含水比を求める．このようにして求められた含水比をその土の塑性限界 w_P とする．

なお，土の収縮限界 w_S を求める試験方法は，JIS A 1209 に規定されている．その詳細については，参考文献 3) を参照されたい．ここで，自然状態の土の流動性の程度（コンシステンシー）を比較する指数として，液性指数 I_L (liguidity index) が次式で定義され用いられていることを説明しておく．

$$I_L = \frac{w - w_P}{w_L - w_P} = \frac{w - w_P}{I_P} \tag{4.2}$$

ここに w：自然状態の土の含水比

$w > w_L$ なら $I_L > 1$ であり，その土を練り返すと液体状となる．日本の海成粘土には，このような条件下のものが少なくない．その理由は，2 章の 2.4 B の b) において説明した微視的構造に関連する粒子間力が自然状態の不攪乱粘土では顕著に作用しているからである．なお $1 > I_L > 0$ であれば，その土を練り返しても塑性状態に止まる．

4.4　土の工学的分類

　土の工学的分類とは，土を単に砂とか粘土とか，その粒径をもとにして呼び分けるのではなく，いくつかの要素をもとに「**土の分類名から，その土の特性がある程度推定できる**」ことを目的にした分類法のことである．すなわち，締め固めやすい土，圧密沈下を起こしやすい土，などといった土の工学的特性と土の分類名との間に相関性が極力高くなることを目的に定めた分類法が「**土の工学的分類法**」である．

　土の工学的分類法としては（1）日本統一土質分類法，（2）米国の統一土質分類法（Unified Soil Classification System）が代表的なものである．米国の統一土質分類法はASTM（American Society for Testing and Materials）の規格として採用されており，日本統一土質分類法作成のベースとなった規格である．

　これらの土の工学的分類法を構成する主な要素は，①土粒子の粒径による分類と粒度組成，②細粒土に対してはアッターベルグ限界，の2つである．まず，はじめにアッターベルグ限界をもとにした「塑性図による細粒土の分類」を説明し，続いてそれらを総合した土の工学的分類法を説明する．

A　塑性図による細粒土の分類

　塑性図とは，図4.9に示すように，縦軸に塑性指数 I_P をとり，横軸に液性限界 w_L をとって，対象となる土を図上にプロットする図である．塑性図にはA線 $[I_P=0.73(w_L-20)]$ と呼ばれる線と，B線 $[w_L=50]$ と呼ばれる線が画かれ，図上が4つの区画に区分される．この区画のどのゾーンに対象としている土がプロットされるかによって，細粒土を分類しようとするのが塑性図による分類である．図上で
① CL表示のゾーンにプロットされた土：低液性限界粘土
② ML表示のゾーンにプロットされた土：低液性限界シルト
③ CH表示のゾーンにプロットされた土：高液性限界粘土
④ MH表示のゾーンにプロットされた土：高液性限界シルト

4.4 土の工学的分類

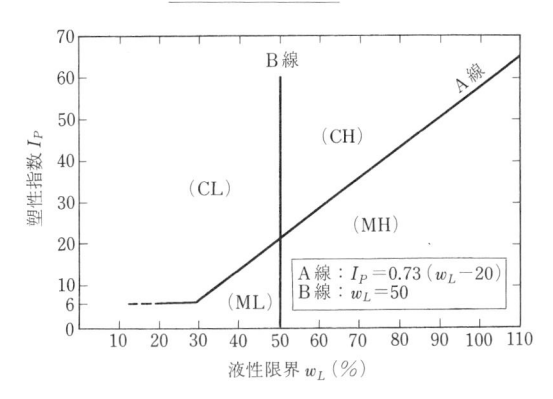

図 4.9 塑性図

と判定する.ちなみに,記号 C は Clay,M はシルト(スウェーデン語のシルトという単語の頭文字)を表し,L は低い(Low),H は高い(High)を示している.

この塑性図と細粒土の特性との相関についてもう少し考えてみよう.液性限界の大きい土は,含水比が大きく間隙比が大きくても,塑性状態で存在しうることを示しており,したがって間隙比が大であってもある程度の強度を示すことのできる土である.しかしその反面,外力を受けたときには間隙が大きいため,体積収縮を起こしやすく,圧縮性の大きい土ということができる.また,そのような土は透水性が低いと考えられる.

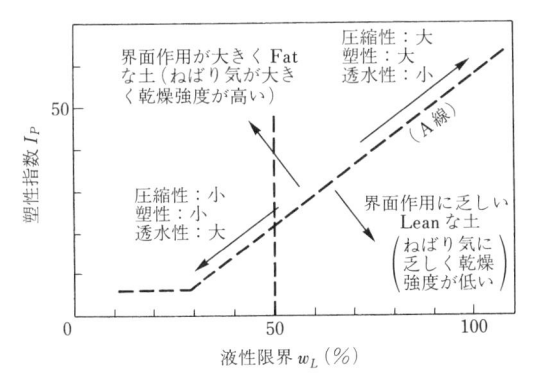

図 4.10 塑性図上の位置と細粒土の特性との関係

次に塑性指数 I_P について考えてみる．I_P の大きな土は塑性状態を示す含水比の幅が広いのであるから，高塑性の土である．高塑性の土とは，別の表現をすれば，「その土がある程度の強度を示す含水比の幅が広い」といえるわけで，粘土粒子表面の界面作用が大きく，含水比の変化に対し強度特性の変化が急激ではない「ねばり強い土（Fat な土）」と見なすことができる．この傾向は「I_P の大きさ」あるいは「A 線からどれだけ上方にあるか」によって判断することができる．

以上のような傾向を総括すると，塑性図上の位置と粘性土の特性との間には，図 4.10 に示すような相関性があるといえる．

B 日本統一土質分類法

これまでに述べたさまざまな要素をもとに，土の工学的分類法として日本地

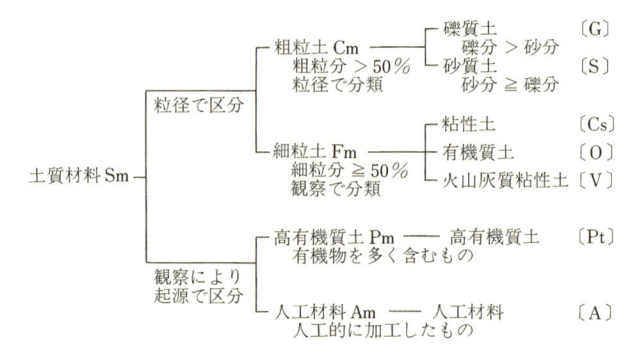

```
                                   ┌─ 礫質土          〔G〕
                   ┌─ 粗粒土 Cm ──┤  礫分 > 砂分
                   │   粗粒分 > 50%│
                   │   粒径で分類  └─ 砂質土          〔S〕
        粒径で区分 │                 砂分 ≧ 礫分
                   │
                   │                ┌─ 粘性土          〔Cs〕
土質材料 Sm ──────┤─ 細粒土 Fm ──┤
                   │   細粒分 ≧ 50%├─ 有機質土        〔O〕
                   │   観察で分類  │
                   │                └─ 火山灰質粘性土  〔V〕
        観察により │
        起源で区分 ├─ 高有機質土 Pm ── 高有機質土      〔Pt〕
                   │   有機物を多く含むもの
                   │
                   └─ 人工材料 Am ──── 人工材料        〔A〕
                       人工的に加工したもの
```

注：含有率%は土質材料に対する質量百分率

図 4.11　日本統一土質分類法による土質材料の大分類[5]

					粒	径				
	5μm	75μm	250μm	425μm	850μm	2mm	4.75mm	19mm	75mm	300mm
粘土	シルト	細砂	中砂		粗砂	細礫	中礫	粗礫	粗石 (コブル)	巨石 (ボルダー)
			砂				礫		石	
細粒分			粗粒分					石分		

図 4.12　土質材料の粒径による分類[5]

4.4 土の工学的分類

盤工学会により，まとめられたものが日本統一土質分類法（JGS 0051）である[5]．その要点を以下に説明する．

土の分類は，大分類，中分類，小分類の3つのステップで行われる．図4.11が土の大分類を示す図である．なお，土の工学的分類に利用される「土の粒径

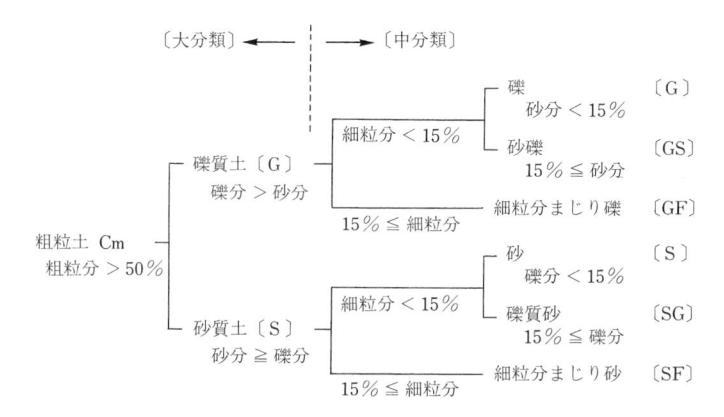

```
〔大分類〕 ←――┊――→ 〔中分類〕

                                        ┌─ 礫            〔G〕
                                        │   砂分 < 15%
                         ┌─ 細粒分 < 15% ─┼─ 砂礫          〔GS〕
                         │              │   15% ≦ 砂分
           礫質土〔G〕 ──┤              └─ 細粒分まじり礫 〔GF〕
           礫分 > 砂分    │
                         └─ 15% ≦ 細粒分
粗粒土 Cm ─┤
粗粒分 > 50%
                                        ┌─ 砂            〔S〕
                                        │   砂分 < 15%
                         ┌─ 細粒分 < 15% ─┼─ 礫質砂        〔SG〕
                         │              │   15% ≦ 礫分
           砂質土〔S〕 ──┤              └─ 細粒分まじり砂 〔SF〕
           砂分 ≧ 礫分    │
                         └─ 15% ≦ 細粒分
```

図 4.13 粗粒土の中分類[5]

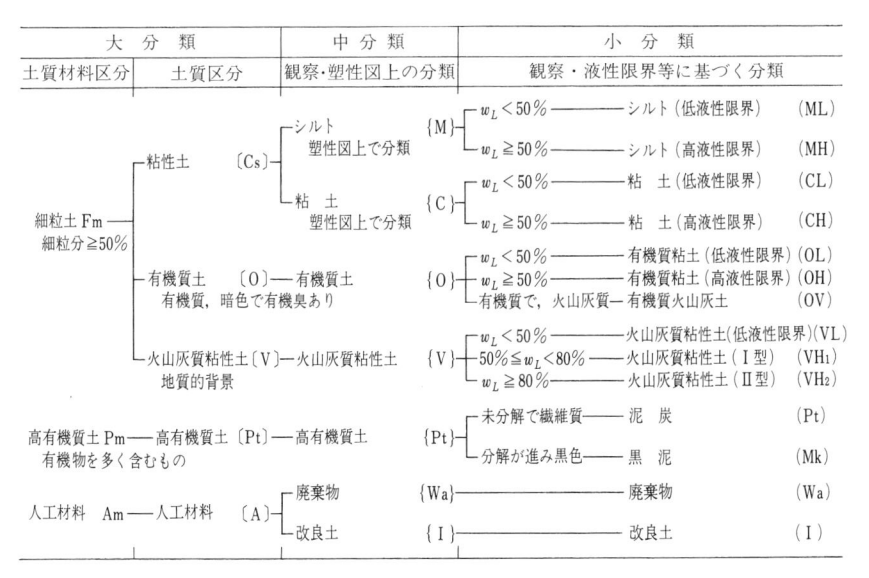

大 分 類		中 分 類		小 分 類	
土質材料区分	土質区分	観察・塑性図上の分類		観察・液性限界等に基づく分類	
細粒土 Fm 細粒分≧50%	─粘性土 〔Cs〕	┌─シルト 塑性図上で分類 └─粘 土 塑性図上で分類	{M} {C}	┌$w_L < 50\%$─── シルト（低液性限界） └$w_L ≧ 50\%$─── シルト（高液性限界） ┌$w_L < 50\%$─── 粘 土（低液性限界） └$w_L ≧ 50\%$─── 粘 土（高液性限界）	(ML) (MH) (CL) (CH)
	─有機質土 〔O〕── 有機質土 有機質，暗色で有機臭あり		{O}	┌$w_L < 50\%$─── 有機質粘土（低液性限界） ├$w_L ≧ 50\%$─── 有機質粘土（高液性限界） └有機質で，火山灰質─ 有機質火山灰土	(OL) (OH) (OV)
	─火山灰質粘性土〔V〕── 火山灰質粘性土 地質的背景		{V}	┌$w_L < 50\%$─────── 火山灰質粘性土(低液性限界) ├$50\% ≦ w_L < 80\%$── 火山灰質粘性土（I型） └$w_L ≧ 80\%$─────── 火山灰質粘性土（II型）	(VL) (VH$_1$) (VH$_2$)
高有機質土 Pm── 高有機質土〔Pt〕── 高有機質土 有機物を多く含むもの			{Pt}	┌未分解で繊維質─── 泥 炭 └分解が進み黒色─── 黒 泥	(Pt) (Mk)
人工材料 Am ── 人工材料 〔A〕		┌廃棄物 └改良土	{Wa} {I}	─── 廃棄物 ─── 改良土	(Wa) (I)

図 4.14 細粒土の工学的分類方法[5]

による分類法」を図4.12に再掲した．図4.11に示すように土質材料は7種の土に大分類され，それぞれ〔〕内に示された記号（G，S，など）がつけられる．

次に粗粒土：Cm（coarse-grained material）の中分類方法を図4.13に示す．粗粒土はこのように6種類の土に中分類される．この中分類は，前出の図4.4（三角座標による粗粒土の分類）と同じ内容である．粗粒土は，さらに18種類の土に細分類されるが，その詳細については参考文献5）を参照されたい．

次に細粒土：Fm（fine-grained material）の中分類・細分類方法を図4.14に示す．この図に示されているように，細粒土の中・細分類は，観察等により，有機質土，火山灰質粘性土，人工材料を区別したあと，それ以外の一般の細粒土を，主として**塑性図を用いて分類する**ことになる．

4.5 分類法に含まれない有用な指数

上記分類法には含まれていないが，土の特性を判断する上で有用な指数のいくつかを説明する．

A 粗粒土の相対密度

粗粒土の締まり具合を示す指標として，相対密度（relative density）が用いられる．相対密度 D_r は，次式により定義される．

$$D_r = \frac{e_{max} - e}{e_{max} - e_{min}} \tag{4.3}$$

ここに D_r：相対密度
　　　e_{max}：粗粒の土の最も緩い状態における間隙比
　　　e_{min}：同じく最も密な状態における間隙比
　　　e：同じ土の与えられた状態の間隙比

なお，式（4.3）における e_{max}，e_{min} の求め方は JIS 規格に定められており（参考文献6）参照），e_{max} は最小密度試験による最も緩い状態の試料の間隙比，e_{min} は最大密度試験による最も密な状態の試料の間隙比である．

式（4.3）より，最も緩い状態の土の相対密度は $D_r=0$ となり，最も密に締

まった状態では $D_r=1$ となる．なお，式 (4.3) により得られた値を 100 倍して D_r を％表示することもある．

表 4.2 は，D_r の値をもとに，粗粒土の締まり具合を判断するために用いられる表である．

表 4.2 相対密度による粗粒土の締まり具合の判定

相対密度（％）	締まり具合
0～15	大変緩い
15～35	緩い
35～65	中位
65～85	密な
85～100	大変密な

B 活性度

活性度（activity）とは，粘性土の活性を定量的に示す指標であり，スケンプトン（Skempton）によって次式のように定義されている[7]．

$$活性度: A = \frac{塑性指数 I_p}{2\mu m \text{以下の粘土の含有量（質量含有率）}（％）} \quad (4.4)$$

一般に，活性とは他の物質を吸着したり，これと物理的あるいは化学的に結合する傾向の強さをいうが，土質力学の分野では，土中の $2\mu m$ 以下の土粒子の表面の界面化学的性質の強さを指す．土中の $2\mu m$ 以下の粒子は二次鉱物（粘土鉱物：イライト，モンモリロナイトなど）である場合が多く，それらの表面活性は粒径が比較的大きい一次鉱物（花崗岩，安山岩の細片など）に比べて著しく高いことから，土の活性を支配するのは $2\mu m$ 以下の粘土含有量と考えられる．同じ割合の粘土分を含む土でも，土によって塑性指数 I_p の値が違うが，これは土に含まれる粘土鉱物の種類の違いが主因となっている．電気的な性質の活発な鉱物ほど高い活性度を示し，スケンプトン[7]によると，イライト：$A=0.9$，カオリナイト：$A=0.38$，Na^+ モンモリロナイト：$A=7.2$ となっている．

また，活性度によって粘土は表 4.3 のように分類される．この関係を図に示すと，図 4.15 のようになる．いくつかの代表的な粘土の活性度を同図に合わせてプロットした．同一の土はほぼ一本の直線上にプロットされることがわかり，同一の土はほぼ一定の活性度を示すことが認識できる．

このことは，粘土の活性度が，粘土の特性を示すとともに土層の判別にも役立つことを示している．活性度の同じ土（生成や主要粘土鉱物

表 4.3 活性度による土の分類

活性度 A	名称
<0.75	非活性粘土
0.75～1.25	普通粘土
1.25～2.0	活性粘土
>2.0	超活性粘土

が同じ土）は粘土分含有量によって塑性指数 I_P は異なるものの，両者の関係は相関性が高く直線性を示す．活性度が変われば，その直線の傾きが変わる．このことは，I_P が粘土の量によって変ったものか，質の違いによって変わったものかを，A の値で区別できることを意味している．含有する粘土の質的な違いが生成，起源，堆積年代の違いを表すとすると，粘土含有量と塑性指数 I_P 関係の直線の勾配，すなわち粘土の活性度を比較することで，粘土層の性質を知ることができる．

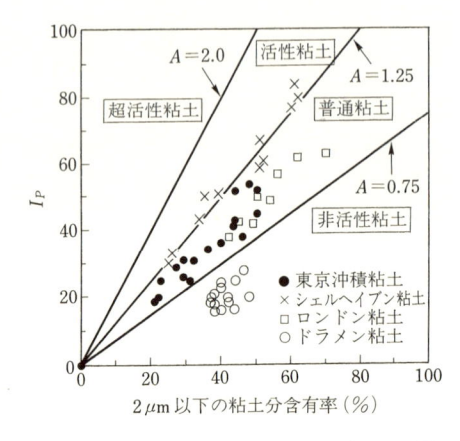

図 4.15 I_P と 2 μm 以下の粘土分含有率の関係

［演習問題］

4.1 細粒土試料①は w_L=85%，w_P=25%，②は w_L=70%，w_P=40%，③は w_L=40%，w_P=20%，であった．この試料①〜③を日本統一土質分類法により分類し，またその特性について記せ．

4.2 現場で砂の乾燥密度を測定したら 1.55 Mg/m^3 であった．同じ砂について実験室内で緩やかに詰めた状態と密につめた状態の乾燥密度を求めたら 1.40 Mg/m^3 および 1.70 Mg/m^3 であった．現場での砂の相対密度 D_r はいくらか．なお，G_s=2.70 である．
（ヒント　1 m^3 の土を考え，V_s を求めてから $e_{\min}$，$e_{\max}$ を求め D_r を求める）．

4.3 ある土に ① 細粒土を質量比で約 1/2 添加したときと，② 逆に粗粒土を同じ量だけ添加したときに，混合土の性質はもとの土に対してどのように変わるか．理由を付して回答せよ．

4.4 I_L>1 の不攪乱粘土試料では，整形し土質試験を行うことができるものが少なくないのに対し，その土を練り返すと液体状となり整形もできなくなる．その理由

（背景）を説明せよ．

［参 考 文 献］

1) 地盤工学会編：土質試験の方法と解説（第一回改訂版），p. 221，地盤工学会，2000
2) 同上，pp. 93-108，地盤工学会，2000
3) 同上，pp. 109-117，地盤工学会，2000
4) 地盤工学会編：土質試験－基本と手引き－，pp. 40-43，地盤工学会，2000
5) 地盤工学会編：土質試験の方法と解説（第一回改訂版），pp. 213-245，地盤工学会，2000
6) 同上，pp. 136-145，地盤工学会，2000
7) Skempton, A. W.: The Colloidal Activity of Clays, Proc. 3rd Int. Conf. Soil Mech. Found. Eng, Vol. I, p. 57, 1953

5

全応力・間隙水圧・有効応力

土（地盤）にはいろいろな力が作用する．高層ビルの荷重，大きな吊橋の荷重，また，海底の土には高い水圧も作用する．通常，土は大きな圧力で締め固められると密な状態となるが，高い水圧が作用している深海にはヘドロと呼ばれる，ふわふわした土がある．土に作用する力および水圧は，土にどのような影響を与えるのであろうか．この章では，土に作用する力に対し土がどのように反応しているのかを究明する．

深い海底に沈積した土は大きな水圧下にあるにもかかわらず，密には締め固まらず，ふわふわしたヘドロと呼ばれる状態にあることは，深海調査船による映像などで広く知られている．水深 1000 m であれば，約 100 気圧の水圧が作用しており，これは 50 階建の高層ビルが地盤に与える圧力の約 20 倍の圧力である．なぜ，海底土は水圧では締め固まらないのか．土に影響を与え，土の特性を変化させる力とはどのようなものなのだろうか．

5.1 有効応力の概念

A 応力とは

まずはじめに，応力という用語の意味を確認しておきたい．物体に力を加えると，その物体内にはその外力につり合う力が発生し外力に対応する．頬をつねられて痛いと感じるのは，頬の筋肉内に外力に対応した力が発生し，それを神経が知覚するからである．応力とは，このように外力に対応して物体の内部に発生した力のことをいうが，とくにそれを単位面積当たりの力として表現した場合に「**応力**」と呼ぶ．したがって，応力の単位は，kN/m^2 とか N/mm^2

というように力（F）を面積（L^2）で割ったものとなる．

B　有効応力

本章のはじめに記したような疑問に答えるとともに，土の「圧縮性」や「強さ」などの重要な性質を正しく評価するために導かれたものが，有効応力概念である．英国の地質学者ライエル（Lyell, 1871）の考え方などをもとに，テルツァギ（Terzaghi, 1925[1], 1943[2]）が明確化した考え方であり，現在の土質力学体系の根幹をなす重要な概念である．

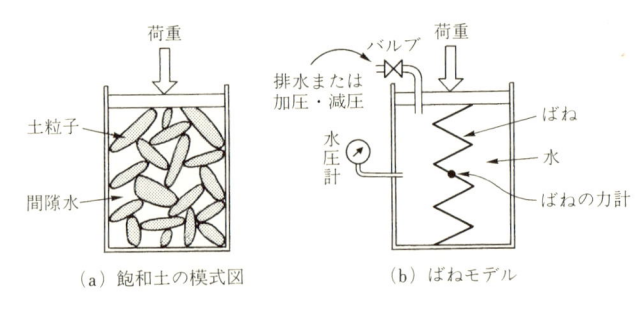

図 5.1　有効応力概念の説明図

(a) 飽和土の模式図　　(b) ばねモデル

図5.1 (a) では，間隙が水で飽和した土に荷重を加えた状況を模式的に描いたものである．載荷重は，**土粒子が構成する構造**，すなわち「**土の骨格構造**」と，「**間隙を占める水**」が互いに分担して負担していることが推測される．(b) 図は，土の骨格構造をばねに置き換えたモデルを示している．荷重が載荷されたとき，ばねの受け持つ荷重は，ばねの力計により表示され，水が分担する荷重は水圧計で示される．その分担割合は，「ばねの剛性（圧縮性）」と「水の圧縮性」の比によって決まってくる．また，バルブを開き排水したり，あるいは加・減圧により水圧を変化させるとばねの負担する荷重は変化する．このモデルで示した，「土の骨格構造（b図でのばね）」が負担する力を**有効応力**（effective stress）と呼ぶ．

土に作用する外力は全応力と呼ばれ

$$[全応力:\sigma] = [有効応力:\sigma'] + [間隙水圧:u] \quad (5.1)$$

なる関係がある．あるいは

$$[\text{有効応力}: \sigma'] = [\text{全応力}: \sigma] - [\text{間隙水圧}: u] \quad (5.2)$$

と表現してもよい．有効応力を直接測定することは難しいので，全応力と間隙水圧をもとに，有効応力を求めるのが一般的である．この意味で，式 (5.2) が有用となる．

ここで，土の骨格構造が負担する応力を「有効応力」と呼ぶ理由について述べておきたい．土が圧縮されるか否か，土の強さがどのように変化するか，といった土のさまざまな挙動を左右するのは，全応力ではなく土の骨格構造が負担する有効応力なのである．すなわち，全応力が増加しても有効応力に変化がなければ，土は圧縮されずまた土の強さも変化しない．逆に全応力の変化の如何にかかわらず，有効応力が増加すれば，土は圧縮され土の強さは増加する．このように，土の挙動は有効応力に支配されているのである．以下，5.2 節および 7 章・9 章などで，有効応力が土の挙動にどのように大きく影響するかを具体的に調べていくことになるが，土の挙動を理解する上で有効応力がきわめて重要であることを強調しておきたい．

5.2　土中の有効応力と静水圧

有効応力概念を理解する具体的ケースとして，図 5.2 に示すように，地表面に地下水面がある自然地盤中の深さ z の位置にある土要素を考えてみよう．地盤の間隙は水で飽和状態であり，また，地盤は深度方向に一定の単位体積重量 γ_{sat} をもっているものとする．鉛直方向全応力 σ_v は，深さ z より上部にある土の重量の和であるから

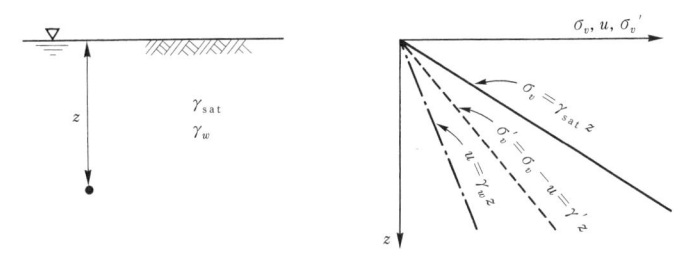

図 5.2 飽和地盤の鉛直方向全応力 σ_v，間隙水圧 u，および有効応力 σ_v'

で示される．間隙水圧は

$$\sigma_v = \int_0^z \gamma_{\text{sat}}\, dz = \gamma_{\text{sat}} z \tag{5.3}$$

$$u = \int_0^z \gamma_w\, dz = \gamma_w z \tag{5.4}$$

であるから，深さ z の土要素における鉛直方向有効応力 σ_v' は

$$\sigma_v' = \sigma_v - u = (\gamma_{\text{sat}} - \gamma_w) z = \gamma' z \tag{5.5}$$

により示される値となる（注：$\gamma'=$ 土の水中単位体積重量：2章参照）．

[**例題 5.1**] ① 図 5.3 に示すように，水面が地表面より H_w だけ上にある場合の σ_v, u, σ_v' の値を深さ z の関数として示せ． ② 図 5.2 と対比し，水面が上昇し水圧が上昇しても有効応力に変化のないことに注目し，深海にもヘドロが存在することを説明せよ．

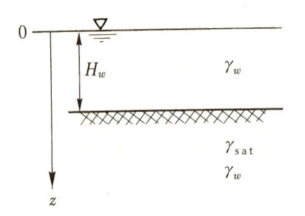

図 5.3 例題 5.1 の図

（**解**） ① 図 5.4 に示すとおり．

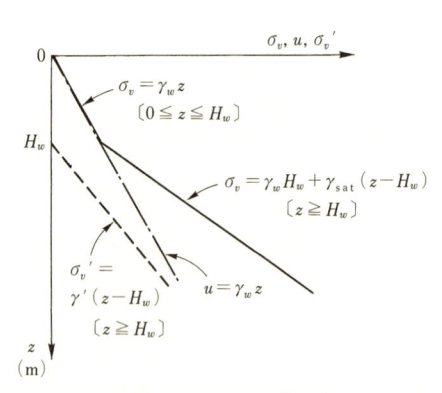

図 5.4 例題 5.1 ① の解

② 図5.2と比較すると，地表面から下の部分の有効応力 σ_v' の値は両者とも等しいことがわかる．このように，水面が上昇し全応力が増加してもそれがすべて間隙水圧の上昇となり，有効応力が変化しない場合には，土は圧縮されず強さの変化も起こらない．深海底の土と浅い湖の底の土とでは，有効応力に関しまったく差のない状態といえる．

[**例題 5.2**] ① 図5.5のように，地下水面が地表面より D_w だけ下がった位置にある場合の σ_v, u, σ_v' を求めよ．② $\gamma_t = 16\,\mathrm{kN/m^3}$, $\gamma_{sat} = 17\,\mathrm{kN/m^3}$, $\gamma_w = 9.81\,\mathrm{kN/m^3}$, $D_w = 5\,\mathrm{m}$ であるとき，深度20mの土要素の σ_v, u, σ_v' の値はいくらか．③ 図5.2と対比し，地下水位の低下が地盤沈下の原因となる理由を説明せよ．

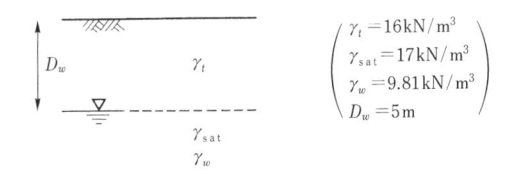

図 5.5 例題5.2の図

(**解**) ① 図5.6に示すとおり．
② $\sigma_v = 335.0\,\mathrm{kN/m^2}$, $u = 147.2\,\mathrm{kN/m^2}$, $\sigma_v' = 187.9\,\mathrm{kN/m^2}$
③ 地下水位が低下することにより，z が $0\,\mathrm{m} \sim D_w$ の間の土は，水中重量 γ' から空中重量 γ_t に変化し，単位体積重量が増大する．そのため，地盤の有効応力が増加し，

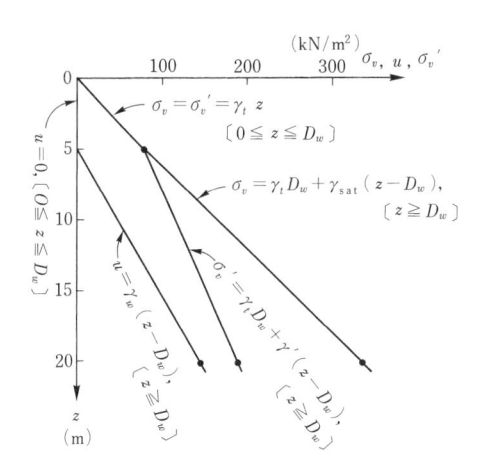

図 5.6 例題5.2①の解

土は圧縮変形（圧密）が進行し沈下する．

地下水位の低下は，地盤に荷重を載荷した場合と同じような影響を地盤に与える．

5.3 土の微視構造から見た有効応力の意味

上述の5.1，5.2節で「有効応力」を定義し，その算定などを行ったが，この有効応力を，もう少しミクロな視点から土の細部で実際に有効応力なるものが土粒子間でどのように伝達されているのかについて考えてみたい．**土の微視構造**とは，ミクロな視点で見た土の構造を示す言葉である．

(a) 土の切断面
(b) 土粒子をなるべく切断しないように多少波打った面による土の断面

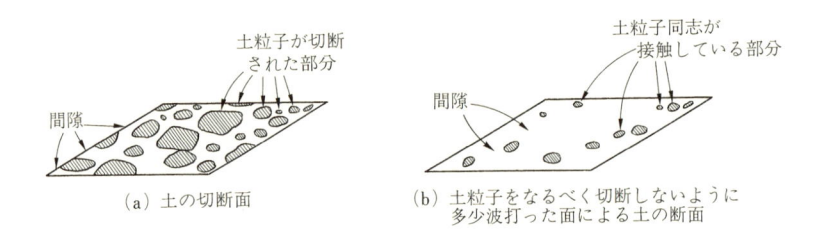

図 5.7 土の断面のイメージ図

図5.7（a）は，地盤中の土の構造を変えないで水平に切断できたとしたときの，土の断面のイメージ図である．この図で斜線をつけた部分が土粒子が切断された部分で，白抜きの部分が間隙である．この土要素の断面積が $1\,\mathrm{cm}^2$ であり，その断面に作用している有効応力が $2\mathrm{N}$ であったとすると，この断面に作用している鉛直方向有効応力 σ_v' が $2\mathrm{N/cm}^2$ であり，斜線部分の面積が $0.2\,\mathrm{cm}^2$ であったとすると，有効応力 σ_v' が $2\mathrm{N/cm}^2$ であるのに対し，実際に土粒子間で伝達されている応力は $2\mathrm{N}/0.2\,\mathrm{cm}^2 = 10\mathrm{N/cm}^2$ という値になる．さらに図5.7（b）は，土要素の断面を，なるべく土要素を切断しないで土粒子の接触点を通るように多少波打った面で切ったときの断面である．この図5.7（b）において斜線をつけた部分が土粒子同士が接触している部分である．この斜線部分の面積は土の種類により異なるが，ほとんどの土で土要素全断面積の1%以下となる（細粒土になるほど，その割合はさらに小さくなる）．ここで，接触点面積を土要素全断面積の1%と仮定すると土粒子の接触点で伝達している

応力は $2\,\mathrm{N}/0.01\,\mathrm{cm}^2 = 200\,\mathrm{N}/\mathrm{cm}^2 = 2\,\mathrm{MN}/\mathrm{m}^2$ という値になる.

このように土粒子の接触点で伝達されている応力を**接触点応力**(contact stress)といい,有効応力よりはるかに大きな値となる.上述の具体例で有効応力 $\sigma_v{}'$ が $2\,\mathrm{N}/\mathrm{cm}^2\,(=20\,\mathrm{kN}/\mathrm{m}^2)$ という値は 2〜3 階建の建物荷重強度であるが,土粒子の接触点応力の値は $2\,\mathrm{MN}/\mathrm{m}^2$ で 200〜300 階建の建物荷重強度に相当し,大変大きな値となることがわかる.

以上の説明でわかるように,有効応力という概念は,ある断面積において土粒子が伝達している力をその断面積全体で割り算した仮想的な値であり,実際に土粒子間で伝達されている応力とは異なるのである.したがって実際に起こる現象の例として基礎杭先端の地盤などで杭荷重が増加すると,土粒子接触点での土粒子の破壊が起こることなどが確認されている.このように土を微視的に見ると,有効応力は実際に土粒子間に作用している応力レベルとは異なる平均的な力(応力)の表現であることを認識する必要がある.しかし,7 章以降で詳しく論議するように,「有効応力概念は土の力学においてきわめて重要で有用な考え方」であることに関しては接触点応力とは別の総体的視点として大切なものであることをあらためて強調しておきたい.表現を変えていえば,接触点応力のような細部の問題を検討すべき場合を除けば,一般的には土の挙動は,全応力,有効応力,間隙水圧の 3 つの柱で検討することができるのである.

5.4 不飽和土のサクション

土の間隙が水で飽和していない,すなわち間隙中に水と空気が存在する「不飽和土」では,粒子間応力が 5.1,5.2 節で説明した状況よりも複雑で難しいものとなる.この不飽和状態の土では,① 粒子間に存在する水の**表面張力**の影響,② 土粒子表面の電荷およびそれに関連する吸着水層の存在や浸透圧,の 2 要素が主体となって,外力とは無関係な粒子間力が大きな要素を占める.このような不飽和土に作用する粒子間力を総称して「サクション」という.ただし,このサクションという言葉は,現在まだ完全に一致した定義のもとに使われているとはいえないことを断っておく必要がある.狭義にサクションという場合には(一般的には,この使い方が多い),大気圧より低くなっている毛

管水の圧力のことを指すことがあり（上記の①に対応），広義により厳密にサクションという言葉を定義すると「土が保持している水分を取り出すために必要な吸引圧力」ということになる（上記の①と②の双方に対応）．

A 水の表面張力によるサクション

砂場や海岸において砂で形のある物を作ろうとするとき，砂が湿った状態であると形を作りやすいが，砂が乾燥していたり，逆に水面下（水中）にあったりすると砂で形のあるものを作るのが困難になる．この違いは何によるのだろうか．それは「水の表面張力によるサクション」が働いているかいないかの違いによるのである．図5.8は，不飽和状態の砂に作用する水の表面張力の様子を示したものである．このように，不飽和土では土粒子間に水の表面張力による力が作用し，土粒子は互いに引き付け合った状態となる．これを全応力，間隙水圧，有効応力の概念で表現すると，負（ネガティブ）の間隙水圧により，全応力がゼロであるのに有効応力がプラスの値となっている状態であると表現できる．

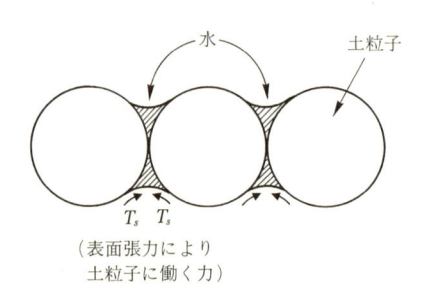

図 5.8 不飽和土に作用する表面張力

粘着力がほとんどない砂では，湿った状態においてのみ水の表面張力により粒子間応力（有効応力）が発生し，砂を用いて形のあるものが作れることになるわけである．例題5.2において，深度zが$0 \leq z \leq D_w$の間の間隙水圧は$u=0$と示したが，これは水の表面張力によるサクションを考慮に入れると正確ではなく，$u<0$となる．この点を含めて図5.6を書き改めると図5.9のようになり，この図の方が地下水面より上の不飽和土の状態をより正確に表現しているといえる．

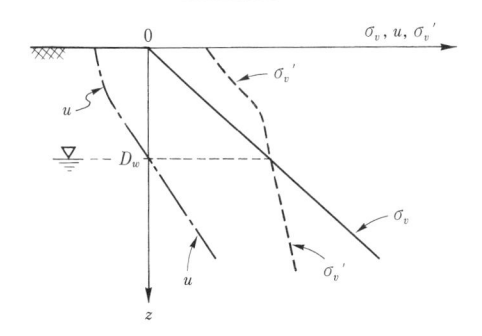

図 5.9 水の表面張力によるサクションを考慮した σ_v, u, σ_v' の値

B 土粒子表面の電荷等によるサクション

　土粒子（とくに粘土，コロイドなど）の表面は，結晶構造の内部の過剰な負電荷により，通常負に帯電している．このため，吸着水層と呼ばれる水分子やNa^+，Ca^{2+}などを土粒子表面に吸着している．とくに「水分子に対する吸着力」と「イオン濃度の高い層を土粒子表面にもつこと」の2要素が，水の表面張力によるサクションよりもかなり大きなサクションを発揮する要因となる．当書では，このテーマを詳細に記述する余地がないが参考文献3)～5)などに詳しく議論されているので必要に応じ参照されたい．

［演 習 問 題］

5.1 図5.10に示すように広い範囲に $\Delta q=120\,\mathrm{kN/m^2}$ の荷重が載荷された場合の深度 z と σ_v, u, σ_v' の関係を求め，グラフに示せ．

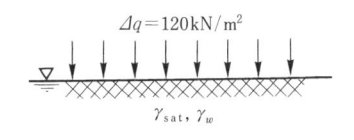

図 5.10 問題5.1の図

5.2 一般に土粒子サイズが小さい土ほど，単位面積当たりのサクション力が大きく

なる．その理由を記せ．

［参考文献］

1) Terzaghi, K.: Erdbaumechanik, Franz Deuticke, 1925
2) Terzaghi, K.: Theoretical Soil Mechanics, John Wiley and Sons, 1943
3) 土壌物理研究会：土の物理学，森北出版，1979
4) 北原文雄，青木幸一郎共訳：コロイドと界面の化学，廣川書店，1983
5) Adachi, K. and Fukue, M.: Clay Science for Engineering, Balkema, 2001

6

地盤内の応力分布

地盤には、いろいろな力が作用する。高層ビルの建設、海上空港建設のための大規模な埋立て、地下の掘削など、いずれも地盤に力を及ぼし、その結果地盤内の応力を変化させる。このように、地盤に力が作用した場合に、その力によって地盤内の応力がどのように変化するのかを本章で検討する。

地盤に力が作用した場合に、地盤内の応力はどのように変化するか。それは、地盤の変形（たとえば沈下量）や破壊に対する安全性を検討する場合などに、まず考えなければならない事項である。本章では、地盤に作用するさまざまな力に対して、地盤内に発生する応力を求める方法を検討する。

6.1 地盤上の鉛直集中荷重による地盤内応力分布

半無限に広がる弾性的な等方・等質の材料の表面に、垂直に集中荷重 P が作用した場合に、その材料の内部に生じる応力をブーシネスク（Boussinesq）が解いている。図 6.1 に示すように、深さを z、中心軸からの距離を r とする座標系を用いると（円筒座標と呼ばれる）、材料内部の応力 σ_z, σ_r, σ_t は以下の式で示される値となる。なお、ν（ニュー）はポアソン比である。

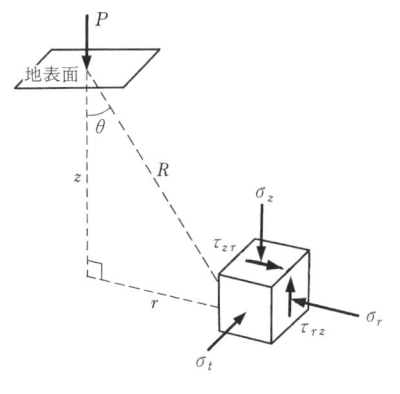

図 6.1 ブーシネスク式の座標

$$\sigma_z = \frac{3Pz^3}{2\pi R^5} \qquad (6.1)$$

$$\sigma_r = -\frac{P}{2\pi R^2}\left\{\frac{-3r^2z}{R^3} + \frac{(1-2\nu)R}{R+z}\right\} \qquad (6.2)$$

$$\sigma_t = -\frac{(1-2\nu)P}{2\pi R^2}\left\{\frac{z}{R} - \frac{R}{R+z}\right\} \qquad (6.3)$$

また，z–r 面内に発生するせん断応力 $\tau_{rz}(=\tau_{zr})$ は

$$\tau_{rz} = \frac{3Prz^2}{2\pi R^5} \qquad (6.4)$$

で示される．なお，土質力学では圧縮応力を正とすることにしており，これらの式も，正の値が圧縮応力である．

上記の材料内部の応力を示す式に関し，注目すべき点を以下に列記する．

① 式 (6.1)～式 (6.4) の何れにも，弾性係数 E は入っていない．すなわち，弾性体表面に作用した力により弾性体内部に生じる応力は，鉄のような堅い物質でもゴムのような柔らかい物質でも力の作用点からの位置により一定の値となるのである．

② 地盤は岩盤のような堅いものから軟弱粘土のような柔らかいものまで，千差万別である．しかし，上記①により，地盤内応力の検討にブーシネスク式が利用できるわけである．

③ ポアソン比 ν は，σ_z および τ_{rz} には影響しないが，σ_r および σ_t には影響を与える．ただし，物質のポアソン比は，$0 \leq \nu \leq 0.5$ の範囲内なので，その影響は極端に大きくはない．

④ ブーシネスク解は地盤を線形弾性体としているため，複数の集中荷重に対する地盤内応力は，**重ね合わせ**により解が得られることになる．以後のさまざまな荷重に対する解は，すべて「重ね合わせ」を利用して得られたものである．

直線上に荷重が作用する場合（線状荷重という）には，集中荷重に代えて単位長さ当たり p の荷重を直線に沿って $-\infty$ から $+\infty$ まで積分すればよい．この解のうち σ_z について示すと

$$\sigma_z = \frac{2pz^3}{\pi R^4} \qquad (6.5)$$

となる.なお,記号は図 6.1 に同じである.

[例題 6.1] 図 6.2 に示すように球形タンクに水が満たされている.球形タンクが地盤に点で支持されていると考え,ブーシネスク解を用いて,点 A,点 B の σ_z および σ_r を求めよ.なお,ポアソン比 $\nu=0.4$ とせよ.

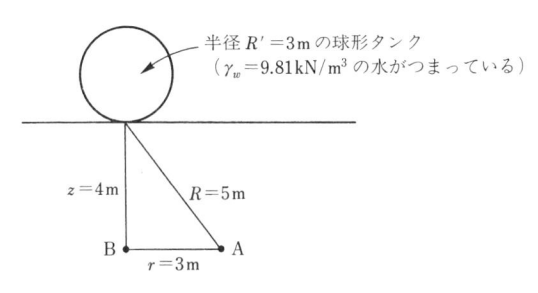

図 6.2 例題 6.1 の図

（解） $P = \dfrac{4}{3}\pi R'^3 \times \gamma_w = \dfrac{4}{3} \times 3.14 \times 3^3 \times 9.81 = 1109\,\text{kN}$

〈点 A〉 $\sigma_z = \dfrac{3Pz^3}{2\pi R^5} = \dfrac{3 \times 1109 \times 4^3}{2 \times 3.14 \times 5^5} = 10.8\,\text{kN/m}^2$

$\sigma_r = -\dfrac{P}{2\pi R^2}\left\{\dfrac{-3r^2 z}{R^3} + \dfrac{(1-2\nu)R}{R+z}\right\}$

$= -\dfrac{1109}{2 \times 3.14 \times 5^2}\left\{\dfrac{-3 \times 3^2 \times 4}{5^3} + \dfrac{(1-2\times 0.4)\times 5}{5+4}\right\} = 5.3\,\text{kN/m}^2$

〈点 B〉 $\sigma_z = \dfrac{3 \times 1109 \times 4^3}{2 \times 3.14 \times 4^5} = 33.1\,\text{kN/m}^2$

$\sigma_r = -\dfrac{1109}{2 \times 3.14 \times 4^2}\left\{0 + \dfrac{(1-2\times 0.4)\times 4}{4+4}\right\} = -1.1\,\text{kN/m}^2$

6.2 半無限弾性地盤上の分布荷重による応力

地盤上に直接基礎でタンクや建物を建設したり,埋立てや盛土を行ったりすると,その荷重により地盤内に応力が発生し,沈下などの原因となる.このような問題を検討するためには,そのような荷重により,地盤内のどの部分にどのような応力が発生するかを知る必要がある.以下,いくつかの代表的な分布

荷重に対する解析結果を説明する．

A 等分布円形荷重による応力

タンク荷重に代表される等分布の円形荷重（単位面積当たり Δq_s）が地表面に載荷された場合に，地盤内に発生する鉛直方向増加応力 $\Delta\sigma_z$ を求めるには，図 6.3 に示す解を利用すると便利である．円形荷重 Δq_s が半径 R の円形部分に載荷された場合の鉛直方向増加応力 $\Delta\sigma_z$ が Δq_s との比として，深度 z，水平方向 x の位置に応じてコンター図で表示されている．コンター図が球根の断面図のように見えるので，このような図を**圧力球根**と呼ぶことがある．

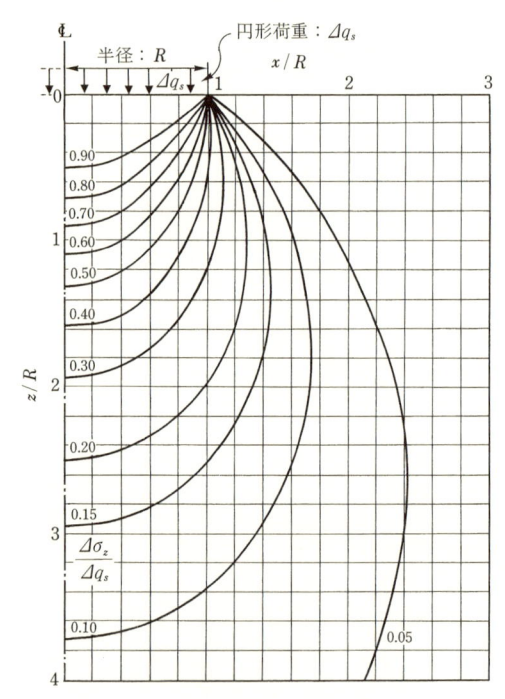

図 6.3 円形等分布荷重が作用したときの鉛直方向増加応力を求める図表

B 等分布帯状荷重による応力

単位面積当たり Δq_s の等分布荷重が幅 $2b$ にわたって帯状に無限の長さで分布している場合の，鉛直方向増加応力 $\Delta\sigma_z$ を求める図を図 6.4 に示した．図 6.4 も図 6.3 と同様に $\Delta\sigma_z/\Delta q_s$ の比がコンター図として示されている．

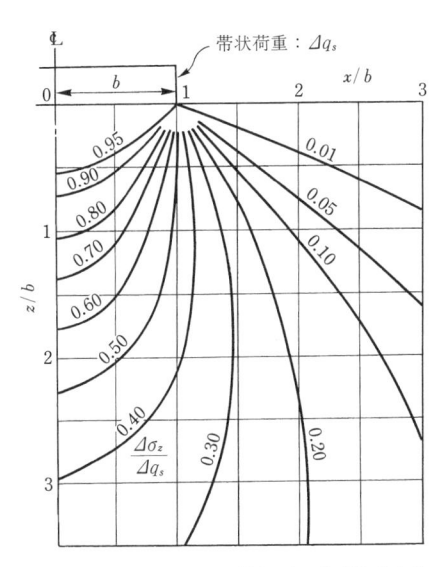

図 6.4 等分布帯状荷重（幅 $2b$）が作用したときの鉛直方向増加応力を求める図表

C 等分布長方形荷重による応力

等分布荷重が長方形の面積に載荷されるケースは，高層ビルを直接基礎により支持する場合などを代表例として，建設プロジェクトで多く発生する．ニューマーク（Newmark）は，単位面積当たり Δq_s の等分布荷重が長方形の面積に載荷された場合に，長方形面積の隅角の直下で深さ z なる点の鉛直方向増加応力 $\Delta\sigma_z$ を求め，それを図を用いて求められるように表示した．これが**ニューマークの図表**[2]と呼ばれる有名な図であり，図 6.5 に示した．この図は，長方形隅角の直下点に対する解を与えているのであるが，図 6.6 に示すように，長方形内の任意の点，さらに長方形外の任意の点に対しても解を与えることの

84   6章 地盤内の応力分布

図 6.5 等分布長方形荷重が作用したときの隅角下の鉛直方向増加応力を求める図表（ニューマークの図表）

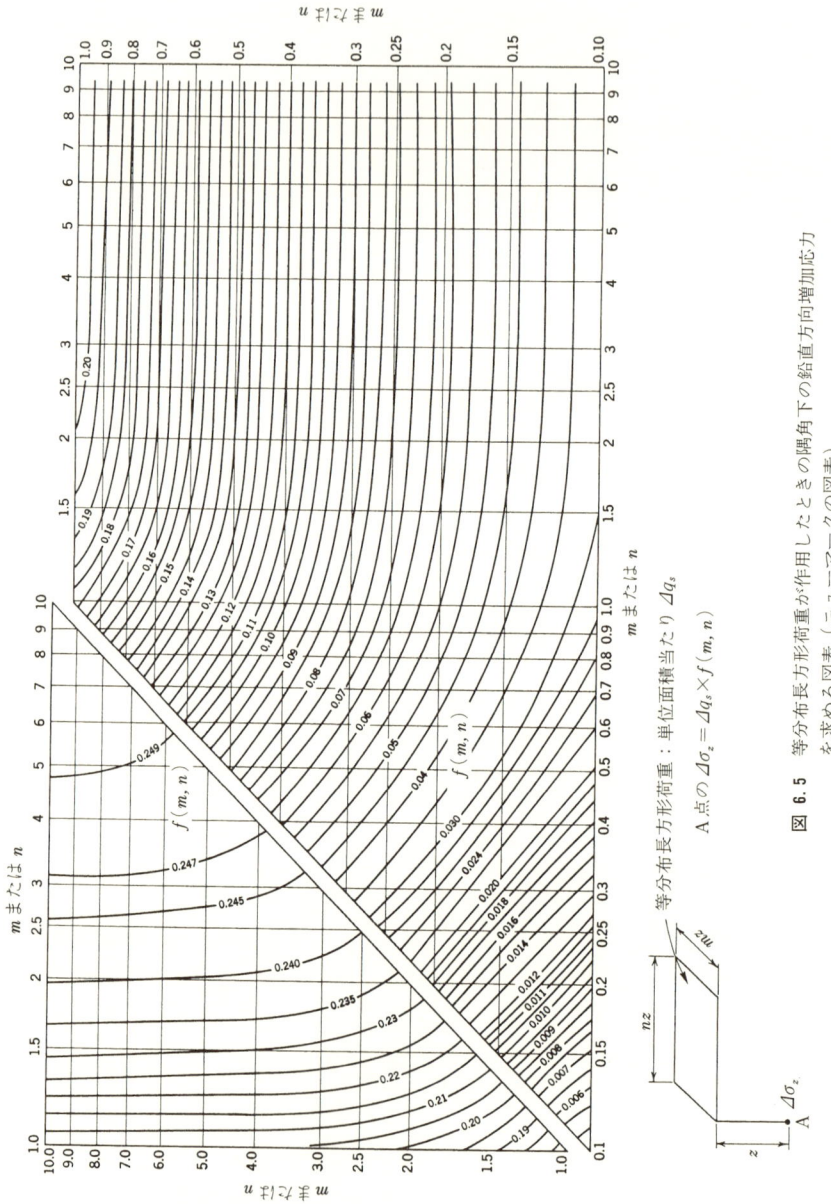

等分布長方形荷重：単位面積当たり Δq_s
A点の $\Delta \sigma_z = \Delta q_s \times f(m, n)$

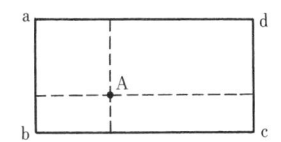

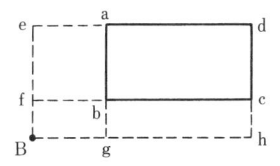

6.2 半無限弾性地盤上の分布荷重による応力

(a) 長方形 a b c d の内部点：A
 [Aを隅角とする4つの長方形の隅角下応力 $\varDelta\sigma_z$ の和として求める．]

(b) 長方形 a b c d の外部点：B
 [Bを隅角とする仮想長方形 eBhd の B 下応力 $\varDelta\sigma_z$ より，eBga と fBhc を減じ，fBgb（2度減じているので）を加える．]

図 6.6 長方形内の点，長方形外の点に対する解法
（ニューマークの図表の応用）

できる便利な図表である．

［例題 6.2］ 図 6.7 のような等分布荷重に対し，A, B, 2 点の深さ 10 m 地点の鉛直方向増加応力 $\varDelta\sigma_z$ を，ニューマークの図表を用いて求めよ．

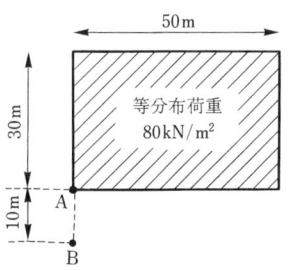

（解）〈点 A〉$m=30/10=3$，$n=50/10=5$
　　　図 6.5 により　$f=0.246$
　　　$\varDelta\sigma_z = \varDelta q_s \times f = 80 \times 0.246 = 19.7\,\mathrm{kN/m^2}$
　　〈点 B〉$m_1=40/10=4$，$n_1=50/10=5$
　　　$m_2=10/10=1$，$n_2=50/10=5$
　　　図 6.5 により　$f_1=0.2475$，$f_2=0.205$
　　　$\varDelta\sigma_z = \varDelta q_s \times (f_1-f_2) = 80 \times 0.0425 = 3.4\,\mathrm{kN/m^2}$

図 6.7 例題 6.2 の図

D 盛土荷重による応力

道路，鉄道などの建設において盛土を施工するケースが少なくない．とくに軟弱地盤上への盛土の場合には，沈下問題と盛土の安定性の検討が重要である．盛土荷重，すなわち，台形に分布する荷重が無限の長さにわたって載荷された場合の地盤内の鉛直方向増加応力 $\varDelta\sigma_z$ を求める課題に対し，オスターバーグ（Osterberg）が解を求めている．オスターバーグもこの解を図表化して示している．図 6.8 が**オスターバーグの図表**[3] と呼ばれる図であり，図に示すように，天端幅 b，のり部幅 a の盛土半断面に対し，断面直下の深さ z なる点

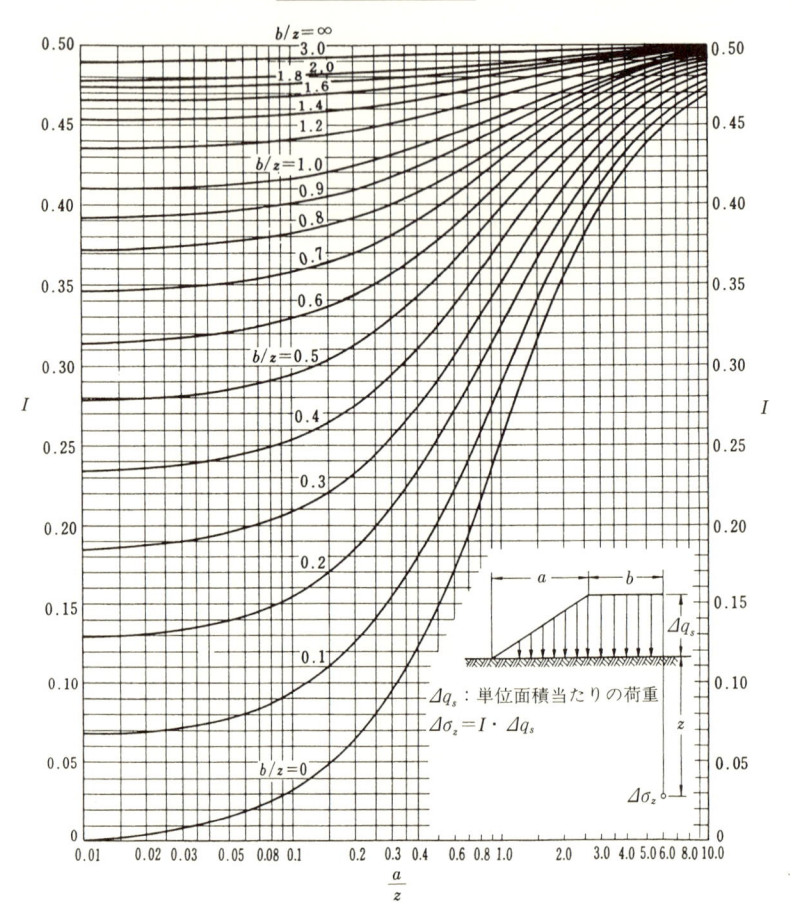

図 6.8 盛土荷重による鉛直方向増加応力を求める図表
（オスターバーグの図表）

の鉛直方向増加応力 $\varDelta \sigma_z$ が求められるように表示されている．図6.9に示すように，この図を用いると，盛土下の任意の点のみならず盛土外の任意点に対しても解を得ることができる．

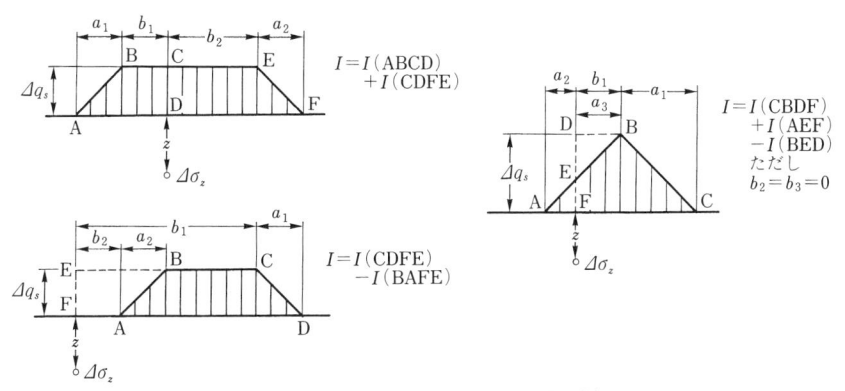

$I = I(\text{ABCD}) + I(\text{CDFE})$

$I = I(\text{CDFE}) - I(\text{BAFE})$

$I = I(\text{CBDF}) + I(\text{AEF}) - I(\text{BED})$
ただし $b_2 = b_3 = 0$

図 6.9 オスターバーグの図表の応用例

[演習問題]

6.1 図 6.10 に示すように，直径 80 m，高さ 15 m の石油タンクに単位体積重量 γ が 9 kN/m^3 の油が高さ 11 m まで入っている．図 6.3 を用いて，A，B，C，D 各点の $\Delta\sigma_z$ を計算せよ（タンク自体の重量は無視せよ）．

6.2 図 6.11 のような道路盛土下の A，B，C，D 各点の垂直応力 $\Delta\sigma_z$ を図 6.8 を用いて求めよ．

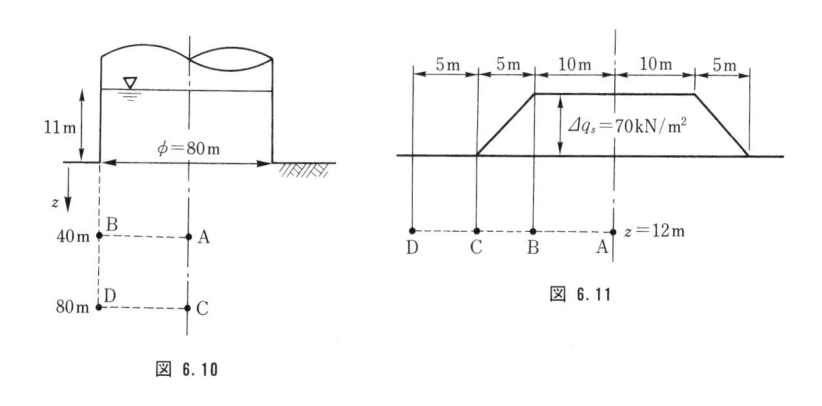

図 6.10

図 6.11

[参考文献]

1) Poulos, H. G. and Davis, E. H. : Elastic Solutions for Soil and Rock Mechanics, John Wiley & Sons, 1974
2) Newmark, N. M. : Influence Charts for Computation of Stresses in Elastic Foundations, Univ. of Illinois Eng. Exp. Sta. Bull. 338, 28pp. 1942
3) Osterberg, J. O. : Influence Values for Vertical Stresses in a Semiinfinite Mass due to an Embankment Loading, Proc. 4 th Int. Conf. Soil Mech., London, Vol. I, pp. 393-394, 1957

7

圧　　密

　粘土地盤上に「盛土をする」「タンクなどの構造物を建設する」などの建設工事を行うと，粘土地盤に荷重を加えることになり，粘土地盤は沈下し構造物も沈下する．しかも，その沈下量は一般に大変大きく，また沈下はきわめて長期間にわたり継続する．関西国際空港における沈下問題はその代表例である．本章では，この粘土地盤の沈下問題（**圧密沈下**と呼ばれる）について学ぶことにする．

7.1　粘土地盤の圧密沈下とは

　土に荷重を加えると，土要素内ではどのようなことが起こるのだろうか．図 7.1 (a) は，土要素を拡大して模式的に示したものである．この図に示されているように，土要素は土粒子と間隙水で構成されている（注：粘土地盤は地下水面下に存在するケースが多く，本章では粘土の間隙は水で飽和していると考えて議論を進める）．

　土要素に加えられた荷重は，図 7.1 (a) に示される① 粘土粒子が作る構造

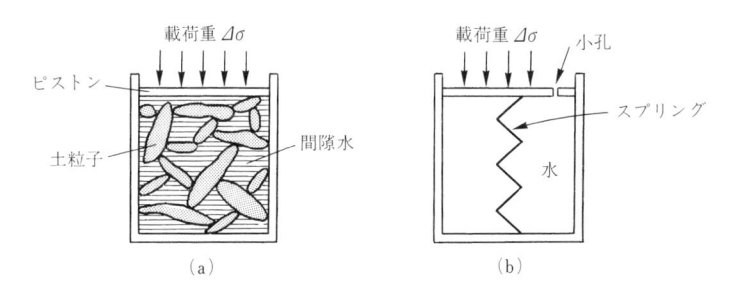

図 7.1　飽和粘土への載荷（模式図）

（粘土の**骨格構造**と呼ばれる）と②間隙水，とに分担されて支えられる．

　この分担割合とその時間的変化がどのようになるのだろうか．図7.1(b)は，図7.1(a)の土要素をモデル化して示したものである．土要素への荷重は，ピストン内にある**スプリング**（粘土の骨格構造に対応する）と**水**（間隙水に対応する）により支えられる．そのときのスプリングと水の荷重分担割合は，スプリングの剛性（ばね係数）と水の圧縮性との比によって決まる．それぞれを実測すると，軟弱粘土の骨格構造の剛性は，水の圧縮性（体積弾性率）に比し1/1000オーダーときわめて小さく，したがって非排水条件下では土要素に加えられた荷重の99.9%（≒100%）がピストン内の水により支えられることになる．実際に土要素に間隙水圧の変化を測定する間隙水圧計をセットして測定すると，間隙水圧の上昇は載荷重の大きさにほぼ等しくなることが観測されている．なお，この載荷重により上昇した間隙水圧を過剰間隙水圧と呼び，記号u_eで示す．

　上述の内容を，実測された数値をもとに具体的に検討してみよう．粘土の骨格構造の圧縮性は，体積弾性率の逆数である圧縮率：κ_{sk}（m_vとも表記される…後述する）で示されるのが一般的である．軟弱粘土では$\kappa_{sk}=(1〜5)\times 10^{-7}$ Pa^{-1}程度のものが多い．一方，水の圧縮率は$4.5\times 10^{-10} Pa^{-1}$である．したがって，粘土の間隙率を$n\%$とすると，飽和粘土に応力$\Delta\sigma$が加えられたときの間隙水の圧縮量（＝体積変化量）$\Delta V_w$および粘土の骨格構造の圧縮量（＝体積変化量）$\Delta V_{sk}$は

$$\Delta V_w = \kappa_w V_w \Delta u_e = \kappa_w \frac{n}{100} V \Delta u_e \tag{7.1}$$

$$\Delta V_{sk} = \kappa_{sk} V_{sk} \Delta\sigma' = \kappa_{sk} V \Delta\sigma' \tag{7.2}$$

ここにV_w：間隙水の体積 $\left(=\frac{n}{100}V\right)$，$V_{sk}$：粘土の骨格構造の体積（$=V$），$V$：粘土の体積，$\Delta u_e$：過剰間隙水圧の変化量，$\Delta\sigma'$：有効応力の変化量で示される．なお，粘土の骨格構造は，間隙をもつものの土要素全体に広がっているので$V_{sk}=V$となる点に留意の要がある．

　土粒子の圧縮率は粘土の骨格構造および間隙水の圧縮率に比しきわめて小さいので，土粒子の体積変化を無視すると，$\Delta V_w = \Delta V_{sk}$となる（図7.1参照）．

7.1 粘土地盤の圧密沈下とは

したがって式（7.1）および式（7.2）より

$$\kappa_w \frac{n}{100} V \Delta u_e = \kappa_{sk} V \Delta \sigma'$$

が得られ，これを整理すると

$$\frac{\Delta \sigma'}{\Delta u_e} = \frac{n \kappa_w}{100 \kappa_{sk}} \tag{7.3}$$

となる．式（7.3）に軟弱粘土の代表的値として，$n = 70\%$，$\kappa_{sk} = 3 \times 10^{-7} \mathrm{Pa}^{-1}$，および$\kappa_w = 4.5 \times 10^{-10} \mathrm{Pa}^{-1}$を代入すると

$$\frac{\Delta \sigma'}{\Delta u_e} = \frac{70 \times 4.5 \times 10^{-10}}{100 \times 3 \times 10^{-7}} = 0.00105 \fallingdotseq 0$$

となり，$\Delta u_e \fallingdotseq \Delta \sigma$となることを具体的に示すことができる．

次に，粘土の骨格構造と間隙水との荷重分担割合が時間とともにどのように変化するかを考えてみよう．粘土は透水性がきわめて低いことは3章で説明した．しかし，不透水ではない．したがって時間とともに間隙水が排水され，過剰間隙水圧が減少し，それに対応してスプリングは圧縮されスプリングが負担する荷重が増加していくことになる．図7.1（b）のモデルでは，ピストンにあけられた小さな孔が粘土の透水性に対応している（粘土の透水性が低いほど，この孔は小さくなる）．徐々に上昇するスプリング荷重（＝粘土の骨格構造が受け持つ荷重）は，5章で説明した有効応力 σ' に対応する．したがって，時間の経過とともに過剰間隙水圧 u_e が減少し有効応力 σ' が上昇する．そして，それに伴って粘土の体積が減少する（粘土層の層厚が減少し

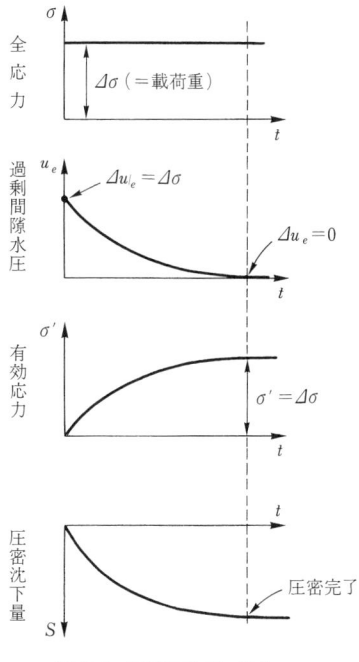

図 7.2 圧密の進行に伴う荷重分担の変化
（σ, u_e, σ', Sのtに対する変化）

沈下する）こととなる．このように「透水性の低い粘土層に荷重が加えられた場合に，粘土層が長時間をかけて沈下する現象を粘土地盤の圧密沈下」といい，この「粘土が長時間をかけて体積縮小する現象を**圧密**（consolidation）」という．圧縮でなく圧密という言葉が使われる背景がこの点にある．

上述の u_e，σ'，および全応力 σ と圧密沈下量 S の時間 t に対する関係を図示すると図 7.2 のようになる．

7.2　テルツァギの圧密理論

このような粘土地盤の圧密現象を理論的にとりまとめ，とくに時間の進行に伴う圧密の進行を理論解として示したものがテルツァギの圧密理論である[1]．

飽和した土の骨格が圧縮するためには，骨格の間隙にある水の一部が骨格の外に流出しなければならず，その流出容積分だけ骨格体積が減少する．したがって，飽和土の圧縮は単なる骨格の圧縮ではなく，透水を伴った現象なのである．そこで，この現象を支配する方程式を導いてみる．なお，ここでは粘土の圧縮と透水は鉛直方向にのみ生じると考えて議論する（これを1次元圧密という）．

図 7.3（a）は粘土層における水の流れの状態を示している．過剰間隙水は上下の砂層へと分かれて流れていくから，粘土層内の全水頭の値は，砂層に近い部分よりも中央部分の方で大きい．そこで，水が上側の砂層に向けて流れる場

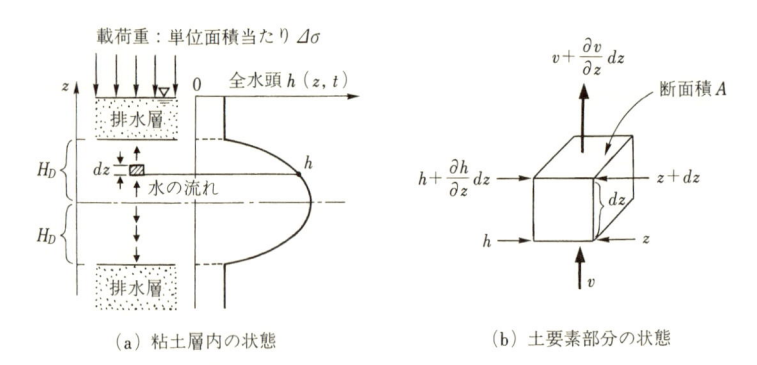

図 7.3 圧密過程における粘土層内および土要素内の透水状況

（a）粘土層内の状態　　（b）土要素部分の状態

7.2 テルツァギの圧密理論

所に，図7.3(b)に示したように高さdz，断面積Aなる土要素を取り出して考える．鉛直座標軸zの基点は任意に定めればよく，土要素の下面の位置をz，上面の位置を$z+dz$とする．また土要素下面での全水頭の値をhとすると，上面での全水頭の値は次式で表される．

$$h + \frac{\partial h}{\partial z} dz \tag{7.4}$$

いま土要素の下側から土要素に流入してくる水の透水速度をvとすると，上側から流出していく水の透水速度は次式で表される．

$$v + \frac{\partial v}{\partial z} dz \tag{7.5}$$

土要素の水平断面積はAであるから，時間dtの間に土要素から流出した正味の水量$\varDelta V_w$は

$$\varDelta V_w = \left(v + \frac{\partial v}{\partial z} dz \right) A dt - v A dt = \frac{\partial v}{\partial z} dz A dt \tag{7.6}$$

となる．この量だけ土要素の体積は減少したわけで，その間に生じる土要素の鉛直ひずみの大きさを記号$\varDelta \varepsilon_z$で表現すると，土要素の体積減少量$\varDelta V_{sk}$は

$$\varDelta V_{sk} = \varDelta \varepsilon_z dz A \tag{7.7}$$

となる．しかし，鉛直ひずみの割合は時間とともに変化するのでdt時間内の$\varDelta V_{sk}$は

$$\varDelta V_{sk} = \frac{\partial \varepsilon_z}{\partial t} dt dz A \tag{7.8}$$

となる．

ここで$\varDelta V_w = \varDelta V_{sk}$だから，式（7.6）と式（7.8）より次式が成り立つ．

$$\frac{\partial \varepsilon_z}{\partial t} = \frac{\partial v}{\partial z} \tag{7.9}$$

この式は，飽和粘土に荷重が加えられたときに，土の骨格構造の体積が変化する場合の，水の容積変化との相関関係の連続性を示すものである．

土要素の動水勾配iの大きさは，その間の損失水頭の大きさが$-(\partial h/\partial z)dz$であることより

$$i = \frac{\Delta h}{\Delta l} = \frac{-\frac{\partial h}{\partial z}dz}{dz} = -\frac{\partial h}{\partial z} = -\frac{1}{\gamma_w}\frac{\partial u_e}{\partial z} \qquad (7.10)$$

したがって，ダルシーの法則 $v=ki$ を適用し，透水係数 k の値が場所によらず一定であるとすると

$$\frac{\partial v}{\partial z} = \frac{\partial}{\partial z}(ki) = -\frac{k}{\gamma_w}\frac{\partial^2 u_e}{\partial z^2} \qquad (7.11)$$

他方，土の骨格構造が弾性体だと仮定すると，その圧縮性を示す係数である体積圧縮係数 m_v は定数であり，この m_v を用いると $\Delta\varepsilon_z = m_v \Delta\sigma_v'$ となる．ここで $\sigma_v' = \sigma_v - (u_e + u_o)$ であるから，ひずみ ε_z の時間変化が次のように表現される．

$$\frac{\partial \varepsilon_z}{\partial t} = m_v \frac{\partial \sigma_v'}{\partial t} = m_v \left(\frac{\partial \sigma_v}{\partial t} - \frac{\partial u_e}{\partial t} \right) \qquad (7.12)$$

ここに u_e：載荷による過剰間隙水圧，u_o：静水圧（＝一定値）
式（7.11）と（7.12）を連続の条件式（7.9）に代入すると

$$\frac{\partial u_e}{\partial t} = \frac{k}{\gamma_w m_v}\frac{\partial^2 u_e}{\partial z^2} + \frac{\partial \sigma_v}{\partial t} \qquad (7.13)$$

が得られる．

いま全応力 σ_v の大きさが過剰間隙水圧の消散過程の間で一定であるとすると，式（7.13）は下式のようになる．これがテルツァギの1次元圧密方程式と呼ばれるものである．

$$\frac{\partial u_e}{\partial t} = c_v \frac{\partial^2 u_e}{\partial z^2} \qquad (7.14)$$

式（7.14）における c_v は圧密係数と呼ばれ，$c_v = k/\gamma_w m_v$ である．なお，図7.3(b)に示す土要素の下端面と上端面に作用する全応力と浸透圧の大きさは，厳密に考えると同じ値ではないが，載荷重の影響に比べて，その差の影響は小さいので式（7.14）を導く過程でその影響は無視していることを断わっておく．

圧密係数 c_v の値が大きいほど同じ大きさの $\partial^2 u_e/\partial z^2$ に対する $\partial u_e/\partial t$ の値は大きくなり，過剰間隙水圧の消散速度が大きいことになる．つまり骨格の圧縮は早く終了する．砂は粘土に比べて，m_v の値は小さく k の値はきわめて大きい．したがって砂の c_v 値は粘土のそれよりはるかに大きく，骨格の圧縮に時

間をほとんど必要としないのである．逆に粘土の c_v 値は非常に小さいので過剰間隙水圧の消散に長時間を要する．この場合に，$\Delta\sigma_v' = \Delta\sigma_v - \Delta u_e$ であるから有効応力も長期間にわたり徐々に増加することとなり，粘土の骨格の圧縮は瞬時には終了せず時間的に大きく遅れる．この粘土の骨格構造の圧縮が時間的に遅れて生じることを圧密といい，その過程を圧密過程という．すなわち，テルツァギの圧密理論は，透水性の低い粘土の圧縮の時間的な遅れの現象を説明した理論ということができる．

[圧密方程式の解]

式 (7.14) を図 7.3 (a) に示した境界条件の下で解くことを考えよう．粘土層内での c_v 値がどこでも同じだとすると，水は上下に対称的に分かれて流れるから，中央から上側だけを考えればよい．このとき，載荷時点の $t=0$ では全層にわたり過剰間隙水圧 $u_e = \Delta\sigma$ である．一方 $t>0$ では，排水層に接する $z=H_D$ の位置における過剰間隙水圧 u_e の大きさはつねにゼロであり，この排水層に接する面を排水面という．一方中央面ではつねに動水勾配 $-\partial h/\partial z$ の大きさがゼロであり，この面を非排水面という．非排水面から排水面までの距離を最大排水長といい H_D で表す．図 7.3 (b) の場合，粘土層厚を H とすると $H_D = H/2$ である．

ここで，z と t を次のように変換し，それぞれの量を無次元化する．

$$Z = \frac{z}{H_D}, \quad T = \frac{c_v}{H_D^2} t \tag{7.15}$$

なお，式 (7.15) における T は時間係数と呼ばれる．式 (7.15) により基礎方程式 (7.14) は次のように変換される．

$$\frac{\partial u_e}{\partial (H_D^2 T/c_v)} = c_v \frac{\partial^2 u_e}{\partial (H_D Z)^2}$$

ここで $c_v/H_D^2 = \text{const.}$（一定値）だから

$$\frac{\partial u_e}{\partial T} = \frac{\partial^2 u_e}{\partial Z^2} \tag{7.16}$$

が導かれる．

式 (7.16) をフーリエ級数の理論あるいは変数分離法を用い，上述の $t=0$ における初期条件（$t=0$, $z=z$ で $u=u_e=\Delta\sigma$）と，$t>0$ における境界条件（z

$=H_D$ で $u_e=0$, 中央面で $\partial h/\partial z=0$) の下で解くと, 次式で示される解が得られる.

$$u_e(Z, T) = \Delta\sigma \sum_{n=0}^{\infty} \frac{(-1)^n 2\cos(\alpha_n Z)}{\alpha_n} \cdot \exp(-\alpha_n^2 T) \quad (7.17)$$

ただし, $\alpha_n = \dfrac{2n+1}{2}\pi$, $(n=0, 1, 2, 3, \cdots)$

この式 (7.17) を用い, 種々の Z と T に対しての解として u_e の値が求められる. この u_e の値より, 深度 Z の位置の圧密度 U_z は

$$U_z = 1 - \frac{u_e}{\Delta\sigma} = \frac{\Delta\sigma'}{\Delta\sigma} \quad (7.18)$$

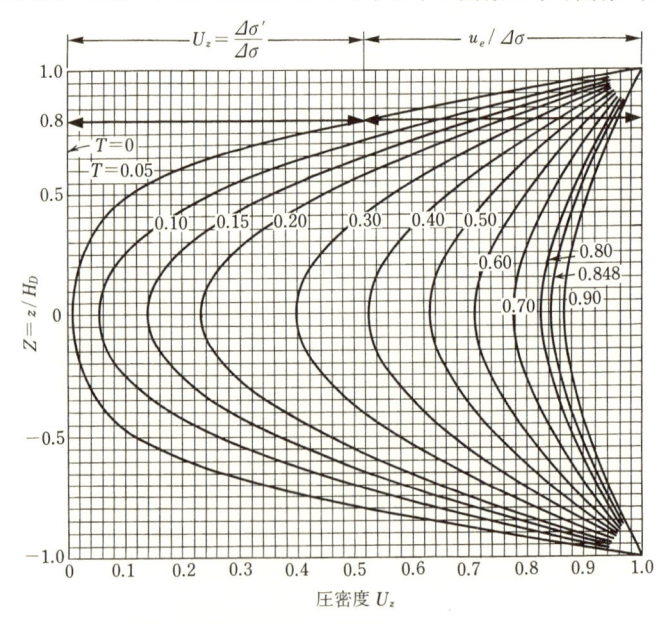

で示される. なお, 圧密度とは式 (7.18) に示されるように載荷重 $\Delta\sigma$ に対し, どれだけの割合が有効応力 $\Delta\sigma'$ になったかを示す指数である. この圧密度 U_z を種々の Z と T に対して求め, それを図示すると図 7.4 のようになる. この図は, 異なる時間 (異なる T の値) に対する圧密度 (あるいは過剰間隙水圧の分布状況) を描いた図であり, この1本1本の曲線を等時曲線 (アイソクロ

図 7.4　Z と T の変化に対する圧密度 U_z の図 (等時曲線:アイソクローン)

ーン：isochrone）と呼んでいる．たとえば $T=0.05$ の等時曲線において $Z=0.8$ に対する U_z の値は 0.52，$u_e/\varDelta\sigma$ の値は 0.48 である．次に $T=0.3$ の等時曲線を見てみると，$Z=0$ の非排水面では $U_z\fallingdotseq 0.4$，$u_e/\varDelta\sigma\fallingdotseq 0.6$ であり，排水面に近づくほど圧密度が高くなっていることがわかる．また，当然のことながら，時間の進行とともに（T の増加に伴って）等時曲線は右方向に移動し，圧密が時間とともに進行している状況が見て取れる．

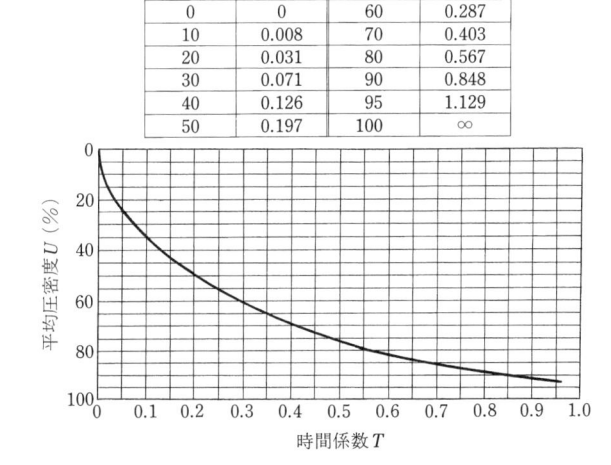

$U(\%)$	T	$U(\%)$	T
0	0	60	0.287
10	0.008	70	0.403
20	0.031	80	0.567
30	0.071	90	0.848
40	0.126	95	1.129
50	0.197	100	∞

(a) 平均圧密度 U
$\left(=\dfrac{\text{斜線部面積}}{\text{短形の面積}}\right)$

(b) 平均圧密度 U と時間係数 T の関係

図 7.5 平均圧密度 U

ここで，圧密が粘土層全体では平均的にどの程度進んでいるかを示す指標があると便利である．これは，図 7.5 (a) に示すように，ハッチされた部分の面積が短形面積全体に対してどのような割合になっているかを示せばよいことになる．これを平均圧密度といい，記号 U で示す．式で示せば

$$U=\int_{-1}^{1}U_z dZ=\int_{-1}^{1}\left(1-\frac{u_e}{\varDelta\sigma}\right)dZ \tag{7.19}$$

となる．式（7.19）に式（7.17）を代入し積分を行えば

$$U=1-\sum_{n=0}^{\infty}\frac{2}{\alpha_n^2}\exp(-\alpha_n^2 T) \tag{7.20}$$

が得られる．この結果を U と T の関係として図示したものが，図7.5(b)である．この図に示されるように，理論上は圧密が完全に終了するのには，無限大の時間を要することになる．実務的には，$T=1$ 程度を圧密終了の目安とすればよい．

なお，等時曲線すなわち式（7.17）の解は，初期過剰間隙水圧 u_e が深度方向に一定（矩形分布）の場合に対してのみ示したが，u_e が Z に対して三角形分布・台形分布などの場合も，ほぼ同様の手法で解が得られる．

なお，式（7.17）および式（7.20）は，大変数多くの数値計算を必要とするように見えるが，実際に計算を行うと，n の3項目位で値は収斂することがわかる．以下の例題でそれを具体的に示そう．

［例題7.1］ 式（7.20）を用いて，$T=0.1, 0.2, 0.3, 0.4$ に対する U の値を n の3項目（$n=0, 1, 2$）までの和により求めよ．

（解）　表7.1のとおりに，$(2/\alpha_n^2)\exp(-\alpha_n^2 T)$ の値が得られ，U の値が得られる．

表 7.1 $(2/\alpha_n^2)\exp(-\alpha_n^2 T)$ の値

n	$T=0.1$	$T=0.2$	$T=0.3$	$T=0.4$
0	0.63333	0.49485	0.38665	0.30211
1	0.00978	0.00106	0.00012	0.00001
2	0.00007	0.00000 (1.42×10^{-7})	0.00000 (2.98×10^{-10})	0.00000 (6.24×10^{-13})

表 7.2 U の値

n	$T=0.1$	$T=0.2$	$T=0.3$	$T=0.4$
$n=0\sim 2$ より	0.35682	0.50409	0.61323	0.69788
正確な値	0.35682	0.50409	0.61324	0.69788

［理論の適用条件］

1次元圧密の基礎方程式（7.14）を得る過程でテルツァギはいくつかの条件（実際にとり得るさまざまなケースのうち，ある条件を特定したもの）と仮定（実際には，そうならないかもしれない現象を理想化したもの）を設けている．したがって，その解である式（7.17）の前提にはいくつかの条件と仮定がある．

7.2 テルツァギの圧密理論

それらを列挙すると以下のようになる．

条件
① 粘土層の厚みに比べて載荷範囲は十分に広く，したがって土要素のひずみおよび透水は鉛直方向にのみ生じる（この条件より，上述の理論解は，「テルツァギの1次元圧密理論解」とも呼ばれる）．
② 粘土層内のどの土要素も水で飽和している．
③ 圧密過程の間で全応力の大きさが変化しない．
④ 初期過剰間隙水圧は瞬時に発生する．

仮定
① 粘土粒子と間隙水は非圧縮性である（注：理論導入の過程で間隙水も非圧縮性としたことになる）．
② 間隙水の流れはダルシーの法則に従う．
③ 透水係数 k の値が粘土層内で一定であり，かつその値が圧密過程の間で変化しない．
④ 体積圧縮係数 m_v の値が粘土層内で一定であり，かつその値が圧密過程の間で変化しない．
⑤ 圧密係数 c_v の大きさは粘土層内のどこでも同一で，かつ圧密過程の間に変化しない（③，④の仮定があれば，本項目は成り立つ）．
⑥ 圧密過程での粘土の厚さの変化は考えない．
⑦ 粘土の自重の影響は考えない．

などである．たとえば地盤上に広い盛土をする場合，その建設に要する時間が粘土層の圧密に要する時間よりもはるかに短いなら，④の**条件**は近似的に満たされる．同様に，①，②，③の**条件**も満たされるケースが多いと考えられる．しかし，③，④，⑤，⑥，⑦の**仮定**は，実際の粘土の挙動とは一致しない場合がある．たとえば，圧密の進行に伴い，粘土の k, m_v, c_v は変化し，粘土の層厚も変化する．粘土の自重の影響もないとはいえない．

このように，テルツァギの圧密理論の適用に当たっては，その条件と仮定がほぼ満足できる状況であると判断できるケースでなければならない．多くの場合，圧密現象を大筋で把握する目的に対してテルツァギの圧密理論は，十分に対応できるものであることが確認されている．しかし，その条件と仮定が現実

の挙動と合致しない環境条件下で圧密が進行する場合も少なくない．このような場合を考え，条件と仮定をより少なくして圧密現象の理論解を導いたのが，以下に説明する「三笠の圧密理論」である．

7.3 三笠の圧密理論

三笠[3]は，テルツァギが用いた条件と仮定のうち，実際の現象から遠いと考えられるものを取り除いた圧密理論解を誘導している．とくに，三笠が注目したのは，k, m_v, c_v は圧密の進行とともに変化するものであり，同様に粘土層の層厚も変化するという点である．すなわち，7.2節で議論した仮定の③，④，⑤，⑥が変化する場合の圧密現象を理論的に解析し，さらに，粘土の自重の影響（仮定の⑦）を考慮した場合の解析を行っている．

ここでは，その詳細を説明することはできないので，詳細については参考文献3)を参照していただきたいが，三笠の解析結果の一例として，テルツァギの仮定のうち現実から最も遠いと考えられる k および m_v が一定という仮定に対し，「k, m_v の変化を考え，c_v は一定」とした場合の三笠の解を紹介する．なお，前述したとおり，k, m_v, γ_w により c_v が定まるので（注：$c_v = k/\gamma_w m_v$），この解析条件には矛盾があると感じられるが，三笠は解析の第一歩として，c_v は k と m_v の比であるから k と m_v が変化しても，その比である c_v は大きくは変化しないとして解析を行ったのである．その解は，土要素のひずみを ε とすると

$$\frac{\partial \varepsilon}{\partial t} = c_v \frac{\partial^2 \varepsilon}{\partial z^2} \tag{7.21}$$

となる．これが前述の式（7.14）に代わる解である．

この解を含めてまとめると，三笠は以下の条件に対する解を求めている．
① k, m_v の変化を考え c_v を一定とした場合．
② k, m_v, および粘土層厚の変化を考え c_v を一定とした場合．
③ k, m_v, 粘土層厚，および c_v の変化を考えた場合．
④ さらに粘土の自重の影響を考えたときの1次元圧密．

これらの解は，粘土の層厚が大きく圧密に長時間を要する場合や，海底下のヘ

ドロのように初期間隙比の大きな土が圧密される場合などの検討に有用である.

7.4 圧密試験

これまでに議論した粘土の圧密現象を実験室内で実験的に観察し，圧密挙動を理論的に解析するために必要な諸係数を求める目的で実施する試験が「圧密試験」である．圧密試験には，① 土の段階載荷による圧密試験方法（JIS A 1217），② 土の定ひずみ速度圧密試験方法（JIS A1227），の2種類があり，とくに①の圧密試験方法は，その利用の歴史が長く「標準圧密試験」と呼ばれることもある．

A 土の段階載荷による圧密試験方法 （JIS A 1217）[4]

土の圧密特性を求める試験方法として，世界的に同一基準で実施されている試験方法で，直径6cm 厚さ2cm の粘土試料に対し荷重を段階的に倍増させながら，各荷重段階ごとに 24 時間載荷・圧密する試験方法である．図 7.6 に示すような装置を用いて $\phi 60$ mm，$h\, 20$ mm の粘土試料を両面排水条件で圧密する．

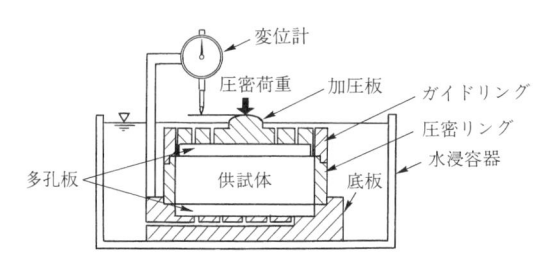

図 7.6 土の段階載荷圧密試験：圧密容器の例[4]

圧密荷重の荷重増分比を1とし，載荷段階の数は8段階を標準とする．また，圧密応力 p の範囲は 10～1600 kPa を標準とする．最も代表的な例として，圧密応力を 10，20，40，80，160，320，640，1280（kPa）とする場合があげられる．なお，原位置での応力レベルを考慮し，さらに 2560 kPa まで載荷するケースもある．また，後述する圧密降伏応力 p_c を極力正確に求めるために，

予想される p_c の値の前後で荷重増分比を 0.5 として，載荷段階を 2 段階程度増やして試験を行う場合もある．この方法は JIS では薦めていないが，著者は現実的に有用な方法と考えている．

各荷重段階ごとに，変位計の読み（＝試料の圧密量）を，経過時間に対して読み取る．観測時間の例として，3 s，6 s，9 s，12 s，18 s，30 s，42 s，1 min，1.5 min，2 min，3 min，5 min，7 min，10 min，15 min，20 min，30 min，40 min，1 h，1.5 h，2 h，3 h，6 h，12 h，24 h の時刻が JIS に示されている．試験結果を整理し種々の圧密に関する定数を求めるためには，載荷初期に密な観測を行い，時間の経過とともに，観測のインターバルを大きくしていく．

最終荷重段階の測定が終了した後除荷する際には，載荷段階の 1 段階おき程度の荷重に対して（先述の代表例に対して，320 kPa，80 kPa，20 kPa，10 kPa など），それぞれ変位が安定するまで 4 分〜10 分程度の測定を行い，除荷曲線を観測しておくとよい（理由は図 7.7 の注を参照）．

次に，圧密試験結果を整理し，粘土の圧密現象を解析するために必要な種々の定数を求める方法を説明する．

[e-log p 曲線と圧縮指数 C_c および圧密降伏応力 p_c]

各荷重段階ごとに 24 時間経過後の試料の変位量より，その荷重に対する圧密終了時点の間隙比 e を計算することができる．この結果をもとに，縦軸に間隙比 e を算数目盛で，横軸に圧密応力 p を対数目盛でプロットしたものが「e-log p 曲線」または「圧縮曲線」と呼ばれる曲線である．図 7.7 (a) に，e-log p 曲線の具体例を示した．

この e-log p 曲線から，圧縮指数 C_c および圧密降伏応力 p_c が求められる．まず圧縮指数 C_c の求め方を説明する．図 7.7 の e-log p 曲線において，勾配のゆるい曲線が曲率が高い部分を経由して，急勾配の部分に移行する．そしてこの急勾配部はほぼ直線であることがわかる．圧縮指数 C_c は，この急勾配部の直線の勾配として定義され，式で示すと

$$C_c = \frac{e_a - e_b}{\log(p_b/p_a)} \tag{7.22}$$

ここに C_c：圧縮指数

となる．C_c の具体的求め方としては，図 7.7 (b) の a, b 点をもとに式 (7.22)

7.4 圧密試験

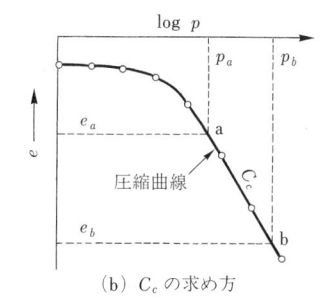

$$C_c = \frac{e_a - e_b}{\log(p_b/p_a)}$$

(b) C_c の求め方

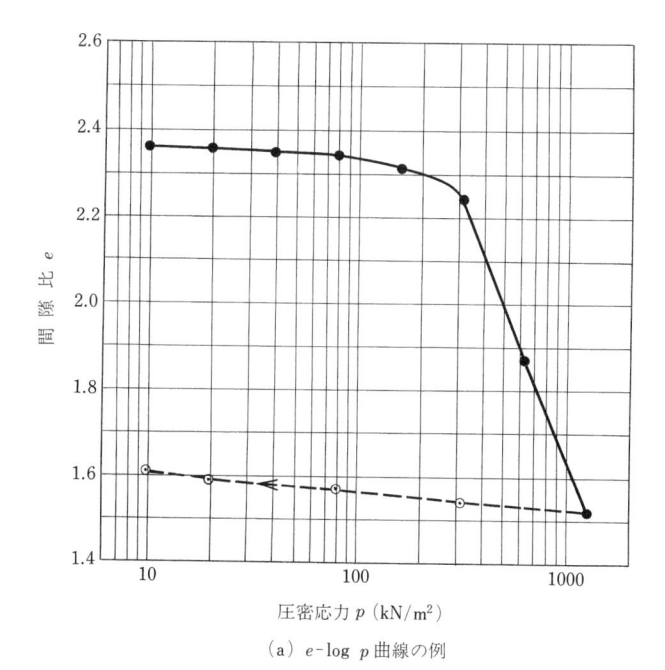

図 7.7　e-$\log p$ 曲線（土の段階載荷圧密試験結果）
　　　（注：除荷曲線の勾配は不攪乱試料では C_r にほぼ等しく，試料の乱れの
　　　　チェックにも利用できる）

(a) e-$\log p$ 曲線の例

を用いるか，あるいは直線部分を延長して e-$\log p$ 曲線の log 目盛 1 サイクル間の e の差を求めればよいことになる．

圧密降伏応力 p_c（p_y という記号を用いることもある）の求め方について，JIS A 1217 では 2 通りの方法を示している．まず JIS で「備考」として示し

ている方法であるが，国際的に広く用いられている方法（キャサグランデ法とも呼ばれている）を説明する．図7.8にその方法を示したが，具体的には

① e–$\log p$ 曲線の最大曲率の点 A を求め，この点から水平線 AB および曲線への接線 AC を引く．
② 2つの直線の二等分線 AD と e–$\log p$ 曲線の最急勾配部を代表する直線の延長との交点 E の横座標を圧密降伏応力 p_c とする．

という方法である．なお，JIS A 1217 では，この方法を用いる場合には，間隙比 0.1 に相当する縦軸のスケールを横軸の対数目盛 1 サイクルの長さの 0.1～0.25 にとって e–$\log p$ 曲線を描き，明瞭な最大曲率点が得られる場合にこの方法を用いてよいと定めている．その理由は，最大曲率点を明瞭に定めにくい場合があること，あるいは間隙比 e のスケールのとり方によって最大曲率点の位置が変わり，得られる p_c の値が変化するという問題点があるからである．

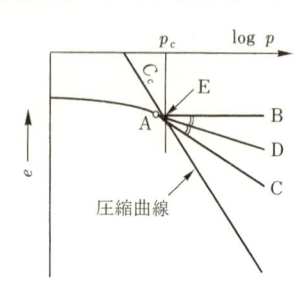

図 7.8 p_c の求め方（キャサグランデ法）

次に JIS A 1217 が「p_c を求める第1方法」として示している方法を説明する．図7.9を参照して

① $C_c'=0.1+0.25C_c$ なる勾配をもつ直線と e–$\log p$ 曲線の接点 A を求める．
② 点 A を通って $C_c''=C_c'/2$ なる勾配をもつ直線と e–$\log p$ 曲線の最急勾配部を代表する直線の延長との交点 B の横座標を圧密降伏応力 p_c とする．

ここで先行圧密応力 p_0 の意味を説明しておく．先行圧密応力 p_0 は「粘土が過去に受けた最大の圧密応力」を指す．ただし，

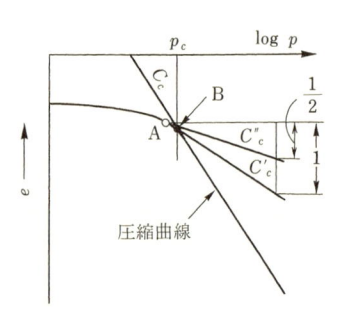

図 7.9 p_c の求め方（JIS A1217法）

その応力における圧密が完了していなければならない．粘土試料を地中より採取し，実験室で圧密装置にセットする．粘土試料は，この過程で地中に存在していたときの応力状態に対して拘束応力が減少し，除荷された状態となる．し

かし，粘土試料は過去に受けた最大の圧密応力を粘土の骨格構造に記憶しているのである．除荷された粘土試料に再び応力を加えると，先行圧密応力まではすでに圧密された応力範囲なので粘土の体積変化は少ない．この範囲での粘土の圧縮を「再圧縮過程」と呼び，e–$\log p$ 曲線のこの部分の勾配を再圧縮指数 C_r と呼ぶ．

先行圧密応力のところで粘土の圧縮性は急に大きくなり，急勾配部へと移行する．粘土がこれまでに経験していない応力を受けて大きな圧密変形を示すわけである．この領域での粘土の圧密を処女圧密（virgin compression）と呼ぶ．

なお，ここで留意すべき事項を1つ記すと，圧密試験で示される p_c は p_0 より大きくなることが多い点である．その理由は，二次圧密などにより粘土の構造が強化され（エイジング：aging といわれる）粘土の骨格構造の強さを示す p_c が，先行圧密応力 p_0 より大きくなるためである．

[**体積圧縮係数 m_v の求め方（段階載荷圧密試験の場合）**]

各荷重段階ごとに以下の整理法により m_v の値を求める．

i) 各荷重段階で生じる圧縮ひずみの増分 $\Delta\varepsilon$（％）を次式により算出する．

$$\Delta\varepsilon = \frac{\Delta H}{\overline{H}} \times 100$$

ここに ΔH：各荷重段階における圧密量（cm），$\overline{H}$：各荷重段階の平均供試体高さ（cm）（＝各荷重段階の始めと終了時の供試体高さの平均値）

ii) 各荷重段階の m_v の値を次式により算出する．

$$m_v = \frac{\Delta\varepsilon/100}{\Delta p} \quad (\mathrm{m^2/kN}) \tag{7.23}$$

ここに Δp：各荷重段階の圧密応力の増分（$\mathrm{kN/m^2}$）

なお，図 7.12 に m_v–$\overline{p}$ 曲線の例を示した（c_v–$\overline{p}$ 曲線とともに後掲）．

B 土の定ひずみ速度圧密試験方法（JIS A 1227）[4]

この圧密試験方法は，粘土試料を片面排水条件の下で，一定のひずみ速度で連続的に軸圧縮したときの，圧密量，軸圧縮応力，粘土試料の非排水面での間隙水圧の変化から，粘土試料の圧密特性を調べようとするものである．この試

験の長所として，① 試験時間が短縮できる（1～4日程度），② 連続的なデータが得られる，③ 超軟弱粘土から硬質粘土まで，また，有機質土から砂質粘土まで適用範囲が広い，④ 試験の自動化が容易である，などがあげられる．一方，短所としては，① 解析理論が複雑で，単純化に伴う誤差が懸念される，② 二次圧密に関する情報が得られにくい，③ ひずみ速度の違いが試験結果に影響する，などがあげられる．

しかし，この試験方法は，20年以上の研究を経ており，アメリカ・スウェーデン等ではすでに基準化されており，日本でも今後ますます一般に普及していくものと思われる．日本では1993年に地盤工学会基準が制定され，2000年に日本工業規格として新規に制定された試験法である．以下に，この試験法の要点を説明する．

図7.10に定ひずみ速度圧密試験装置図を示した．供試体寸法は$\phi 60\,\mathrm{mm}$，$h\,20\,\mathrm{mm}$で段階載荷法と同じである．段階載荷による圧密試験方法と異なるのは

① 圧密容器を密閉容器内に設置し，背圧（試料の間隙水圧を所定の圧力に

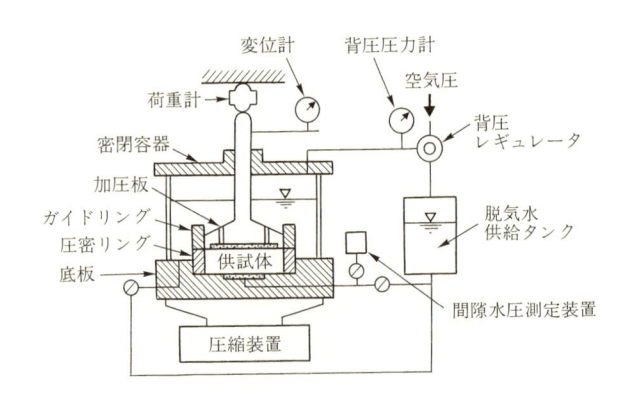

図 7.10 定ひずみ速度圧密試験装置[5]

コントロールすること）を加えることができる．
② 圧縮装置により，一定のひずみ速度で供試体を軸圧縮できる．
③ 軸圧縮応力を荷重計で測定できる．
④ 供試体下面を非排水面とし，間隙水圧の変化を測定できる．

などの点である．

定ひずみ速度圧密試験の結果を，e–$\log p$ 曲線として図 7.11 に示した．圧縮指数 C_c と圧密降伏応力 p_c の求め方は，前項（段階載荷法）において説明した方法と同じである．

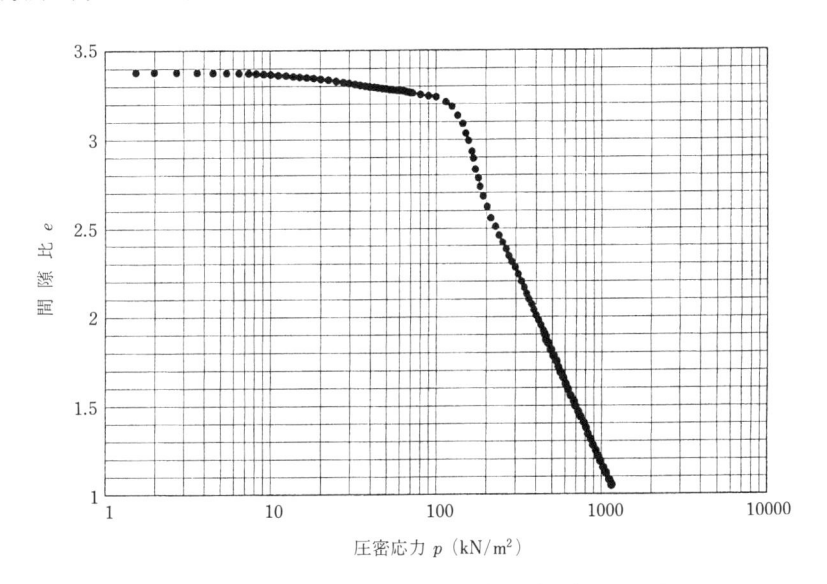

図 7.11　e–$\log p$ 曲線の例（定ひずみ速度圧密試験結果）

7.5　粘土地盤の最終圧密沈下量の算定

地盤上に盛土をしたり構造物を直接基礎で建設したりすると，地盤内の応力は増加し（6 章参照），粘土地盤は圧密沈下する．このように，載荷重に対し粘土地盤が圧密し，その圧密が完了した時点での沈下量を最終圧密沈下量という．

A　最終圧密沈下量の算定

最終圧密沈下量は下記の何れかの方法により算定することができる．

$$[m_v 法] \quad S = m_v \Delta \sigma' H \tag{7.24}$$

ここに，S：最終圧密沈下量（m），m_v：体積圧縮係数（m²/kN），$\Delta\sigma'$：載荷重による土要素の増加応力（kN/m²），H：圧密を起こす粘土地盤の層厚（m）
なお，体積圧縮係数 m_v は 7.2 節で定義した粘土の圧縮性を示す係数であり，圧密試験結果を解析することにより得られる．図 7.12 に平均圧縮応力 $\bar{p}$ ($\bar{p}=\sqrt{\sigma_0'(\sigma_0'+\Delta\sigma')}$)[*]に対する m_v の値を求めた例を図示したが，この図に示されるように m_v の値は $\bar{p}$ の値によって変化し，同一の粘土であっても一定値ではないことに留意する必要がある．

$$[C_c \text{法}] \quad S = \frac{C_c}{1+e_0} H \log_{10} \frac{\sigma_0' + \Delta\sigma'}{\sigma_0'} \qquad (7.25)$$

ここに C_c：圧縮指数，e_0：荷重載荷前の土要素の間隙比，σ_0'：荷重載荷前の土要素の有効応力（kN/m²）〔上記以外は式（7.24）参照〕

なお，式（7.25）は圧密降伏応力を超えた応力領域での圧密に対してのみ適用可能であり，再圧縮領域では適用できない．C_c の値は，前述のとおり圧密試験により得られるのであるが，テルツァギ・ペック・メスリー[2]は多くの実験結果を整理して

$$C_c = 0.009(\omega_L - 10) \qquad (7.26)$$

ここに ω_L：液性限界（％）

なる経験式を提案しており，式（7.24）と併用すれば圧密試験を行う前に最終圧密沈下量をおおよそ推定できる利点がある．

$$[e \text{法}] \quad S = \frac{e_0 - e}{1 + e_0} H \qquad (7.27)$$

ここに e：圧密完了時点の土要素の間隙比（= e–$\log p$ 曲線において応力が $\sigma_0' + \Delta\sigma'$ に対する e の値）

式（7.27）は，e–$\log p$ 曲線を直接利用するので圧密降伏応力をまたいだ応力変化に対しても適用可能である．

なお，式（7.24），（7.25），（7.27）を用いて，粘土層の沈下量を算定する際には，粘土層の中央点を代表点としてこれらの式を適用するとよい（例題 7.2 参照）．

---

[*] JIS A 1217 が変更され，$\bar{p}$ がこのように定義されている．ただし，諸外国では，$\bar{p} = \sigma_0' + \Delta\sigma'/2$（相加平均）としている国が多いので注意しなければならない．

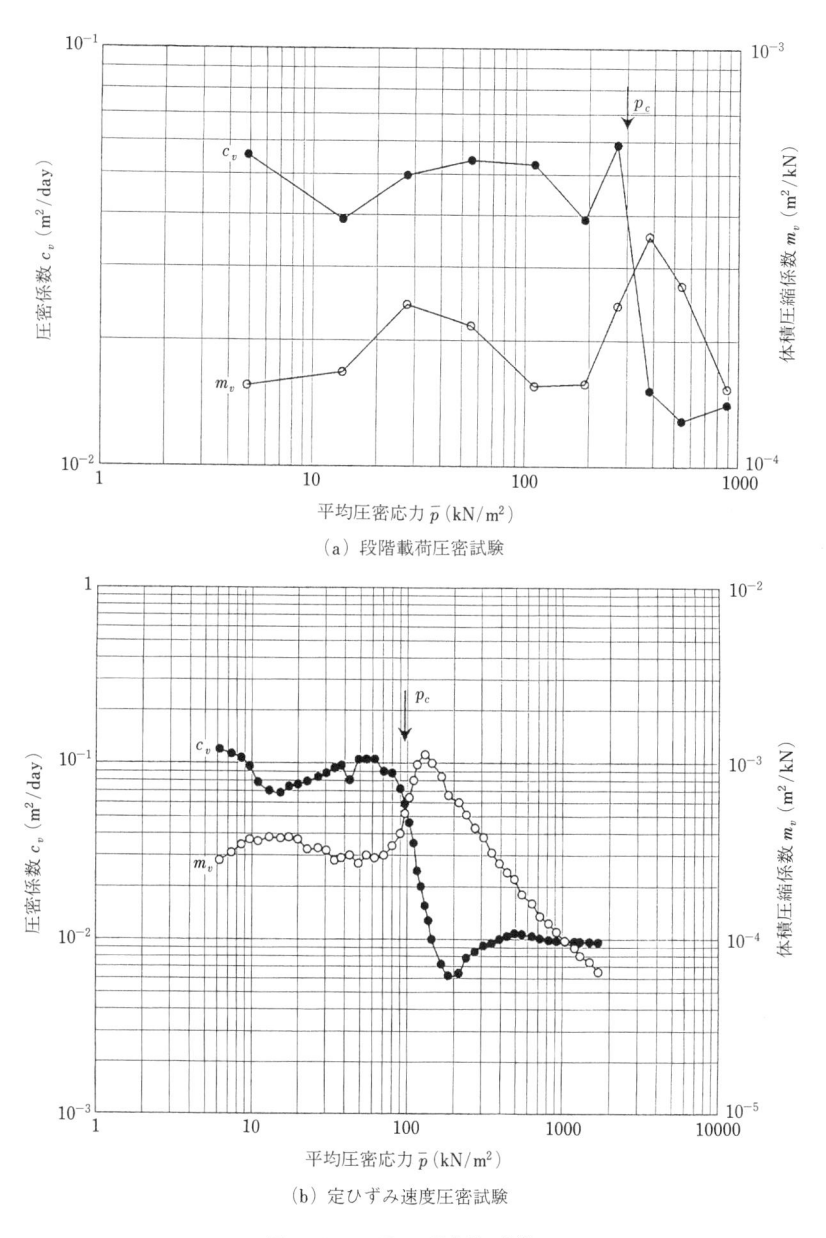

7.5 粘土地盤の最終圧密沈下量の算定

(a) 段階載荷圧密試験

(b) 定ひずみ速度圧密試験

図 7.12 m_v-$\bar{p}$, c_v-$\bar{p}$ 曲線の例[4]

B　多層粘土地盤または層厚が大きい粘土層の最終圧密沈下量

粘土地盤がいくつかの性質の異なる層から構成されている場合には，それぞれの粘土層ごとに，その中央点を代表点に取り，前述の式を適用して各層の圧密沈下量を求め，それらを合計することにより地表面の圧密沈下量が求められる．

また，粘土の性質に大きな差異はないが，その層厚が大きい場合には，粘土層を深さ方向にいくつかの層に区分し，区分された層ごとに圧密沈下量を求めその合計を地表面の圧密沈下量とすることにより，より精度の高い沈下量の推定が可能となる．

［例題 7.2］　図 7.13 に示すように広い範囲に一様に分布する荷重 $\Delta \sigma$ による第 1 層および第 2 層の圧密沈下量 S_1 および S_2 を各層の中央点を代表的にとり
（1）　m_v 法により求めよ．
（2）　C_c 法により求めよ．

なお，$\gamma_w = 9.81\,\mathrm{kN/m^3}$ とする．また，地表面の沈下量は，（1）の場合，（2）の場合に，それぞれいくらであるか．なお，平均圧密応力 $\bar{p}$ と m_v との関係は図 7.13（b）のとおりである（通常は両対数目盛で示すが，ここでは計算が簡略となるよう算数目盛で示した．また，同じ主旨により，$\bar{p}$ の値は p.108（4～5 行目）に記した相乗平均ではなく，*）に記した $\bar{p} = \sigma_0' + \Delta \sigma'/2$ により求めよ．）．

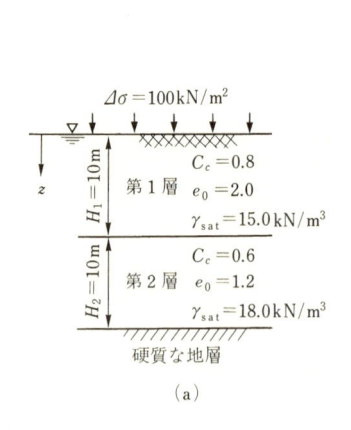

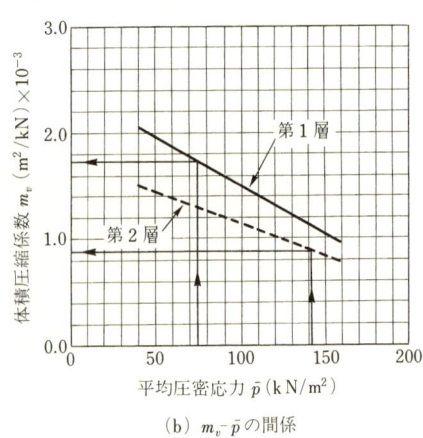

(a)

(b)　$m_v - \bar{p}$ の関係

図 7.13　例題 7.2 の図

7.5 粘土地盤の最終圧密沈下量の算定

(**解**)

(イ) σ_0' の算定

	$\gamma_{\text{sat}} z$	$\gamma_w z$	$\sigma_0' = \gamma' z$ $(=(\gamma_{\text{sat}}-\gamma_w)z)$
$z=5\text{m}$	75.0	49.1	25.9
$z=10\text{m}$	150.0	98.1	51.9
$z=10\sim 15\text{m}$ の分	90.0	49.1	40.9
$z=15\text{m}$	240.0	147.2	92.8

(ロ) (1) まず，平均圧密応力 $\bar{p}$ に対応する m_v の値を求める．

第1層 $\bar{p}_1 = \sigma_0' + \dfrac{\Delta\sigma'}{2} = 75.9 \text{kN/m}^2 \Rightarrow m_v = 1.72 \times 10^{-3} \text{m}^2/\text{kN}$

第2層 $\bar{p}_2 = \sigma_0' + \dfrac{\Delta\sigma'}{2} = 142.8 \text{kN/m}^2 \Rightarrow m_v = 0.88 \times 10^{-3} \text{m}^2/\text{kN}$

$S_1 = m_v \cdot \Delta\sigma' \cdot H = 1.72 \times 10^{-3} \times 100 \times 10 = 1.72 \text{m}$

$S_2 = m_v \cdot \Delta\sigma' \cdot H = 0.88 \times 10^{-3} \times 100 \times 10 = 0.88 \text{m}$

注：荷重 $\Delta\sigma$ は広い範囲に分布するので，各土要素での増加応力 $\Delta\sigma$ は深度に関係なく 100kN/m^2 となる（$\Delta\sigma$ は圧密の完了により $\Delta\sigma'$ となる）．

地表面の沈下量 $S = S_1 + S_2 = 2.60 \text{m}$

(2) $S_1 = \dfrac{C_c}{1+e_0} \cdot H \cdot \log \dfrac{\sigma_0' + \Delta\sigma'}{\sigma_0'} = \dfrac{0.8}{1+2.0} \times 10 \times \log \dfrac{25.9+100}{25.9} = 1.83 \text{m}$

$S_2 = \dfrac{0.6}{1+1.2} \times 10 \times \log \dfrac{92.8+100}{92.8} = 0.87 \text{m}$

地表面の沈下量 $S = S_1 + S_2 = 1.83 + 0.87 = 2.70 \text{m}$（算定手法により多少値が異なるが，ほぼ等しい値となる．）

[**例題 7.3**] 例題 7.2 と同じ地盤上に図 7.14 に示すタンクを建設し，単位体積重量 $\gamma = 9 \text{kN/m}^3$ の油を高さ 11m まで入れ，長期間保管した．このときのタンク中心 O 点およびタンク壁部 W 点の沈下量を m_v 法により求めよ（各層の中央点 A, B, C, D 点を代表点として 6 章図 6.3 を利用し解答せよ．なお，m_v–$\bar{p}$ 関係は例題 7.2 に示すとおりである）．

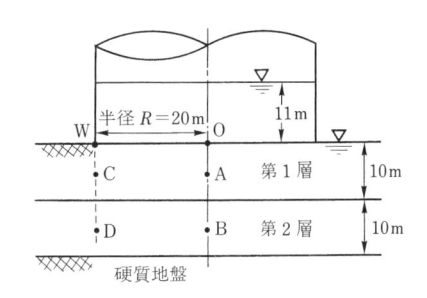

図 7.14 例題 7.3 の図

(解)

① $\Delta\sigma'(=\Delta\sigma_z)$ を求める．

$\Delta q_s = 9\,\text{kN/m}^3 \times 11\,\text{m} = 99\,\text{kN/m}^2$

点 A： $z/R=1/4$，図より $\Delta\sigma_z/\Delta q_s = 0.95 \rightarrow \Delta\sigma_z = 0.95 \times 99 = 94.1\,\text{kN/m}^2$
点 B： $z/R=3/4$，図より $\Delta\sigma_z/\Delta q_s = 0.77 \rightarrow \Delta\sigma_z = 0.77 \times 99 = 76.2\,\text{kN/m}^2$
点 C： $z/R=1/4$，図より $\Delta\sigma_z/\Delta q_s = 0.45 \rightarrow \Delta\sigma_z = 0.45 \times 99 = 44.6\,\text{kN/m}^2$
点 D： $z/R=3/4$，図より $\Delta\sigma_z/\Delta q_s = 0.37 \rightarrow \Delta\sigma_z = 0.37 \times 99 = 36.6\,\text{kN/m}^2$

② $\bar{p}$ に対応する m_v を求める．

点 A： $\bar{p}=\sigma_0'+\Delta\sigma'/2=25.9+94.1/2=73.0\,\text{kN/m}^2 \rightarrow m_v=1.75\times10^{-3}\,\text{m}^2/\text{kN}$
点 B： $\bar{p}=\sigma_0'+\Delta\sigma'/2=92.8+76.2/2=130.9\,\text{kN/m}^2 \rightarrow m_v=0.95\times10^{-3}\,\text{m}^2/\text{kN}$
点 C： $\bar{p}=\sigma_0'+\Delta\sigma'/2=25.9+44.6/2=48.2\,\text{kN/m}^2 \rightarrow m_v=1.97\times10^{-3}\,\text{m}^2/\text{kN}$
点 D： $\bar{p}=\sigma_0'+\Delta\sigma'/2=92.8+36.6/2=111.1\,\text{kN/m}^2 \rightarrow m_v=1.08\times10^{-3}\,\text{m}^2/\text{kN}$

③ O 点の沈下量： $S_1+S_2 = \Sigma(m_v\Delta\sigma'H)$
$= 1.75\times10^{-3}\times 94.1\times 10 + 0.95\times10^{-3}\times 76.2 \times 10 = 2.37\,\text{m}$

W 点の沈下量： $1.97\times10^{-3}\times 44.6\times 10 + 1.08\times10^{-3}\times 36.6\times 10 = 1.27\,\text{m}$

7.6 圧密過程における沈下量の経時変化

テルツァギの圧密理論検討の過程において，圧密沈下が時間の進行とともにどのように進むかを議論した（図 7.4 参照）．その結果は，平均圧密度 U と時間係数 T の関係式〔式 (7.20)〕および図 7.5 にまとめられている．また式 (7.15) が時間 t と時間係数 T との関係を示す式となっている．

これらの内容を，圧密沈下量の経時変化という視点で整理してみることとする．式 (7.15) を変形すると

$$t = \frac{H_D^2}{c_v} T \qquad (7.28)$$

ここに t：時間（day），H_D：最大排水長（m），c_v：圧密係数（m^2/day），T：時間係数

この式 (7.28) の時間係数 T と平均圧密度 U との関係が，式 (7.20) および図 7.5 により定まっているので，平均圧密度 U に対応する T の値を式 (7.28) に代入することにより，平均圧密度 U に達するのに必要な時間 t が求められ

る．なお，圧密係数 c_v は，圧密試験により求められるが，その求め方は例題7.4の後に説明してある．

[例題 7.4] 図7.15の（1）〜（6）のケースにおいて平均圧密度が50％および90％に達するのに要する時間を求めよ．

（1）

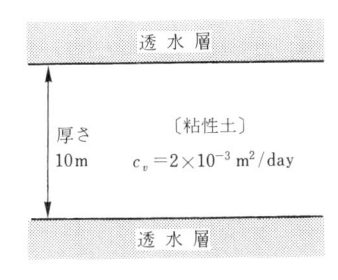

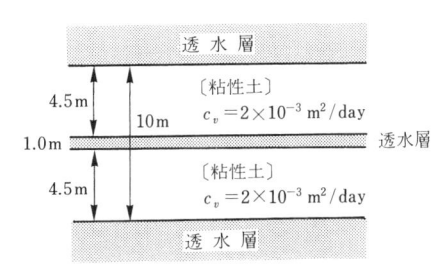

透水層

厚さ 10m 〔粘性土〕 $c_v=2\times10^{-3}$ m^2/day

透水層

図 7.15（a） 例題7.4の図

（2）

透水層

4.5m 〔粘性土〕 $c_v=2\times10^{-3}$ m^2/day
1.0m 10m 透水層
4.5m 〔粘性土〕 $c_v=2\times10^{-3}$ m^2/day

透水層

図 7.15（b） 例題7.4の図

（3）（1）の下端層が不透水の場合はどうなるか．
（4）（2）の中間層が硬質の不透水層の場合はどうなるか．
（5）（2）の中間層が透水層で上・下端が不透水層である場合はどうか．
（6）（1）および（5）において平均圧密度が50％のときの圧密度の分布を図示せよ．

（解） 式（7.28）$t=H_D{}^2\times T/c_v$ を用いる．

（1）：両面排水（$H_D=5$m）

$$t_{50}=\frac{0.197\times5^2(\mathrm{m}^2)}{2\times10^{-3}(\mathrm{m}^2/\mathrm{day})}=2463\text{ 日 (6.7 年)}, \quad t_{90}=\frac{0.848\times5^2}{2\times10^{-3}}=10600\text{ 日 (29 年)}$$

（2）：両面排水（$H_D=2.25$m）

$$t_{50}=\frac{0.197\times2.25^2(\mathrm{m}^2)}{2\times10^{-3}(\mathrm{m}^2/\mathrm{day})}=499\text{ 日 (1.4 年)}, \quad t_{90}=\frac{0.848\times2.25^2}{2\times10^{-3}}=2147\text{ 日 (5.9 年)}$$

（3）：片面排水（$H_D=10$m）

$$t_{50}=\frac{0.197\times10^2}{2\times10^{-3}}=9850\text{ 日 (27 年)}, \quad t_{90}=\frac{0.848\times10^2}{2\times10^{-3}}=42400\text{ 日 (116 年)}$$

（4）：上側の層は上面への ｝ 片面排水（$H_D=4.5$m）
　　　下側の層は下面への

$$t_{50}=\frac{0.197\times4.5^2}{2\times10^{-3}}=1995\text{ 日 (5.5 年)}, \quad t_{90}=\frac{0.848\times4.5^2}{2\times10^{-3}}=8586\text{ 日 (23.5 年)}$$

(5)：上側の層は下面への
　　　下側の層は上面への ｝ 片面排水（$H_D=4.5$m）

$$t_{50}=\frac{0.197\times 4.5^2}{2\times 10^{-3}}=1995\text{ 日 (5.5 年)},\quad t_{90}=\frac{0.848\times 4.5^2}{2\times 10^{-3}}=8586\text{ 日 (23.5 年)}$$

(6)　　　　　　（1）の場合　　　　　　　　　（5）の場合

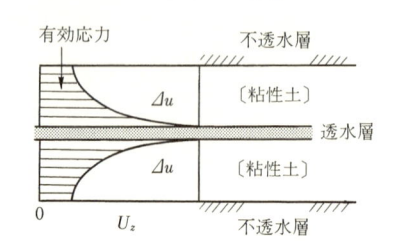

図 7.16 (a)　例題7.4(6)の解　　　　　図 7.16 (b)　例題7.4(6)の解

　上記の例題でもわかるように，圧密に要する時間は最大排水長 H_D の2乗に比例することである．仮に H_D が3倍の条件になったとすると，同じ圧密度に達するのに9倍の時間を要することになる．また，粘土層の中間に排水層があると（砂層がはさまれている場合など），H_D が短くなるので圧密時間は大幅に短縮される．

[**圧密係数 c_v の求め方（段階載荷による圧密試験の場合）**]

① $\sqrt{t}$ 法（図 7.17 参照）

　各荷重段階ごとに以下の整理法により c_v の値を求める．

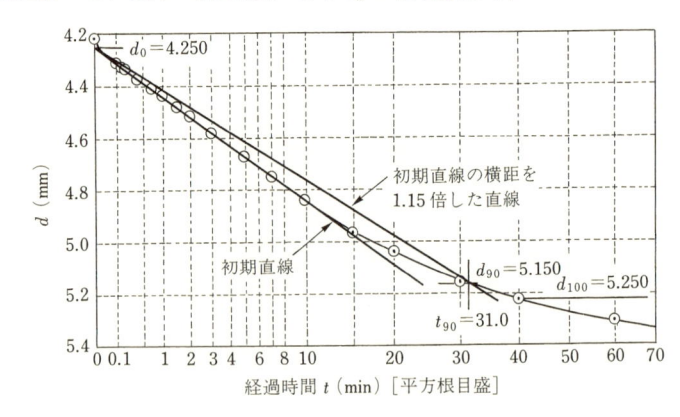

図 7.17　$\sqrt{t}$ 法による整理（t_{90} などの求め方）[4]

7.6 圧密過程における沈下量の経時変化

ⅰ） 縦軸に変位計の読み d を算数目盛に，横軸に経過時間 t を平方根目盛にとって d–$\sqrt{t}$ 曲線を描く．

ⅱ） d–$\sqrt{t}$ 曲線の初期に現れる直線部を延長して $t=0$ に当たる点を初期補正値とし，この点の変位計の読みを d_0 とする．

ⅲ） 初期補正点を通り，ⅱ）で求めた直線の1.15倍の横距をもつ直線を描き，d–$\sqrt{t}$ 曲線との交点を理論圧密度90%の点とし，この点の変位計の読み d_{90} および時間 t_{90} を求める．

ⅳ） d_{100} は，次式で算出する．

$$d_{100}=\frac{10}{9}(d_{90}-d_0)+d_0$$

ⅴ） c_v の値を次式により求める．

$$c_v=0.848\left(\frac{\overline{H}}{2}\right)^2\frac{1440}{t_{90}} \quad (\mathrm{cm^2/day}) \tag{7.29}$$

ここに $\overline{H}$：各載荷段階の平均供試体高さ（cm）（＝各載荷段階の始めと終了時の供試体高さの平均値），t_{90}：圧密度90%に当たる時間（min）

② 曲線定規法（図7.18(a)，(b)参照）

各荷重段階ごとに以下の整理法により c_v の値を求める．

ⅰ） 縦軸に変位計の読み d を算数目盛に，横軸に経過時間 t を対数目盛にとって d–$\log t$ 曲線を描く．

ⅱ） d–$\log t$ 曲線を描いたものと同じ長さの log サイクルに描いた曲線定規（図7.18(b)参照）を，d–$\log t$ 曲線の初期部分を含み最も長い範囲で一致する曲線を選ぶ．

ⅲ） 曲線定規の理論圧密度0%に当たる変位計の読みを d_0 とする．

ⅳ） ⅱ）で選んだ曲線から t_{50} と d_{100} を求める．

ⅴ） c_v の値を次式により求める．

$$c_v=0.197\left(\frac{\overline{H}}{2}\right)^2\frac{1440}{t_{50}} \quad (\mathrm{cm^2/day}) \tag{7.30}$$

ここに $\overline{H}$：各載荷段階の平均供試体高さ（cm）（＝各載荷段階の始めと終了時の供試体高さの平均値），t_{50}：圧密度50%に当たる時間（min）

前出の図7.12には，このようにして求めた c_v を c_v–$\overline{p}$ 曲線として例示した．

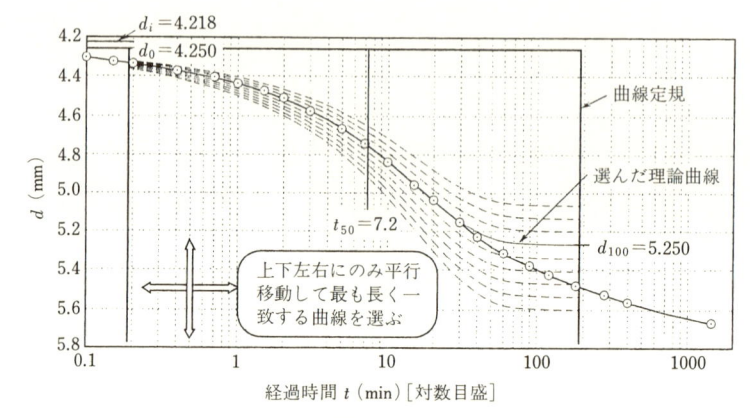

(a) 曲線定規法による整理の例

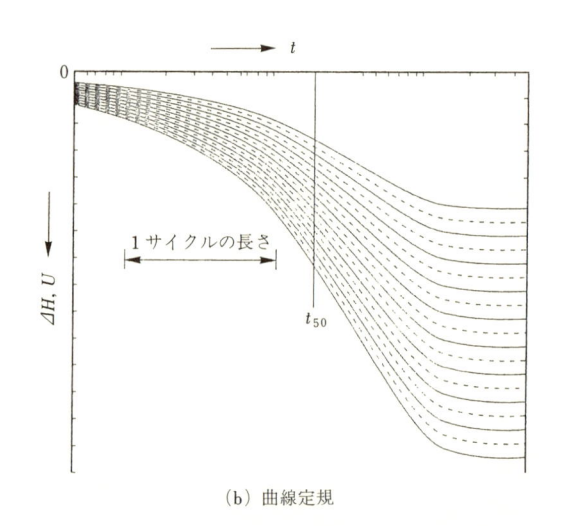

(b) 曲線定規

図 7.18 曲線定規法による整理（t_{50} などの求め方）[5]

[圧密促進工法]

前述のとおり，圧密に要する時間は最大排水長 H_D の 2 乗に比例する．したがって，圧密に要する時間を短くするのに最も有効な手段は H_D を小さくすることである．このような目的に対して考案された手法が圧密促進工法である．

図 7.19 は，層厚が大きく片面排水条件の粘土層（$H_D = H = 20\,\mathrm{m}$）に，サンドパイルと呼ばれる排水性の高い砂杭を打ち込んだ状況を示している．サンド

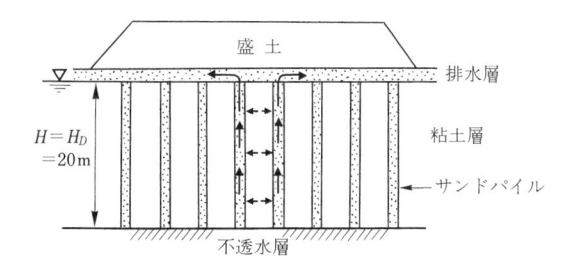

7.6 圧密過程における沈下量の経時変化

図 7.19 サンドパイルによる圧密促進工法

パイルがないときは，粘土層上面の排水層に向かっての透水による圧密が進行していたのに対し，透水性の高いサンドパイルが打設されると，透水はサンドパイルに向かって水平方向に進み H_D が大幅に短縮されることになる．サンドパイルは，図 7.20 に示すように正方形配置・正三角形配置などがあり，有効間隔 d_e の値が理論解析により求められている．

サンドパイルの中心間隔を d とすると，正方形配置の場合には

$$d_e = 1.13d \tag{7.31}$$

正三角形配置の場合には

$$d_e = 1.05d \tag{7.32}$$

である．

なお，d_e の検討のほかに，必要とされる過剰間隙水の運搬能力（排水能力）をドレーン材がもっているか否かの検討も必要である．ドレーン材の排水能力

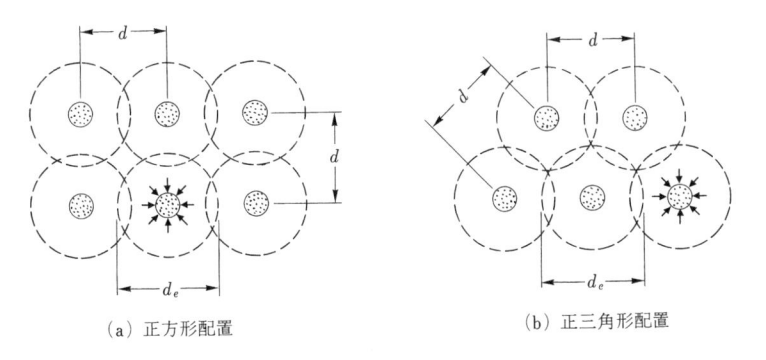

(a) 正方形配置   (b) 正三角形配置

図 7.20 サンドパイルの配置と有効間隔 d_e

を「ドレーンキャパシティー (drain capacity)」という.

いま，図7.20(a) の場合のサンドパイル径 d_W が 0.4m, d_e が 2.0m であるとし，$c_h = c_v$ であると考え (c_h は透水が水平方向であるときの圧密係数)，圧密形式の相異を無視して単純化すると，ドレーンがある場合の $H_D = (d_e - d_w)/2$ となるので，圧密に要する時間は，サンドパイルがない場合に比し

$$\frac{[(2.0-0.4)/2]^2}{20^2} = \frac{0.8^2}{20^2} = 0.0016$$

となり，サンドパイルがない場合に平均圧密度 $U = 80\%$ に達するのに 30 年かかったとすると，サンドパイルの打設により約 18 日で $U = 80\%$ に達することになる．羽田空港拡張工事，関西国際空港建設など圧密沈下を伴う建設事業において，圧密促進工法が盛んに利用されているのは，このような理由によるのである．

このような目的で使われるものとして，① サンドパイル（サンドドレーンとも呼ばれる），② ペーパードレーン（厚紙の帯を土中に挿入する），③ プラスチックドレーン（帯状のプラスチックケースの中に透水性の高い材料が入っているものを土中に挿入する），④ ファイバードレーン（植物繊維などを帯状に加工したものを土中に挿入する），などがある．

なお，このような鉛直ドレーンを用いた場合の圧密（VD圧密という）では，1次元圧密とは圧密形式が異なっているので，VD圧密に要する時間 t_{VD} と，通常の1次元圧密に要する時間 t_{1D} との間には，前述の単純化したものとは異なる式 (7.33) の関係がある．

$$\frac{t_{VD}}{t_{1D}} = \frac{T_{VD} \cdot d_e^2}{T_{1D} \cdot H_D^2} \tag{7.33}$$

ここに T_{VD}：VD圧密における時間係数，T_{1D}：1次元圧密における時間係数 式 (7.33) に $U = 80\%$ に対応する $T_{VD(80\%)} = 0.194$，$T_{1D(80\%)} = 0.567$ を代入すると $t_{VD}/t_{1D} = 0.0034$ となり，前述の概算とは多少異なるが，オーダーの合致した答が得られる．なお，VD圧密に関する詳論については参考文献 6) などを参照されたい．

7.7 正規圧密粘土と過圧密粘土

先行圧密応力 p_0 は，7.4 節で説明したとおり，ある粘土要素がこれまでに受けた最大の圧密応力で，かつ，その応力下での圧密が完了しているものと定義される．この p_0 と，現在の粘土要素に作用している有効応力 σ_v' との関係により正規圧密粘土と過圧密粘土が定義される．

（1） 正規圧密粘土

正規圧密粘土（normally consolidated clay）とは，$p_0 = \sigma_v'$ の粘土をいう．すなわち，これまでに受けた最大の圧密応力が現在の有効応力に等しい状態の粘土である．別の表現をすれば「これまでに受けた最大応力のもとで現在も平衡状態にある粘土」ということができる．

（2） 過圧密粘土

過圧密粘土（overconsolidated clay）とは，$p_0 > \sigma_v'$ の粘土をいう．すなわち，これまでに受けた最大の圧密応力よりも現在の有効応力が小さい状態の粘土である．別の表現をすれば「過去に受けた最大圧密応力よりも小さい有効応力のもとで，現在平衡状態にある土」ということができる．

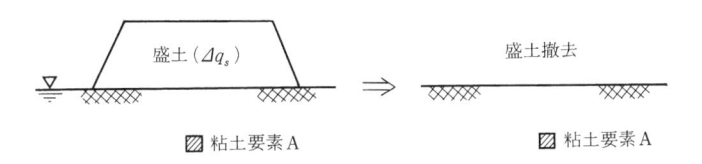

図 7.21 盛土による圧密終了後盛土を撤去する

具体例として，図 7.21 に示すように地盤上に盛土をして盛土荷重による圧密が終了した後，盛土を撤去した場合を考えてみる．この過程での盛土下の粘土要素 A の応力変化を $e\text{–}\log p$ 曲線で示すと図 7.22 のようになる．当初は正規圧密状態の①点にあった粘土要素 A は，盛土による圧密が進行（完了）して②点に達する．その後，盛土を撤去すると③点に移動する．粘土要素 A は①点，②点では「正規圧密粘土」であるが，③点では「過圧密粘土」である．

さらに，もう一度同じ高さの盛土を載荷すると $e\text{–}\log p$ 曲線は②点の近くに

戻り，さらに高い盛土を載荷しその圧密が終了すると④点に移動する．

この③点から②点に戻る過程は再圧縮過程と呼ばれる．すなわち，一度受けた応力範囲を戻るわけで，粘土の圧縮量は当然少なくなる．この再圧縮過程の e–$\log p$ 曲線の勾配を C_r で表し，再圧縮指数と呼ぶ．

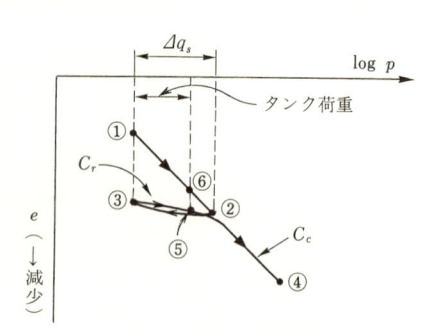

図 7.22 プレロード工法の効果を e–$\log p$ 曲線で見る

いま，たとえば，この粘土地盤上に盛土撤去後タンクを直接基礎で建設するとする．もし，タンク荷重が盛土荷重 Δq_s より小さければ，タンク荷重による粘土の圧縮は，再圧縮過程の途中の⑤点で示される値となり，タンクの沈下は小さく抑えることができる（③→⑤）．もし，盛土による圧密が事前に行われていなければ，タンク荷重による沈下は①点から⑥点への圧密沈下となり，その差が大変大きいことは一目瞭然である．

このように，将来建設される構造物よりも大きい荷重（たとえば盛土のように沈下が起こっても問題のない荷重）を事前に載荷し圧密沈下を終了させておく手法を「プレロード工法」あるいは「サーチャージ工法」という．この工法は「人工的に過圧密粘土を作る工法」であると表現してもよく，過圧密粘土の圧縮性が小さいことを利用した手法である．

［例題7.5］ 土要素 A が下記の①～④の経歴を経た場合の，圧密応力 p（＝圧密完了時の有効応力 σ_v'）と間隙比の変化を図7.23 (b) に示せ（p の値を明示すること）．

① 当初 A の上に土がなく，次第に25mの土が堆積した場合（⓪→①で示せ），

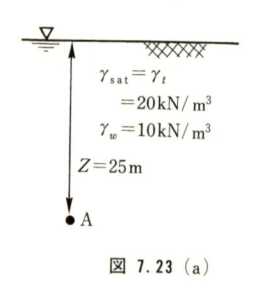

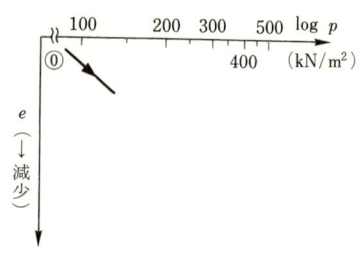

図 7.23 (a)

図 7.23 (b)

② その後，地下水位が $-10\,\mathrm{m}$ まで低下したとき，
③ その後，上部 $10\,\mathrm{m}$ の土がとりはらわれたとき，
④ その後，地盤上に $300\,\mathrm{kN/m^2}$ の荷重を広い範囲に載荷したとき．
なお，各ステップごとに圧密は完了するものとする．

（解）図 7.23（c）となる．
σ_v' の値：
①の最後 $\gamma' \times 25 = 10 \times 25 = 250\ \mathrm{kN/m^2}$
②の最後 $\gamma_t \times 10 + \gamma' \times 15 = 350\ \mathrm{kN/m^2}$
③の最後 $\gamma' \times 15 = 150\ \mathrm{kN/m^2}$
④の最後 $150 + 300 = 450\ \mathrm{kN/m^2}$

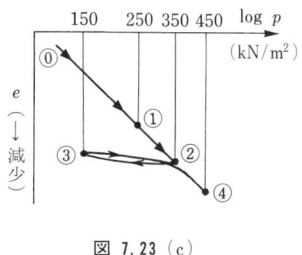

図 7.23（c）

7.8 粘土の圧密に関する考慮事項

粘土の圧密に関する主要な事項を 7.7 節までに説明したが，上記以外の粘土の圧密に関連して考慮すべき事項を以下に説明する．

A 二 次 圧 密

二次圧密とは，粘土要素の過剰間隙水圧が消散し，有効応力が一定になった後にも継続して進行する粘土の体積縮小現象のことをいう．したがって圧密という用語を用いず「**二次圧縮**（secondary compression）」と呼ぶこともある．

図 7.24（a）に一次圧密と二次圧密の区分を図示した．このように二次圧密は $\log t$ に対してほぼ直線的に進行することがわかる．図 7.24（b）は，この $\log t$ に対する直線的ひずみ変化を二次圧密係数 C_α として定義することを説明したものである．

ほとんどの物質は（鋼，コンクリートなども），一定応力下に長時間おかれるとクリープひずみを生じ，そのクリープひずみ量は $\log t$ に対し大略直線的となる．粘土の二次圧密も一定応力下のクリープ現象としてとらえるのが適切であり，一定応力下で粘土粒子がより安定な位置にその配列を変化させる現象と考えられる．なお，そのような観点から見ると，二次圧密は荷重載荷当初よ

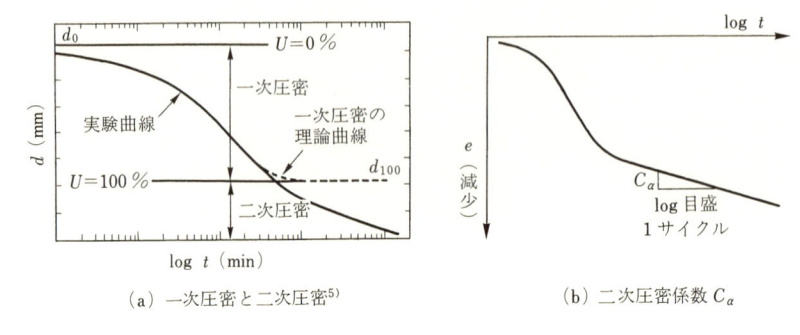

図 7.24 二次圧密と二次圧密係数 C_α

り進行しているのであるが，当初は一次圧密量が相対的に大きいため一次圧密に隠れた形となり，一次圧密終了後に顕著に姿を表してくるものといえる．

メスリー（Mesri）[2]は二次圧密係数 C_α と圧縮指数 C_c との間に一定の関係があることを実験的に見出し，地盤材料のすべてに対し C_α/C_c の値は 0.01〜0.07 の間にあり，通常の非有機質粘土に対する平均値は 0.04 であると述べている．

B 多次元圧密

これまでの議論では，鉛直方向（z 方向）の圧縮と透水のみが発生するという 1 次元圧密現象を中心に議論してきた．しかし，現実には，タンク荷重下の粘土地盤のように，z 方向に加え，x，y 方向への透水と圧縮も発生する 3 次元圧密や，道路盛土下の粘土地盤（平面ひずみ条件下）のように z 方向と x 方向への透水と圧縮が進行する 2 次元圧密現象もありうる．

これらの多次元圧密は，解析が複雑となるので本書では割愛することとするが，必要な場合には参考文献 6) などを参照されたい．

さらにつけ加えると，これら多次元圧密が生じる条件の場合には，圧密現象の他に粘土地盤が側方に移動する（側方流動という）現象が同時に発生するケースが少なくない．そして，この側方流動による変位は水平方向の圧密による変位より，その比率がはるかに大きくなるケースが多いので注意を要する．

[演習問題]

7.1 図7.7および図7.11に示す $e\text{--}\log p$ 曲線より，圧密降伏応力 p_c をキャサグランデ法およびJIS A 1217法により求めよ．また，それぞれの図に対し，圧縮指数 C_c を求めよ．

7.2 ① 図7.25の平面図に示す長方形の建物（単位面積当たりの重量 $q=10\,\mathrm{kN/m^2}$）を例題7.2の図7.13 (a)(b) に示す地層上に剛性の小さな直接基礎で建設するとして，建物の隅角端部（A点）および中央部（B点）の建物荷重による圧密沈下量を，各層の中央点を代表点にとり，S_1 と S_2 を合計することにより（1）m_v 法，（2）C_c 法により求めよ．② 計算された沈下量は許容できるか，否か（許容値については，p.249参照）．もし，否ならどのような対応策が考えられるか．

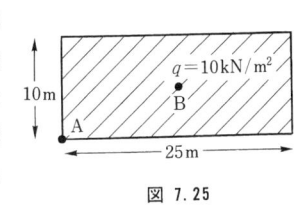

図 7.25

7.3 図7.26に示す土要素Aが①→④のような変化を受けたときの σ_v' の変化を $e\text{--}\log \sigma_v'(=e\text{--}\log p)$ の関係に σ_v' の値を明示して図示せよ．なお，載荷・除荷はきわめて広い範囲に行われ，また，各ステップごとに圧密は完了するものとする．

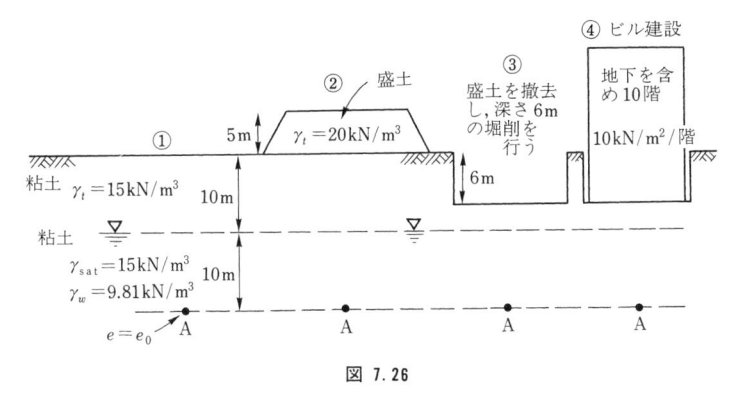

図 7.26

7.4 以下のデータは，関西国際空港(株)のホームページに，2002年4月に示された空港島中の17観測点の1988年以降の沈下データ平均値である．この結果を沈下量 S の $\log t$ および $\sqrt{t}$ に対するプロットとして示し，今後の沈下に対する予測

を述べよ.

年	沈下量	年	沈下量
1988	0 m	1995	9.3 m
1989	2.0 m	1996	9.7 m
1990	3.1 m	1997	10.0 m
1991	5.4 m	1998	10.3 m
1992	7.3 m	1999	10.8 m
1993	8.1 m	2000	11.0 m
1994	8.8 m	2001	11.2 m

[参 考 文 献]

1) Terzaghi, K.: Theoretical Soil Mechanics, John Wiley & Sons, 1943
2) Terzaghi, K., Peck, R. B. and Mesri, G.: Soil Mechanics in Engineering Practice, 3rd Edition, John Wiley & Sons, 1996
3) 三笠正人:軟弱粘土の圧密, 鹿島研究所出版会, 126 pp., 1963
4) 地盤工学会編:土質試験の方法と解説(第1回改訂版), 地盤工学会, pp. 348-423, 2000
5) 地盤工学会編:土質試験 基本と手引き, 地盤工学会, pp. 103-119, 2000
6) 吉国 洋:バーチカルドレーン工法の設計と施行管理, 技報堂出版, pp. 9-76, 1979

8

土の締固め

　盛土をして道路や鉄道を建設したり，河川堤防を盛土により建設する場合などには，ただ土を盛り上げるのではなく，土を十分に締め固めながら盛土を建設する必要がある．**土の締固め**には，ローラーやタンパーが用いられるが，土をしっかりと締め固めるには，締固め用機械の大きさ，作業の進め方，土の含水状態などが関係する．本章では，土を十分に締め固める方法について学ぶ．

8.1　土の締固めの目的と機構

　盛土などの土構造物や基礎地盤を構成する土を締め固めることによって，材料である土の安定性が増大し，土の工学的特性が向上する．このように，土を締め固める目的は，各種構造物の機能に合致するように土の工学的特性を改善することである．たとえば，河川堤防やアースダムを建設する場合には，土を締め固めることによって透水性を低下させ，必要な遮水性を確保することが重要であり，また，道路や鉄道の盛土あるいはタンクの基礎地盤などでは，支持力の確保・沈下の低減・変形特性の向上など，土の強度を増大させることが重要となる．

　土を締め固めると，土粒子相互の間隙が狭くなり，したがって間隙が減少し土の密度が高まるので，**土の強度・変形特性が向上**し，**透水性が低下**するのである．土を締め固める作業には，タンパーやローラー，あるいは重錘の落下，振動など，その目的に応じてさまざまな方法が用いられるが，「土の締固めのポイントは，土の間隙から空気を追い出し（水分を瞬間的エネルギーで追い出すのは難しい），間隙を減少させ土の密度を高めること」であるといえる．

この土の締固め機構に影響する因子の主なものをあげると，①土の種類，②土の含水比，③加えられる締固めエネルギーの性質と大小，などであり，またこれらの因子は相互に相関関係をもっている．次節では，これらの因子の影響度を調べ，効果的に土を締め固める方法を検討するための試験方法を説明する．

8.2 土の締固め試験の方法

上述したように土を効果的に締め固めるためには，土の締固めに影響する諸因子とその影響度を調査し，目的に合致した締固め方法を選定することが重要である．土の締固めを試験をもとに合理的に考える基礎を作ったのはプロクター (Proctor) である．プロクターは，1933年にアースダムの建設に関連して土の締固め試験方法を提案した．その後，修正が加えられてはいるが現在世界各国で使われている土の締固め試験方法は，このプロクターの提案を原形としている．

日本工業規格 JIS A 1210「突固めによる土の締固め試験方法」もプロクターの提案したランマーによる突固め方式を基本とし，それに修正を加えたものである．土の締固めにおいては，「締固めエネルギーの大きさ」が効果を左右する重要な要素の1つである．プロクターが試験法を提案した当時と現在では，

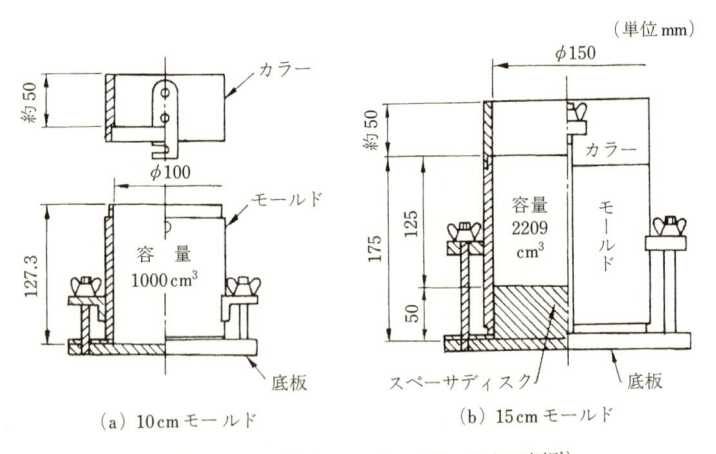

(a) 10 cm モールド   (b) 15 cm モールド

図 8.1 締固め試験用モールド，カラーおよび底板[1]

8.2 土の締固め試験の方法

(単位 mm)

(a) 2.5kg ランマー　(b) 4.5kg ランマー

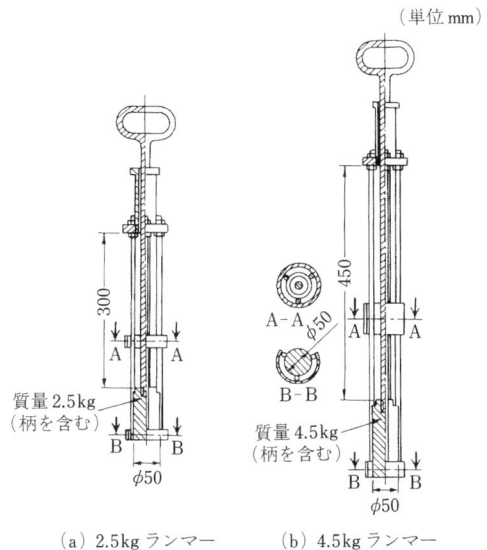

図 8.2　締固め試験用ランマー[1]

締固めエネルギーの大きさ，すなわち施工に用いられる締固め用機械の大きさに変化があり，この点が試験方法修正の大きなポイントとなっている．

以下，突固めによる土の締固め試験方法を JIS A 1210 の規格に従って説明する．図 8.1 は，土を突き固めるときに用いられる円筒形のモールドを示している．また，図 8.2 には，土を突き固めるときに用いられるランマーを示した．両図とも，大小 2 つのものが示されている．これらを組み合わせることにより，またランマーの落下回数と突固め層数を変化させることにより，突固めエネルギーを変化させることができる．JIS では，表 8.1 に示す A〜E の 5 種類の突

表 8.1　突固め方法の種類（JIS A 1210）[1]

突固め方法の呼び名	ランマー質量（kg）	モールド内径（cm）	突固め層数	1層当たりの突固め回数	許容最大粒径（mm）
A	2.5	10	3	25	19
B	2.5	15	3	55	37.5
C	4.5	10	5	25	19
D	4.5	15	5	55	19
E	4.5	15	3	92	37.5

表 8.2 突固めによる土の締固め方法：A 法と D 法

呼び名			A 法 [標準プロクター試験]	D 法 [CBR 用突固め試験]
突固めエネルギーの大きさ			小エネルギー	大エネルギー
モールドサイズ (締め固めた土 試料の大きさ)	ϕ		10 cm	15 cm
	H		12.7 cm	12.5 cm
	V		1000 cm^3	2209 cm^3
ランマー	質量		2.5 kg	4.5 kg
	落下高		30 cm	45 cm
突固め方法			3 層　各 25 回	5 層　各 55 回

固め方法が示されている．

これらの図表に示されるように「突固めによる土の締固め試験」は，モールド内に含水比を調整した土試料を所定の厚さだけ入れ，これをランマーで規定された回数突き固める．この作業を規定された層数に分け，繰り返すという方法で行われる．表 8.1 に示された A～E の 5 種類の試験方法のうち，B と E は土試料の最大粒径を大きくしたことにより，それぞれ A 法と D 法をエネルギーが全体としてほぼ等しくなるように変形させたものである．したがって基本的には突固めエネルギーが最小の A 法，最大の D 法，そしてその中間である C 法の 3 種類が規定されているといえる．A 法と D 法の要点を整理して示すと表 8.2 のようになる．A 法は，プロクターが 1933 年に提案した方法であり，「標準プロクター試験」と呼ばれることもある．また，D 法により作製された試料は，突固め試験後に CBR テストを実施する試料ともなるので「CBR 用突固め試験」と呼ばれることがある．

突固めによる土の締固め試験は，1 つの土試料に対し，その含水比を 6～8 種類程度に変化させ，1 含水比ごとに規定の突固めを行う．突き固めた試料は，それぞれ湿潤質量と含水比を測定し，これらから乾燥密度 ρ_d（g/cm^3）を式 (8.1) により求める．

$$\rho_d = \frac{\rho_t}{1+(w/100)} \tag{8.1}$$

ここに，w：含水比（％），ρ_t：湿潤密度（g/cm^3）

8.2 土の締固め試験の方法

突固め試験の結果は，例題8.1の図8.3に示すように，縦軸に乾燥密度 ρ_d をとり，横軸に含水比 w をとって，試験結果をプロットし滑らかな曲線でこれらを結んで示す．この曲線を乾燥密度–含水比曲線（または締固め曲線）と呼ぶ．この曲線の乾燥密度の最大値を**最大乾燥密度** $\rho_{d\max}$（g/cm^3），それに対応する含水比を**最適含水比** w_{opt}（%）という．最適含水比 w_{opt} は，ある特定の土に対し，締固めエネルギーを一定にして締固めを行うと，最もよく締め固めることのできる含水比のことである．いいかえると，土の種類と締固めエネルギーを固定して土を締め固めると，土の締め固まり方は土の含水比に支配され，最もよく締め固められる含水比 w_{opt} が存在するということである．これは，建設現場で土の締固め作業を行う場合に，土の含水比をコントロールすることが非常に重要であることを意味する．日本や東南アジアのように降雨量の多い地域では，最適含水比より土の含水比の高いケースが多く，含水比調整が締固め工事では重要項目となる．一方，中近東地域などの乾燥地域では，材料土に散水をして含水比を上昇させ最適含水比に調整する作業が必要となる．

[**例題8.1**] 盛土に使用する材料に対して，JIS A 1210 の A 法（標準プロクター試験）による突固め試験を実施したら，次の結果が得られた．

含水比 w（%）	12.2	14.0	17.7	21.6	25.0	26.5	29.3
乾燥密度 ρ_d（g/cm^3）	1.30	1.33	1.40	1.49	1.52	1.50	1.44

この結果を ρ_d-w 曲線に描き，$\rho_{d\max}$ および w_{opt} を求めよ．なお，この盛土材料土の土粒子密度：$\rho_s = 2.66\,\text{g/cm}^3$ である．

（**解**） 図8.3のように ρ_d-w 曲線が描かれ，$\rho_{d\max} = 1.53\,\text{g/cm}^3$，$w_{\text{opt}} = 24.5\%$ が得られる．

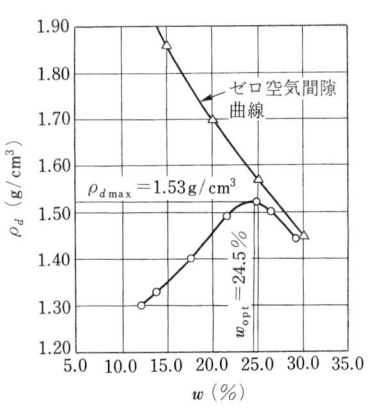

図 8.3 ρ_d-w 曲線

図 8.3 に示されるように,土の締固めには,最大乾燥密度の得られる含水比 w_opt が存在し,含水比が w_opt より小さい場合も,逆に w_opt より大きい場合にも ρ_d の値は小さくなる.これは最適含水比 w_opt より水分が少なくなると,土粒子間に存在する水の表面張力が弱く土がパサパサの状態となり,締固めエネルギーを加えても土粒子が移動するだけで締め固まらなくなることを示している.また,w_opt より水分が多くなると多くなった水分のために間隙の体積が大となり,水分は瞬間的エネルギーによって土中から追い出すことが難しいので締め固まらなくなる.

なお,ある含水比の土を空気分がゼロとなるように締め固めたとすると,空隙がゼロの状態となる.このようなゼロ空隙条件における乾燥密度を $\rho_{d\mathrm{sat}}$ (g/cm³) で示し

$$\rho_{d\mathrm{sat}} = \frac{\rho_w}{\rho_w/\rho_s + (w/100)} \tag{8.2}$$

で表される.また,含水比 w の変化に対応する $\rho_{d\mathrm{sat}}$ の値を求め,滑らかな曲線で結んだものをゼロ空気間隙曲線と呼ぶ($v_a=0$ 曲線,あるいは $S_r=100\%$ 曲線ともいう).前出の図 8.3 にゼロ空気間隙曲線を加えて示した.なお,ρ_w は 1.00 g/cm³ とする.

ただし,締固めによりゼロ空隙状態にすることは,現実にはきわめて難しい.そこで,飽和度一定曲線(締め固めた土の S_r が一定となる ρ_d と w の関係を示す曲線)および空気間隙率一定曲線(締め固めた土の v_a が一定となる ρ_d と w の関係を示す曲線)を求める式を示すと,以下の式 (8.3) および式 (8.4) のとおりである.

飽和度一定曲線: $\rho_d = \dfrac{\rho_w}{\rho_w/\rho_s + (w/S_r)}$ (8.3)

空気間隙率一定曲線: $\rho_d = \dfrac{\rho_w[1-(v_a/100)]}{\rho_w/\rho_s + (w/100)}$ (8.4)

8.3 土の種類および締固めエネルギーの大小が締固めに与える影響

土の種類が異なると，同じ方法で（締固めエネルギーを同一にして）締め固めても，土の締め固まり方は異なってくる．一般的傾向としては
① 粒度配合の良い土（土粒子の大きさが大から小へと適度に分散している土）は締め固まりやすく，粒度配合の悪い土（粒径が揃っている土）は締め固まりにくい．
② 細粒分（粘土・シルト分）を多く含む土は締め固めにくい．これは，小さな間隙から瞬間的エネルギーで空気を追い出すのは困難であり，土の透気性が細粒土では低くなることによる．

図 8.4 には，土の種類が異なる場合の締固め曲線を示した．

次に，同一の土に対し締固めエネルギーを変化させて締固めを行うとどのような差異が生じるのであろうか．図 8.5 は，同一の土に対し締固めエネルギーを変化させて締固め試験を行った場合の ρ_d-w 曲線を示したものである．締固めエネルギーが大きくなると，$\rho_{d\mathrm{sat}}$ の値が大きくなり，それに対応する最適含水比 w_{opt} の値が小さくなるという傾向が読み取れる．

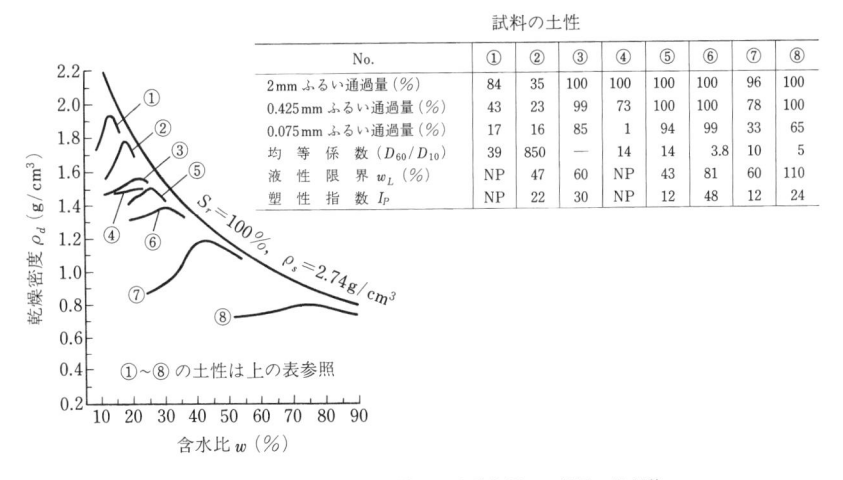

試料の土性

No.	①	②	③	④	⑤	⑥	⑦	⑧
2 mm ふるい通過量(%)	84	35	100	100	100	100	96	100
0.425 mm ふるい通過量(%)	43	23	99	73	100	100	78	100
0.075 mm ふるい通過量(%)	17	16	85	1	94	99	33	65
均 等 係 数 (D_{60}/D_{10})	39	850	—	14	14	3.8	10	5
液 性 限 界 w_L(%)	NP	47	60	NP	43	81	60	110
塑 性 指 数 I_P	NP	22	30	NP	12	48	12	24

図 8.4 異なる土に対して締固め試験を行った結果の比較[1]

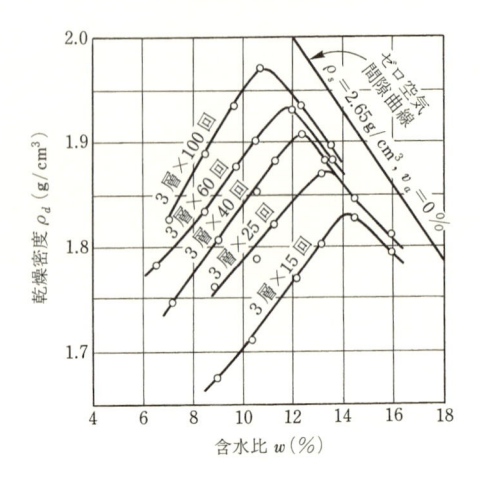

図 8.5 同一の土に対し締固めエネルギーを変化させた場合の締固め曲線[1]

8.4 土の締固めの施工管理

　すでに述べたように，土の種類が定まり，また，締固め作業に用いる機械および作業方法（ローラーの転圧回数など）が決まっていると（締固めエネルギーが決まっていることになる），その土の含水比を w_{opt} にして施工を行うと $\rho_{d\max}$ に締め固められることになる．締め固められた土が，$\rho_{d\max}$ の 90% 以上（あるいは 95% 以上）であれば，その締固め土の特性が必要とされる止水性や強度を満足するならば，締固め作業の施工管理は，$\rho_{d\max}$ の 90% 以上の ρ_d が確保されるように行えばよいことになる．

　図 8.6 は，このような考え方をもとに，施工管理の方法として，締め固められる土の含水比 w を w_1 と w_2 の間になるようにコントロールして締固め作業を行う手法を説明したものである．土の締固め作業は，通常このような方法で管理することにより実施されている．なお，当然のことであるが，締固めに用いる土が決まっており，より高い ρ_d が必要な場合には，より大きな機械（たとえばローラーの重量の大きいもの）を用い，締固め土一層に対するローラーの転圧回数を多くする，などの方法によればよいこととなる．

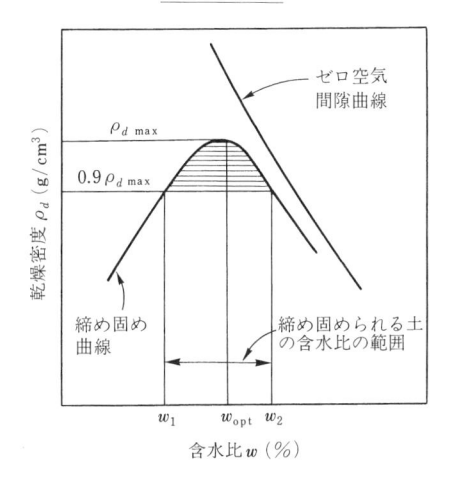

図 8.6 含水比管理による締固め作業の管理

8.5 CBR 試験

締め固めた土の強度・変形特性を調べる試験法の代表的なものに CBR 試験がある．CBR 試験とは，California Bearing Ratio 試験の略称であり，アメ

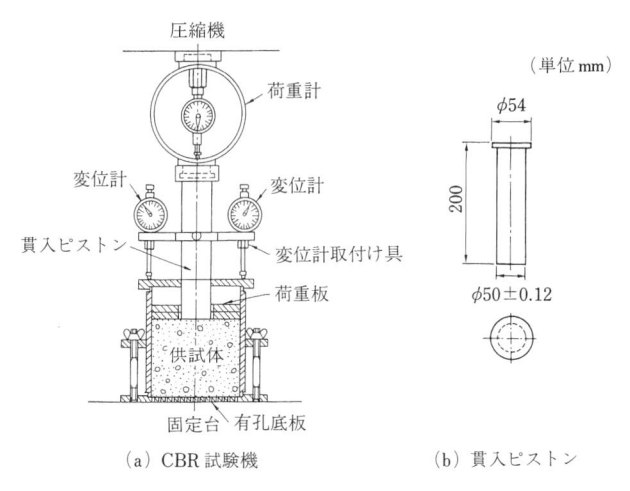

(a) CBR 試験機　　(b) 貫入ピストン

図 8.7 CBR 試験装置[1]

リカで工夫され発展した試験法で，世界各国で利用されている．

CBR 試験は，図 8.7 に示すように，直径 50 mm のピストンを締め固めた土に貫入させ，その貫入抵抗を調べる試験であり，試験室で締め固めた土に対して行う試験を「室内 CBR 試験」，現場で締め固められた土に対して行う試験を「現場 CBR 試験」と呼ぶ． 試験結果は CBR 値などに整理され利用されるが，その詳細は参考文献 1) などを参照されたい．

［演 習 問 題］

8.1 例題 8.1 の土を同じエネルギーで締固め施工する．ρ_d を $0.95\rho_{d\max}$ 以上に締め固めたい．含水比をどのような範囲にコントロールして施工すればよいか．

8.2 締固め試験を行い施工計画を立てたプロジェクトで，実際に使われた締固め機械のエネルギーが，締固め試験のときより小さいことがわかった．どのような問題が生じるか．箇条書きにして答えよ．

8.3 日本では，梅雨時の土工作業は，極力避けるように施工計画を立てることが望ましいと考えられている．その理由を述べよ．

［参 考 文 献］

1) 地盤工学会編：土質試験の方法と解説（第一回改訂版），pp. 252-290，地盤工学会，2000
2) 地盤工学会編：土の締固めと管理（土質基礎ライブラリー36），地盤工学会，1991

9

土のせん断強さ

　土に力が加えられたときに，土はどのような条件になるとこわれるのだろうか．またそのとき，土はどのようなこわれ方をするのであろうか．50階建ての高層ビルが地盤上に安全に建設できるか，軟弱粘土地盤上に高さ5mの盛土を施工できるだろうか，深さ4mの掘削を土留壁なしで行えるか，といった質問に答えるには，「土の変形と強さ」についての知識が必要である．本章では，この「土の力学」の中でも非常に重要なテーマについての議論を行う．

9.1　物体はどのようにしてこわれるのか

　本章では，土の強さや破壊について詳しく議論するわけであるが，その議論に入る前に，物体はどのようなこわれ方をするのかを，まず，土という材料に限定せずに検討してみたい．一般に物体がこわれる状態を，① 引張破壊，② 圧縮破壊，③ せん断破壊，の3種に分けることができる．

　図9.1(a)は，引張破壊試験の模式図と，その結果を，引張応力 σ_t-伸びひずみ ε_t の関係として示したものである．鋼棒に引張力を加えて試験を行う場合などがその典型例である．鋼棒は引張応力の増加とともに伸びひずみを生じ，直線部（比例関係）から曲線部に移り，ピーク値を示した後最終的に破断する．このピーク値を鋼の**引張強さ（引張強度）**と呼ぶ．

　次に，図9.1(b)は，圧縮破壊試験の模式図と，その結果を，圧縮応力 σ_c-圧縮ひずみ ε_c の関係として示したものである．薄肉のパイプを圧縮する場合などが圧縮試験の代表例である．薄肉パイプは，圧縮応力の増加とともに圧縮ひずみを生じ，直線部，曲線部，ピーク値を経て破壊に至る．このピーク時の

9章 土のせん断強さ

(a) 引張試験　鋼棒／引張力／引張応力 σ_t／引張強さ／伸びひずみ ε_t

(b) 圧縮試験　圧縮力／圧縮応力 σ_c／圧縮強さ／圧縮ひずみ ε_c

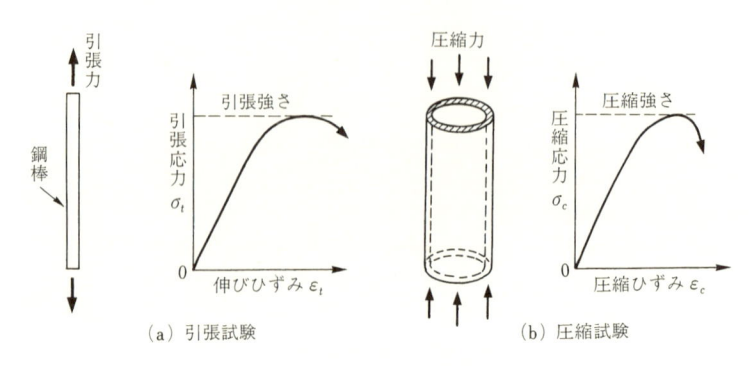

図 9.1 引張試験と圧縮試験

応力を薄肉パイプを構成する物質の**圧縮強さ（圧縮強度）**と呼ぶ．

　ここで図 9.2(a) に示す矩形断面の単純梁の中央部に集中荷重 P が作用した場合の梁の挙動を調べてみよう．梁には図 9.2(b) に示すような曲げモーメント，図 9.2(c) に示すようなせん断力が作用する．まず曲げモーメントにより，梁が折れて破壊する状態を考えてみる．図 9.2(d) に示す梁中央点の断面内の応力状態を見てみると，梁の上縁部が圧縮応力，下縁部が引張応力の最大部となっており，梁が曲げで破壊するのは，梁を構成する材料の引張強さまたは圧

(a) 矩形断面梁への載荷

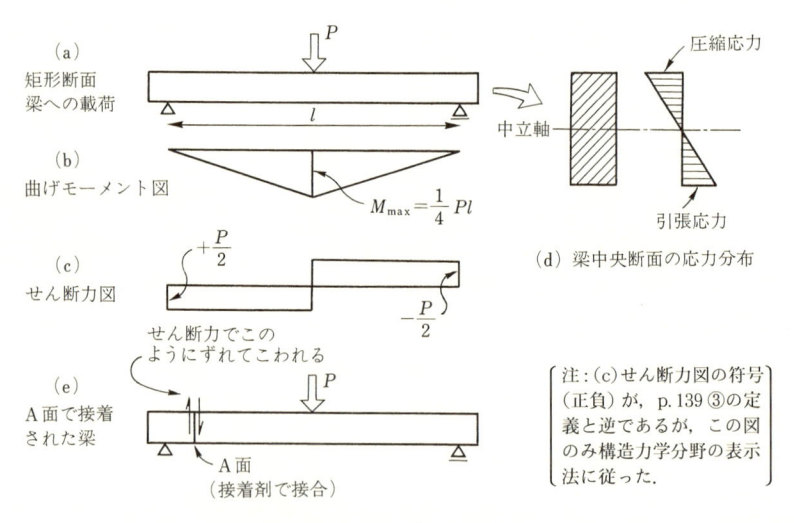

(b) 曲げモーメント図　$M_{\max}=\dfrac{1}{4}Pl$

(c) せん断力図　$+\dfrac{P}{2}$，$-\dfrac{P}{2}$

(d) 梁中央断面の応力分布（圧縮応力／中立軸／引張応力）

(e) A 面で接着された梁　せん断力でこのようにずれてこわれる／A 面（接着剤で接合）

注：(c) せん断力図の符号（正負）が，p.139 ③の定義と逆であるが，この図のみ構造力学分野の表示法に従った．

図 9.2 矩形断面単純梁への載荷

縮強さにこの縁部の応力が到達し，この部分が引張破壊あるいは圧縮破壊することにより梁が破壊するわけである．すなわち，梁の曲げ破壊は，前述の引張破壊あるいは圧縮破壊の何れかが生じていることになる．引張破壊になるか圧縮破壊になるのかは，梁を構成する材料の引張強さと圧縮強さの比によって決まり，たとえば石材で作られた梁の場合には，「引張強さ＜圧縮強さ」なので，引張側で破壊が発生する．

では，次にこの梁を図 9.2 (e) のように，A 面で切断し，切断部を接着剤でつなぎ合わせた場合を考えてみる．断面Aは，端部に近いので曲げモーメントは小さいが，$P/2$ の大きさのせん断力が作用している．接着剤のせん断抵抗が小さいと，梁はこの部分で上下にずれてこわれることになる．これが初めに示した「③せん断破壊」である．

コンクリートや土の円柱形の試料に圧縮力を加えて破壊させる試験を行った場合には，その材料は圧縮力がある大きさに達したときに破壊する．この結果を，われわれは圧縮破壊と判断したくなるが，実は，この後の 9.3 節以降で詳しく議論するように，この円柱形試料に圧縮力を加えた場合にも，試料内部にはせん断応力が発生しており，コンクリートや土の場合には，せん断破壊により試料が破壊するケースが多いのである．なお前述の圧縮破壊試験で，薄肉パイプを供試体に用いたのは，中のつまった円柱形供試体と破壊形式が異なる場合があるからである．

この圧縮力を加える試験や，梁の曲げ試験のように同じ荷重が加わった場合でも，① 引張破壊，② 圧縮破壊，③ せん断破壊の何れの破壊形式で破壊するのかは材料の特性により変わってくる．表 9.1 は，代表的材料の引張強さ，圧縮強さ，せん断強さの比較を示したものである．材料の破壊形式は，この表 9.1 に示される材料の強度特性に強く関係している．土という材料は，表 9.1 に示すように，引張強さはほぼゼロ，圧縮強さは比較的高く，せん断強さが圧縮強さより相当小さい．コンクリートや岩もほぼ同様の特性をもっている．このような土の特性をふまえて，土構造物および地盤には圧縮力およびせん断力は作用するが引張力は作用しないようにするのが通常であるが，土が破壊するときには大部分のケースで，**土はせん断破壊している**ことがわかっている．以下，9 章では，その詳細を議論したい．

表 9.1 代表的材料の強度特性

材 料	引張強さ $\sigma_{t_{max}}$	圧縮強さ $\sigma_{c_{max}}$	せん断強さ τ_{max}	注 記
鋼	◎	◎	◎	$\sigma_{t_{max}} \fallingdotseq \sigma_{c_{max}}$ $\tau_{max} \fallingdotseq \frac{1}{\sqrt{3}} \sigma_{t_{max}}$
岩, コンクリート	△	◎	△	
土	×	○	△	$\tau_{max} \fallingdotseq 0.3 \sigma_{c_{max}}$ 程度の土が多い
寒天, 豆腐	△	△	△	

(注) 強さが, ○: 大　△: 中　×: 小～ゼロ

9.2　物体（土要素）内に生じる応力

A　主応力と主応力面

物体に外力を加えると，物体内には外力につり合う応力が生じる（5.1 節参照）．このとき，図 9.3 に示すように物体内に物体の応力状態を変えないで，物体の応力状態を計測できる板状のセンサーを入れたとする．この板状センサーは，板状センサーに垂直に作用する応力 σ と板状センサーに平行に作用するせん断応力 τ の値を計測することができる．センサーの角度を変化させて物体内の σ と τ の値を計測していくと，せん断応力 τ の値がゼロとなる状態面がある．しかも，この $\tau=0$ となる面はつねに 3 つ存在し，かつ，その 3 つの面はお互いに直交している．このような状況が外力の状態が変化しても必ず存在することは（ただし，外力の変化により面の角度は当然変化するが），力学的解析により論理的にも証明されているが，その詳細は参考文献にゆずりたい[1]．

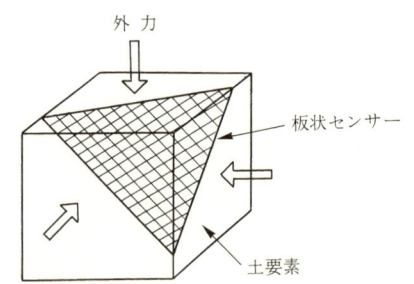

図 9.3 板状センサーによる土要素内の応力の計測（イメージ図）

このように，「せん断応力がゼロで互いに直交している面を**主応力面**（principal plane)」と呼ぶ．そして，「主応力面に垂直に作用している応力を**主応力**（principal stress）」と呼ぶ．この3つの主応力のうち，値が一番大きいものを**最大主応力** σ_1，中間のものを**中間主応力** σ_2，最小のものを**最小主応力** σ_3 という．なお，最大主応力が作用している面を**最大主応力面**と呼び，以下，同様に**中間主応力面**，**最小主応力面**という．また，3つの主応力面が直交しているので，σ_1, σ_2, σ_3 も互いに直交する方向に作用していることがわかる．

B 主応力面と任意の傾きをもつ面に働く応力

次のテーマに入る前に，以後の議論における前提事項（約束事項）をまず確認しておきたい．

① 土質力学では，圧縮応力を正（プラス）とする．

〔理由〕 前述のとおり，土は，圧縮・せん断には抵抗できるが，引張りにはほとんど抵抗できない．したがって土や地盤を対象とする議論では，引張応力を取り扱うことはまれであり，圧縮応力を正とした方が便利である．

② 以後の議論では，最大主応力 σ_1 と最小主応力 σ_3 を中心として進める．

〔理由〕 土要素の変形と破壊には，σ_1, σ_2, σ_3 がすべて関与するが，その影響度は，σ_1 および σ_3 が大きく，σ_2 の影響は σ_1, σ_3 に比して相対的に小さい．したがって，σ_1, σ_3 のみで検討した結論は土の挙動をほぼ正しく示したものとなる．また，3次元で議論するよりも2次元で議論することができれば，議論の複雑さを大幅に解消できる．

③ せん断応力の正負は次のように定める．「ある要素に**反時計回り（左回り）**の方向に回転モーメントを与えるせん断応力を**正**とする」．具体的に正のせん断応力を示すと，下図（脚注）のとおりである[*]．

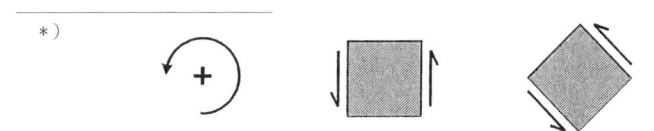

---

[*]

〔注〕 上記のせん断応力の正負に関する規約は，「モールの応力円」および，それを扱う「土質力学」において原則となっている．しかし，構造力学の分野では逆に規約しているものがほとんどであるので注意を要する．（たとえば「土木学会：構造力学公式集」，「Timoshenko 他：Mechanics of Materials」，「構造力学の多くの教科書」など）．本書では，9章9.2節以降に上記規約を適用する．

以上の3つの約束事項をふまえて，最大主応力面と角度 α をなす面に，垂直に作用する応力 σ と平行に作用するせん断応力 τ を求めよう．図9.4に示すごとく，最大主応力面 $\overline{\mathrm{AB}}$ から角度 α だけ傾いた面 $\overline{\mathrm{BC}}$ を考える．なお，この図において，面 $\overline{\mathrm{AC}}$ は最小主応力面である．

図9.4において，鉛直方向の力のつり合いから式 (9.1) が，また水平方向の力のつり合いから式 (9.2) が得られる．

$$\overline{\mathrm{AB}}\sigma_1 - \overline{\mathrm{BC}}\tau \sin\alpha - \overline{\mathrm{BC}}\sigma \cos\alpha = 0 \quad (9.1)$$

$$\overline{\mathrm{AC}}\sigma_3 + \overline{\mathrm{BC}}\tau \cos\alpha - \overline{\mathrm{BC}}\sigma \sin\alpha = 0 \quad (9.2)$$

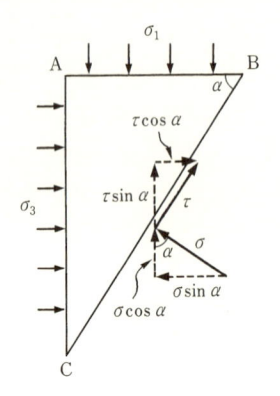

図 9.4 主応力面と任意の傾きをもつ面に働く応力

ここで，$\overline{\mathrm{AB}} = \overline{\mathrm{BC}}\cos\alpha$，$\overline{\mathrm{AC}} = \overline{\mathrm{BC}}\sin\alpha$ を用い，［式 (9.1)×$\cos\alpha$］+［式 (9.2)×$\sin\alpha$］より，$\sigma_1\cos^2\alpha + \sigma_3\sin^2\alpha - \sigma(\cos^2\alpha + \sin^2\alpha) = 0$ が求まる．
なお，$\cos^2\alpha = (1+\cos 2\alpha)/2$，$\sin^2\alpha = (1-\cos 2\alpha)/2$ であるから

$$\sigma = \frac{\sigma_1 + \sigma_3}{2} + \frac{\sigma_1 - \sigma_3}{2}\cos 2\alpha \quad (9.3)$$

が得られる．
また，［式 (9.1)×$\sin\alpha$］-［式 (9.2)×$\cos\alpha$］より

$$(\sigma_1 - \sigma_3)\sin\alpha\cos\alpha - \tau(\sin^2\alpha + \cos^2\alpha) = 0$$

が求まる．ここで，$\sin^2\alpha + \cos^2\alpha = 1$，$\sin\alpha\cos\alpha = (\sin 2\alpha)/2$ であるから

$$\tau = \frac{\sigma_1 - \sigma_3}{2}\sin 2\alpha \quad (9.4)$$

が得られる．
式 (9.3)，式 (9.4) は，τ および σ の値が σ_1，σ_3，α の関数で示されており，この2式が最大主応力面と任意の傾き α をもつ面に作用する応力 σ および τ を求める式である．

9.3 モールの応力円

モール (Mohr) は，ドイツ生まれの応用力学の大家で，とくに応力状態を

9.3 モールの応力円

円で表示することや，それを用いた破壊規準の提案など多くの業績を残している．**モールの応力円**（Mohr circle）は，このモールにより考案されたもので，大変応用性の高い重要な応力状態の表示法である．

前項で導いた式 (9.3) と式 (9.4) より α を消去してみる．両式を多少変形して，両辺を2乗し加えると

$$\left(\sigma - \frac{\sigma_1 + \sigma_3}{2}\right)^2 = \left(\frac{\sigma_1 - \sigma_3}{2}\right)^2 \cos^2 2\alpha$$

$$+) \quad \tau^2 = \left(\frac{\sigma_1 - \sigma_3}{2}\right)^2 \sin^2 2\alpha$$

$$\left(\sigma - \frac{\sigma_1 + \sigma_3}{2}\right)^2 + \tau^2 = \left(\frac{\sigma_1 - \sigma_3}{2}\right)^2 \tag{9.5}$$

式 (9.5) は σ を横軸，τ を縦軸にとると，図 9.5 に示すように，半径が $(\sigma_1 - \sigma_3)/2$，中心が $(\sigma = (\sigma_1 + \sigma_3)/2, \tau = 0)$ の円を示している．そして，式 (9.3)，式 (9.4) を参照して考えると，この円上の任意の点は，図 9.5 に示す α の値に対応する面上の (σ, τ) の値に対応する点であることがわかる．すなわち，図 9.4 の最大主応力面となす角 α を $0°$ から $90°$ まで変化させた場合の，最大主応力面より角 α だけ傾斜した面に作用する応力 (σ, τ) を示す点は，図 9.5 の点 A から点 B へと移動する．その軌跡が円として表示されている．

σ_1 と σ_3 が与えられれば，それに対応するモールの応力円が描け，点 B より

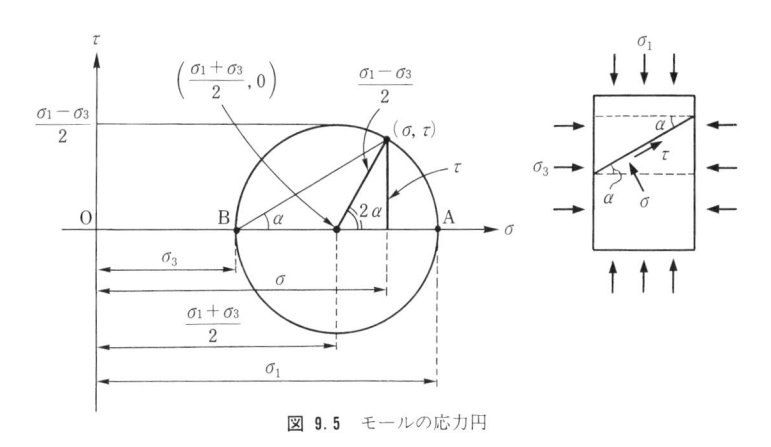

図 9.5 モールの応力円

角度 α の直線を引いてモール円との交点を求めると,最大主応力面と角 α をなす面の応力 (σ, τ) を示す点が得られるわけである.

このように,モールの応力円は大変示唆に富む応用面の多い表現であるが,その具体例として,**極**(pole,または origin of plane とも呼ばれる)を利用する方法がある.図 9.6 を用いて「極」の利用法を説明する.このケースは,ある物質要素に作用している,σ_1,σ_3 の値が既知(主応力面の方向は未知)で,かつ,ある勾配の面(AA')上の応力 (σ_A, τ_A) が既知である.

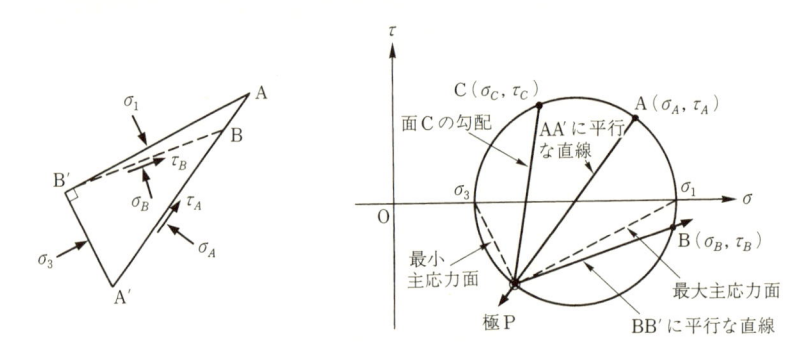

図 9.6 極の利用例〔Ⅰ〕

i) σ_1,σ_3 よりモールの応力円を描く.
ii) モール円上で座標が (σ_A, τ_A) である点より AA' に平行な直線を引き,モール円との交点を求める.この点が極 P となる.
iii) 極 P を通り任意の勾配の直線を引きモール円との交点 B を求める.点 B の座標値 (σ_B, τ_B) が,この勾配をもつ面に作用する応力値を示す.
iv) 逆に,応力値 (σ_C, τ_C) を示す点 C と極 P を結ぶと,(σ_C, τ_C) という応力値を示す面 C (の勾配) がわかる.
v) 図 9.6 に示すように,最大主応力面,最小主応力面の勾配もわかる.

次に,もう少し既知条件が複雑な場合を考えてみよう.図 9.7 (a) に示すように,主応力面ではないがお互いに直交する 2 つの面に作用する (σ_A, τ_A) および (σ_B, τ_B) とその面 AA' および BB' の勾配が既知の場合を考えてみる.

i) (σ_A, τ_A),(σ_B, τ_B) の座標値をもつ点をプロットし,点 A,点 B とする.この 2 点はお互いに直交する 2 つの面に対応する点であるから,

9.3 モールの応力円

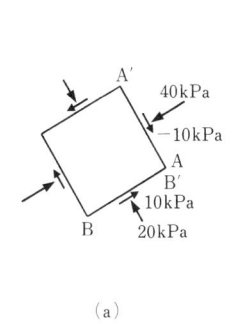

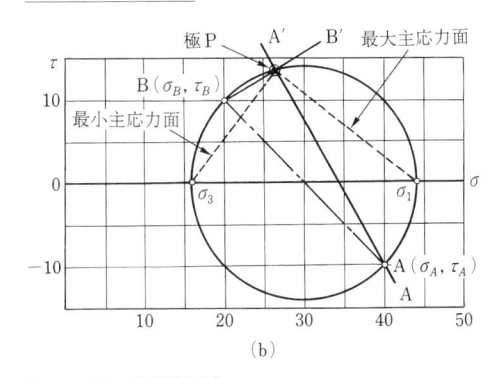

図 9.7 極の利用例〔Ⅱ〕

この 2 点を結ぶ直線はモール円の直径である．したがって，この 2 点をもとにモール円を描くことができる（図 9.7(b)）．

ii) (σ_A, τ_A) の座標値をもつ点 A を通り，面 AA′ に平行な直線を引き，モール円との交点を求める．この点が極 P である（面 BB′ を用いてもよい）．

モール円と極 P が得られれば，以下，iii) iv) v) の手順は図 9.6 の場合と同様である．

以上に説明した「極を利用した応力解法」を要約すると以下のようになる．

① モールの応力円を描く．
② 既知の応力 (σ, τ) および既知の勾配をもつ面をもとに極 P を求める．
③ 極 P を通り任意の勾配の直線を引き，モール円との交点を求めると，その点の座標値 (σ, τ) がその勾配の面に作用する応力値である．
④ 極 P と，任意の応力値 (σ, τ) をもつ点とを結ぶと，その応力値を示す面の勾配となる．

以上のように，①②が既知条件であり（モール円と極 P），これを利用して③④が求められるというのが極 P の利用法のポイントである．

9.4 モール・クーロンの破壊規準

A 破壊規準とは

物体が破壊するときの条件を規定するものを破壊規準という．破壊規準は，破壊時に成り立つ応力条件で表現するものが多いが，破壊時のひずみ条件，あるいは破壊時のエネルギー量で表現するものもある．これらの破壊規準は対象とする物体の性質や外力の加わり方などにより使い分けられる．以下，土という材料に対する破壊規準を議論することとする．

B クーロンの破壊規準

クーロン (Coulomb) は18世紀後半に活躍したフランスの大学者である．クーロンは多才な科学者であり，「土の力学」分野では，破壊規準を提案したり，11章で説明する土圧論を示すなど多方面に業績を残している．また，静電単位でクーロンが使われているが，それは静電分野でのこのクーロンの業績がベースとなったものである．

さて，クーロンは物体が破壊するときの応力状態について研究し，破壊時に破壊面上に働く面に垂直な直応力 σ_f と面に平行なせん断応力 τ_f との間に次式が成り立つとした．

クーロンの破壊規準： $\tau_f = c + \sigma_f \tan \phi$ (9.6)

式 (9.6) は，σ_f が作用する面のせん断応力の値が τ_f になると土は破壊すると規定していると解釈できる．なお，式 (9.6) において c と ϕ は物体ごとに定まる定数であり，c を**粘着力**，ϕ を**せん断抵抗角**（または，内部摩擦角）と呼ぶ．

クーロンの破壊規準を具体的に実験で求めてみよう．図9.8は，後述する（9.5節B参照）一面せん断試験を行った場合を示している．せん断面に垂直に作用する直応力 σ を σ_I，σ_II，σ_III と変化させて実験を行うと，図9.8 (b) に示すように，せん断応力とせん断変位との関係が得られ，$\tau_\mathrm{max}(=\tau_f)$ となる τ_I，τ_II，τ_III と σ_I，σ_II，σ_III の関係を図示すると図9.8 (c) のようになる．同一の

9.4 モール・クーロンの破壊規準

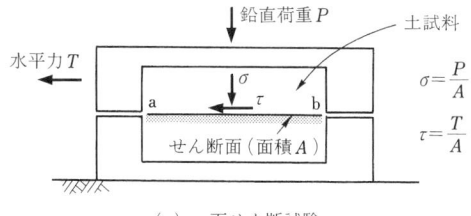

(a) 一面せん断試験

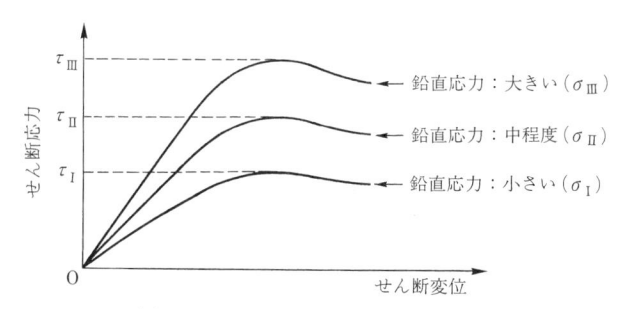

$\sigma = \dfrac{P}{A}$

$\tau = \dfrac{T}{A}$

(b) せん断応力とせん断変位の関係

(c) クーロンの破壊規準線

クーロンの破壊規準
$\tau_f = c + \sigma_f \tan \phi$

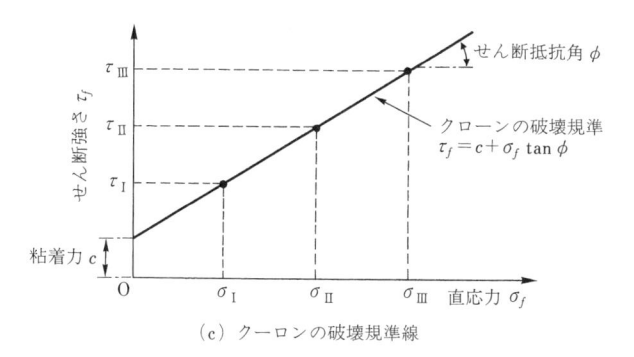

図 9.8 クーロンの破壊規準を求める試験

土に対して実験を行うと，σ_f と τ_f との関係はほぼ直線となる．この直線がクーロンの破壊規準である．クーロンの破壊規準は，破壊面で発揮されるせん断強さ τ_f の値が破壊面に垂直に働く直応力 σ_f の大きさに応じて変化することを示している．

C　モールの破壊規準（破壊包絡線）

モールは，ある材料の破壊時のモールの応力円を種々の破壊応力状態に対して描くと，その材料に対してこれらの応力円を包絡する 1 つの包絡曲線が描けるとした．この包絡線を，その材料に対するモールの破壊包絡線（破壊規準）という．

図 9.9 に示すように，ある土に対して種々の応力状態を与えモール円を描くと，モールの破壊包絡線に接したモール円の応力状態になると土は破壊し，破壊包絡線の下に位置するモール円の応力状態では土は破壊しない．さらに，破壊包絡線に接した応力状態円に対し，破壊面とその面に破壊時に作用する (σ_f, τ_f) の値は，破壊包絡線との接点とその座標により得られる．すなわち，図 9.9 のモール円 A の場合，破壊時に破壊面に作用する応力は (σ_{fA}, τ_{fA}) で与えられる．

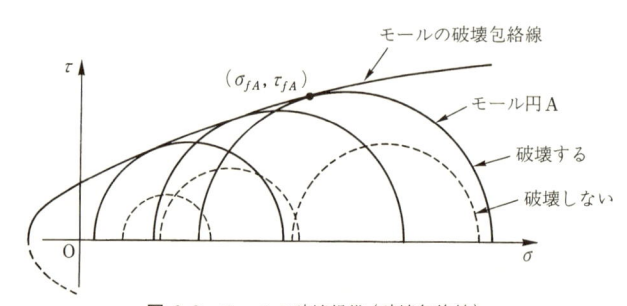

図 9.9　モールの破壊規準（破壊包絡線）

D　モール・クーロンの破壊規準

モール・クーロンの破壊規準は，上述のモールの破壊包絡線をクーロンの破壊規準直線としたものである．土材料の場合には，図 9.8 に示すように同一の土に対して破壊規準線はほぼ直線となることが示されており，土に対する破壊規準として最も適用性の高い破壊規準として「**モール・クーロン**（Mohr-Coulomb）**の破壊規準**」が利用されている．

クーロンの破壊規準とモール・クーロンの破壊規準は同一のものと考えることもできるが，図 9.10 に示すように，応力円の破壊規準線との接点をもとに

9.4 モール・クーロンの破壊規準

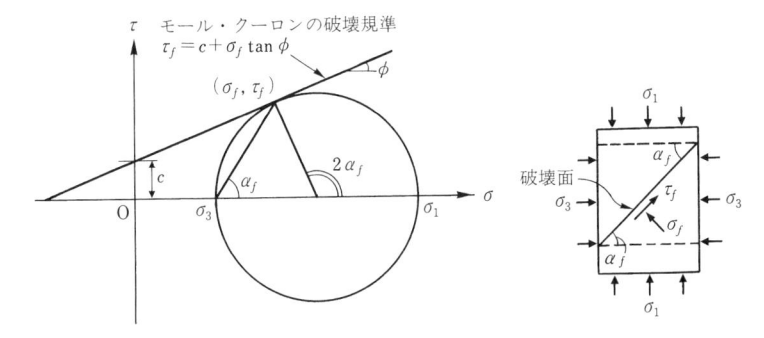

図 9.10 モール・クーロンの破壊規準

破壊時の破壊面の最大主応力面となす角度 α_f および破壊時に破壊面に作用する応力 (σ_f, τ_f) が得られることが,モール・クーロン破壊規準の特色の1つといえる.また,応力円が破壊規準線に接するか,あるいは,その下に位置するかで破壊するかしないかの判断ができる,などモール円の特性を利用したさまざまな応用が可能となる.

図 9.10 の関係から,モール・クーロンの破壊規準は主応力を用いて表現することが可能であり

$$\left(\frac{\sigma_{1f}+\sigma_{3f}}{2}+c\cot\phi\right)\sin\phi=\frac{\sigma_{1f}-\sigma_{3f}}{2} \tag{9.7}$$

または

$$\sigma_{1f}-\sigma_{3f}=2c\cos\phi+(\sigma_{1f}+\sigma_{3f})\sin\phi \tag{9.8}$$

をモール・クーロンの破壊規準と表現してもよい.

なお,クーロンが考えた破壊規準線が図 9.8 の試験により得られたものであるとすると,厳密にはモール・クーロンの破壊規準線とは一致せず,いくらかずれた直線となる可能性がある(9.5 節 B で後述する).本書では,今後モール・クーロン破壊規準により求められる c および ϕ の値を検討対象の土の粘着力およびせん断抵抗角と定義し議論を進める.

[例題 9.1] 図 9.11 に示すように,最大・最小主応力が作用している物質がある.
① この物質の最大主応力面より α だけ傾いた面に作用する垂直応力 σ とせん断応力 τ との関係が円で表示されることを説明せよ.

次に，図式および計算式の両方により

② $\alpha=30°$ の面に作用する σ および τ の値を求めよ．

③ $\alpha=60°$ の面に作用する σ および τ の値を求めよ．

④ この物質はせん断応力が最大値になったときにせん断破壊するとして，破壊面の最大主応力面となす角 α の値を求めよ．

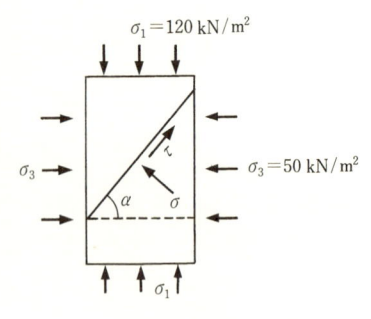

図 9.11 例題9.1の図

(解)

① 上述の式 (9.5) の導入を参照せよ．

② $\sigma = 85 + 35\cos 60° = 103\,\mathrm{kPa}$, $\tau = 35\sin 60° = 30\,\mathrm{kPa}$

③ $\sigma = 85 + 35\cos 120° = 68\,\mathrm{kPa}$, $\tau = 35\sin 120° = 30\,\mathrm{kPa}$

(注) ②，③ の図式解は，図 9.12 に示すとおり．

④ $-1 \leq \sin 2\alpha \leq 1$, $\alpha = \pm 45°$ (図 9.12 参照)

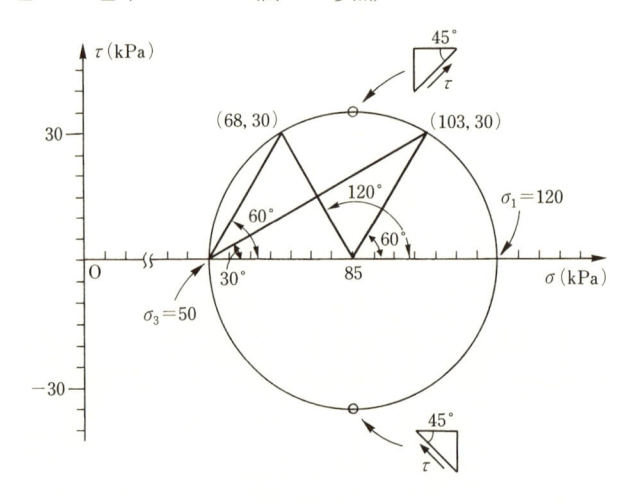

図 9.12 例題9.1の図式解

E 全応力破壊規準と有効応力破壊規準

土に対して最も適用性の高い破壊規準としてモール・クーロンの破壊規準を

9.4 モール・クーロンの破壊規準

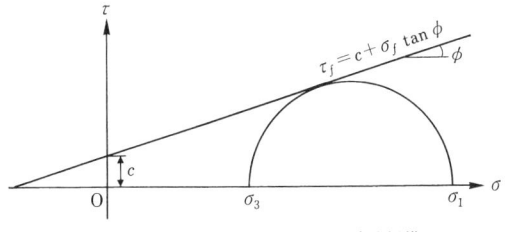

(a) モール・クーロンの全応力破壊規準

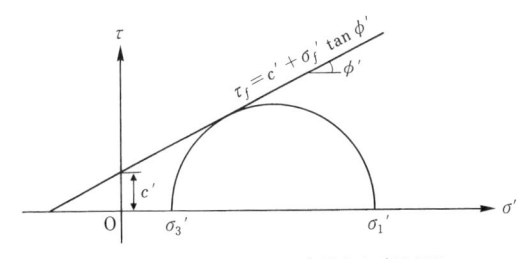

(b) モール・クーロンの有効応力破壊規準

図 9.13 全応力破壊規準と有効応力破壊規準

説明したが,このモール・クーロンの破壊規準は全応力で表示する式 (9.9) と有効応力で表示する式 (9.10) がある (図 9.13 参照).

$$\tau_f = c + \sigma_f \tan \phi \tag{9.9}$$
$$\tau_f = c' + \sigma_f' \tan \phi' \tag{9.10}$$

ここに, τ_f : 破壊時の破壊面におけるせん断応力 (kPa)
σ_f : 破壊時にせん断面に垂直に作用する全応力 (kPa)
σ_f' : 破壊時にせん断面に垂直に作用する有効応力 (kPa)
c : 粘着力 (kPa)
ϕ : せん断抵抗角 (内部摩擦角)
c' : 有効応力表示による粘着力 (真の粘着力:true cohesion ともいわれる) (kPa)
ϕ' : 有効応力表示によるせん断抵抗角 (有効応力表示による内部摩擦角)

すべての土に対し,全応力破壊規準と有効応力破壊規準が適用できる.その

いずれを用いるべきかについては，土がせん断されるときの諸条件により判断すべきものであり，また，条件によっては両規準を併用することにより興味深い解析が可能となる．その詳細については，本章の9.6節において詳しく議論することにする．

9.5 土のせん断試験の種類

土のせん断強さは，土の種類や，同じ土でも密度・含水比・応力履歴などその土の状態によって変化する．したがって，土のせん断強さを求める試験は，土が現場で実際に受けている，あるいは今後の載荷重などにより受けるであろう条件と同じ状態で行うことが必要となる．

このようなことから，土の強さと変形性を求める試験（土のせん断試験）にはいくつかの種類がある．その代表的なものを示すと

1) 実験室内で行う試験（室内土質試験）
　①三軸圧縮試験，②三軸伸張試験，③一軸圧縮試験，④一面せん断試験
　⑤繰返し三軸試験，⑥中空ねじりせん断試験
2) 現場で行う試験（原位置試験）
　①標準貫入試験，②コーン貫入試験，③ベーン試験

などがある．

この中で，三軸試験については次節において，繰返し三軸試験については10章，原位置試験については13章で説明するので，ここではそれ以外のせん断試験について簡単に説明する．

A 一軸圧縮試験

図9.14に示すように，円柱形の土試料を軸方向に圧縮し，圧縮応力 σ と軸ひずみ ε の関係を計測し，さらにそのピーク強度 q_u を求める試験である．ピーク強度 q_u を「一軸圧縮強さ」と呼ぶ．図9.15に，一軸圧縮試験の σ–ε 曲線の例を示した．また，この図に示すように $q_u/2$ の点と原点とを結んだ直線の勾配（割線係数）を変形係数と定義し，土の変形性に関する指数として利用する（E_{50} は三軸試験結果に対しても定めることができる）．

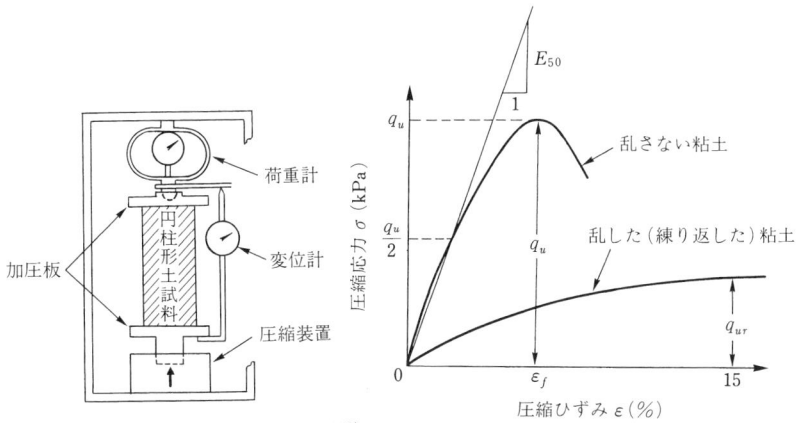

図 9.14 ひずみ制御式一軸圧縮試験機の例[2]　　図 9.15 一軸圧縮試験：σ-ε 曲線

一軸圧縮試験を利用して不撹乱粘土の強さと撹乱した粘土の強さの比を求め，鋭敏比（sensitivity ratio）S_t として式（9.11）で定義し，利用されている．

$$S_t = \frac{乱さない（不撹乱）粘土の一軸圧縮強さ：q_u}{乱した（練り返した）粘土の一軸圧縮強さ：q_{ur}} \quad (9.11)$$

一般の粘土の S_t は2～4程度である．S_t が4～8の粘土は鋭敏な粘土と呼ばれ，S_t が8以上の土は超鋭敏な粘土と呼ぶ．なお，式（9.11）の q_u，q_{ur} はそれぞれ s_u，s_{ur} に置き替えてもよい（s_u は9.6節D参照）．

鋭敏比 S_t は液性指数 I_L の高い粘土ほど大きくなる傾向にある．液性指数 I_L は

$$I_L = \frac{w - w_P}{w_L - w_P} = \frac{w - w_P}{I_P} \quad (9.12)$$

で定義され，その土が成形可能な塑性状態を保持しうる含水比の範囲内で，現在の含水比 w がどのような位置にあるかを示している指数である（$I_L = 1$ なら $w = w_L$ で塑性と液性の限界状態にあり，$I_L = 0$ なら $w = w_p$ なので塑性状態と半固体状態との境界に位置していることになる）．

一般に自然含水比が液性限界に近づき，場合によっては液性限界を上回る状態になればなるほど，撹乱時の強度低下は大きくなるから，液性指数の大きい土ほど鋭敏比が増大していくことは予測できる傾向である．日本の海成粘土の

I_L の値は，1に近いかあるいは1以上のものが多く，S_t の値は 10～20 程度でかなり鋭敏な粘土が多い．

鋭敏比の大きな粘土の代表は，スカンジナビア地域に存在する「クイッククレイ」と呼ばれる粘土である．この粘土は海中で堆積した粘土であるが，その後の地盤の隆起により陸上に存在することとなり，降雨の浸透などにより間隙水中の塩分が溶脱された（リーチング：leaching）状態となっている．不撹乱状態では，粘土はその形を保っているが，粘土の骨格を保持するのに重要な役割を担っている塩分が溶脱されているため，一旦撹乱されると，どろどろの液体状になってしまう．この地域では，小さな掘削工事が原因となり，広範囲の地すべりが発生し，丘陵全体が泥水と化して流下し大災害となることがしばしば起こっている．したがって，このクイッククレイの S_t 値はきわめて大きく，無限大に近いということになる．

B 一面せん断試験

図 9.8（前出）に示すように，2つ割りの容器すなわちせん断箱に土試料を入れ（試料の断面は平面で正方形と円形の何れかである），鉛直荷重 P を加える．下箱を固定し，上箱に水平力 T を加え（上箱を固定する方法もある），土試料を点線で示されるせん断面でせん断する試験が一面せん断試験である．一面せん断試験には，（1）せん断中は鉛直荷重 P を一定に保つ「定圧一面せん断試験」と（2）せん断中の試料の体積が変化しないようにする「定体積一面せん断試験」の2種類の代表的試験法があり，前者では体積が変化し，後者では鉛直荷重 P が変化する．

一面せん断試験の結果は，図 9.8（c）に示すように鉛直応力 σ_f とせん断応力 τ_f との関係として示される．

一般に，この関係式 $\tau_f = c + \sigma_f \tan\phi$ はクーロンの破壊規準に対応するものと考えられているが，一面せん断試験にはいくつかの考慮すべき点（問題点）がある．それは

① せん断中に有効断面積 A が減少する（図 9.16（a））．
② 土中のせん断領域が端部からの進行性破壊となるとともに，ひとつの面でなくある領域に広がった状態となる（図 9.16（b））．

9.5 土のせん断試験の種類

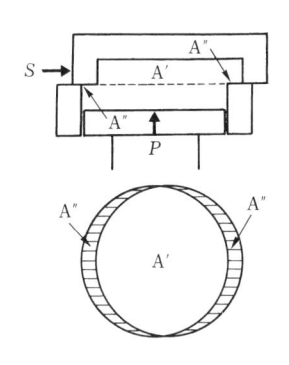

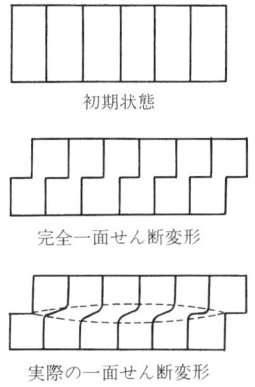

(a) せん断中の供試体の断面積

(b) 供試体の変形

初期状態

完全一面せん断変形

実際の一面せん断変形

図 9.16 一面せん断試験で考慮すべき事項[2]

③ せん断中に主応力の方向が回転し,主応力に基づくせん断抵抗角を求めることが難しい.

④ せん断箱と試料との摩擦が生じる,試験中の排水条件の調整が難しい.

などである.一方,試験が比較的簡単であること,大型のせん断試験機を用いることが可能,などの長所もあり実用されている.

以上のような点を考慮し,また種々の実験・解析結果をもとに,粘性土試料に対する定圧一面せん断試験結果を,他の代表的せん断試験である三軸圧縮試験・三軸伸張試験結果と対比すると表9.2に示すような傾向にあると考えられる.なお,砂質土試料では,ダイレイタンシー(性向)の影響が大きくなり,

表 9.2 一面せん断試験と三軸圧縮・三軸伸張試験との対比(傾向の目安)

	せん断抵抗角 ϕ' (有効応力表示)	非排水せん断強さ s_u
三軸圧縮試験結果	ϕ'_p	$s_{u(c)}$
定圧一面せん断試験結果	$(0.8 \sim 0.9)\phi'_p$	$(0.7 \sim 0.9)s_{u(c)}$
三軸伸張試験結果	$(0.6 \sim 0.8)\phi'_p$	$(0.5 \sim 0.7)s_{u(c)}$

① ϕ'_p:三軸圧縮試験結果より,主応力 (σ'_1, σ'_3) にもとづきモール・クーロン破壊規準により得られるせん断抵抗角.
② $s_{u(c)}$:非排水三軸圧縮試験結果より得られる非排水せん断強さ.
③ この表に示した目安は,粘性土試料に対する定圧一面せん断試験結果に関してのものである.

表9.2の目安は適用できない．

C 中空ねじりせん断試験

土の中空円筒供試体を用いたねじりせん断試験が最近行われるようになり，1998年に当試験に関する地盤工学会基準が作られた．

中空ねじりせん断試験は，排水状態または非排水状態で中空円筒供試体の水平面にねじり力を加えて，ねじりせん断強さ，およびせん断応力とせん断ひずみの関係を求めることを目的としている．中空ねじりせん断試験装置の例を図9.17に示した．

中空ねじりせん断試験の特徴は
① 原地盤での応力・変形条件を相当忠実に再現できること（異方圧密，単純せん断条件など）．
② 他の室内せん断試験と比較して，境界面での応力状態が測定できるため主応力の大きさおよび方向が求められること．

などである．一方，試験方法とくに供試体の作製方法や載荷法が複雑で試験の実施が容易でないという問題点もある．その実用性についての判断は，さらなる研究を経てつけられるものと考えられる．

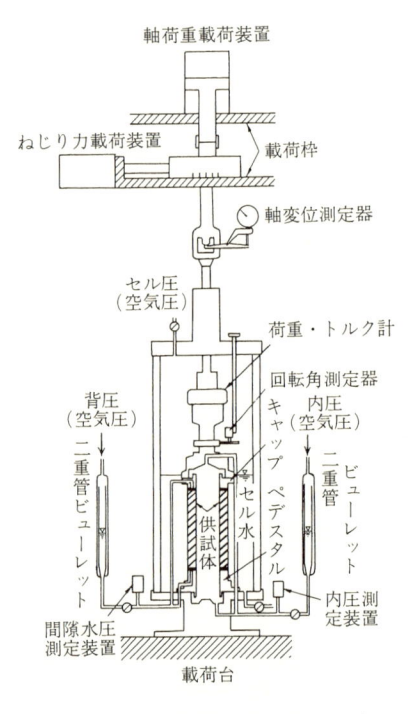

図 9.17 ねじりせん断試験装置の一例[2]

9.6 土のせん断強さ―三軸圧縮試験をもとに―

前節で説明した土の強さと変形性を求める試験の中で，最も代表的で多用されている試験が三軸圧縮試験である．ここでは，三軸圧縮試験をもとに，土の

9.6 土のせん断強さ—三軸圧縮試験をもとに—

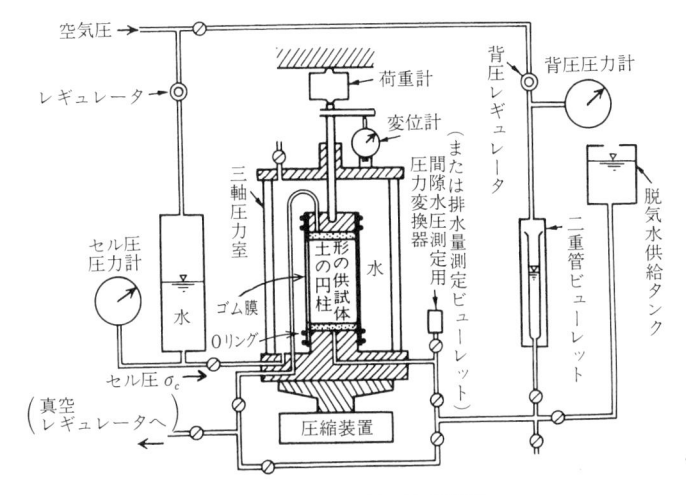

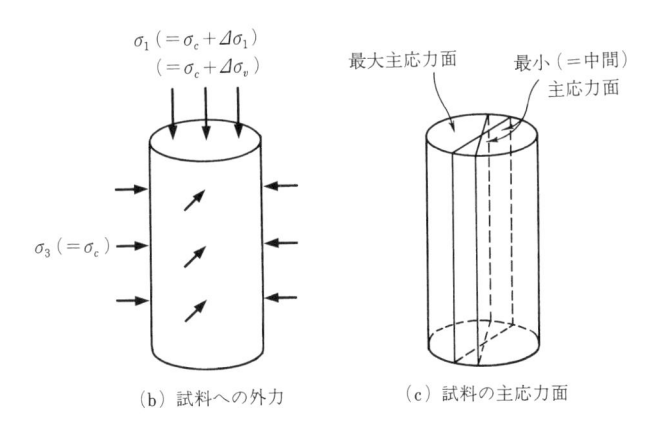

図 9.18 三軸圧縮試験
(a) 三軸圧縮試験機の構成例[2]※
(b) 試料への外力
(c) 試料の主応力面

せん断強さについて詳しく議論することにする．三軸圧縮試験の特色は，「試料からの排水条件」と「試料の応力条件」を正確にコントロールできる点にある．この意義は次項（9.6節A）で詳しく説明する．

三軸圧縮試験では，図9.18(a)に示すように，三軸圧力室（三軸セル）に円柱形の土試料をセットし，土試料には薄いゴム膜をかぶせ「Oリング」でシ

ールすることにより，セル圧 σ_c と試料の間隙水圧が絶縁されるようになっている．試料の間隙水圧あるいは試料からの排水量が測定でき，また軸方向応力は載荷ピストンを介して試料に加えられ荷重計により計測される．試料の軸方向ひずみは図 9.18 (a) に示す圧縮装置により加えられ，変位計を用いて計測される．

この三軸圧縮試験時の円柱形土試料の応力状態は，図 9.18 (c) に示すように試料の上下面より最大主応力 $\sigma_1 (= \sigma_c + \Delta \sigma_1)$ が作用し，試料の周面から最小主応力 $\sigma_3 (= \sigma_c)$ が作用していることになる．このときの最大主応力面は，σ_1 が作用している試料の上・下面を含む水平面である．一方，最小主応力面は，円柱形の土試料の中心軸を含む垂直な無数の面となり，中間主応力面＝最小主応力面となっている．応用力学解を求めると，3 次方程式の 3 つの解のうちの 2 つが重根となり（これが中間・最小主応力面となる），解が無数にあることがわかる．試料のゴム膜のかかっている円周面は，この無数にある中間・最小主応力面の接線をつなげたものであり，非常に特殊な中間・最小主応力面の 1 つとなっている．

図 9.19 には，三軸セルに土試料をセットした状態を図示した．この図に示されるように，円柱形土試料は直径 D と高さ H の比を $H/D = 2.0$（以上）とするのが標準である．これは，試料の上・下端部がサンプルキャップおよびペデスタルにポーラスストーンを介して拘束されているため，端面摩擦によって応力条件が中央部と異なり，それが試料の挙動に影響を与えないようにするため，試料中央部の長さを十分に確保するように工夫されたためである．したがって，試料のせん断破壊は試料の中央部付近で発生する．また，三軸圧縮試験結果に対して，試料は主要部分全域が同一の応力条件下にあると考えて解析を行うことができるのである．

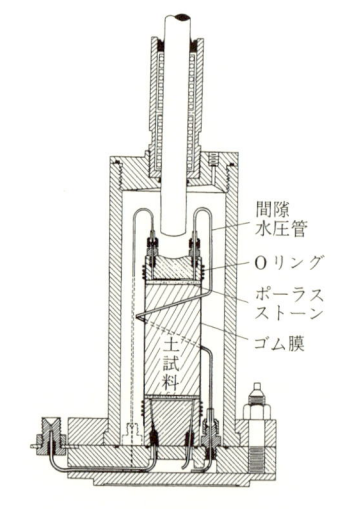

図 9.19 三軸セルに土試料をセットした状態

なお，図9.19では試料の間隙に通じる管が，試料の上端に2本，下端にも2本用意されている．これは，土試料のみならず間隙水圧測定系統に関しても気泡が残らないよう（飽和度を100％にするよう）に操作できる工夫をした結果である．

A　排水条件によるせん断試験の種類

土のせん断強さが土の種類により変化するのは当然であるが，同一の土でもその土の状態（密度，含水比，応力履歴，排水条件，など）によって大きく変化する．この中で，同一の土に関して，せん断強さに最も大きく影響する因子は，① その土（地盤）の応力履歴（たとえば，これまでにどのような応力下で圧密されたか，など）と，② これからの載荷環境・載荷条件（載荷重の大きさと，その荷重が急速に載荷されるか，あるいは，時間をかけてゆっくりと載荷されるのか ⇒ 地盤にとって載荷中に間隙水が排水され得るか否か，など）の2点である．

この2点を三軸圧縮試験では，土が受ける条件に対応してコントロールすることができる．それは

① せん断強さを求める前に試料を圧密する（Consolidated）か，否（Unconsolidated）か．

② せん断中に試料からの排水を許す（Drained）か，排水を許さない（Undrained）か．

上記の①，②の条件が異なると，同じ土でも発揮されるせん断強さが大きく異なることを銘記する必要がある．この①，②の条件の差異により，三軸圧縮試験は，ⅰ）圧密排水試験，ⅱ）圧密非排水試験，ⅲ）非圧密非排水試験，の3種類に大別される．組合せを単純に考えると，非圧密排水試験があり得るように考えられるが，これは，せん断中の排水条件が，実質的にはせん断開始前の圧密過程と同じ意味をもつことになるために無意味となり実施されない．

この3種類の試験を，試験における排水条件とともに表にして示したものが表9.3である．なお試験名の略号は，試験時の排水条件を英文表示したものの頭文字をとったもので，通常，この略号で呼ばれることが多い．たとえば，圧密排水試験（Consolidated Drained Test）がCDテスト，非圧密非排水試験

表 9.3 排水条件による三軸圧縮試験の種類

試験の種類	試験の種類の略号	排水パイプの状態		主要な成果
		圧密過程（ステップ①）	軸圧縮過程（ステップ②）	
非圧密非排水三軸圧縮試験	UU テスト	閉じる	閉じる	非排水せん断強さ：s_u
圧密非排水三軸圧縮試験	CU テスト（$\overline{\text{CU}}$ テスト）[*1]	開ける	閉じる	全応力に関する強度定数：c_{cu}, ϕ_{cu} および有効応力に関する強度定数[*1]：c', ϕ'
圧密排水三軸圧縮試験	CD テスト	開ける	開ける	有効応力に関する強度定数：c', ϕ'

[*1] 間隙水圧を計測する場合

(Unconsolidated Undrained Test) が UU テストと呼ばれるわけである．

なお，三軸圧縮試験では試料の間隙が水で飽和した状態（$S_r = 100\%$）で行うのが最も基本的な試験であり，以下の議論ではとくに断らない限り $S_r = 100\%$ の試料に対する試験およびその結果を対象として検討することとする．

B 圧密排水せん断試験（CD テスト）

この試験はステップ①の，三軸セル内に圧力を与え試料に等方応力 σ_c を与える段階で，試料からの排水を許しその応力下での試料の圧密を完了させた後ステップ②に移るが，ステップ②の軸方向応力を増加し試料をせん断する段階でも，試料からの排水を許し，試料内に間隙水圧が発生しないようにする試験方法である．ステップ①およびステップ②の何れの段階においても，試料の間隙に通じている排水管からの排水量 ΔV を時間に対して計測し，ステップ①では圧密の完了を確認する．また，ステップ②ではせん断中の試料の体積変化 ΔV を計測し，それによってせん断とともに試料が収縮するか膨張するか（膨張する場合には排水量測定管から吸水される）を観測する．

この CD テストのステップ①，ステップ②の外力の加え方と，試料の全応力 σ，間隙水圧 u，有効応力 σ' を図示したのが図 9.20 である．CD テストでは，間隙水圧 u はつねにゼロなので，つねに $\sigma = \sigma'$ となる．また，図 9.21 には，CD テスト中の，a) 軸方向増加応力 $\Delta \sigma_v (= \sigma_1 - \sigma_3$ で，これを主応力差と呼ぶ）と軸方向ひずみ ε_a の関係と，b) 体積変化 $\Delta V/V_0$ と軸方向ひずみ ε_a の関係を，

9.6 土のせん断強さ—三軸圧縮試験をもとに—

〔σ〕〔全応力〕　　〔u〕〔間隙水圧〕　　〔σ'〕〔有効応力〕

ステップ ①
セル圧 σ_c
を加える.
排水可
（圧密）.

$\sigma_v = \sigma_c$　　$\sigma_h = \sigma_c$　　$u = 0$　　$\sigma_v' = \sigma_c$　　$\sigma_h' = \sigma_c$

ステップ ②
軸方向応力
$\Delta\sigma_v$ を加える.
排水可.

$\sigma_v = \sigma_1 = \sigma_c + \Delta\sigma_v$　　$\sigma_h = \sigma_3 = \sigma_c$　　$u = 0$　　$\sigma_v' = \sigma_1' = \sigma_c + \Delta\sigma_v$　　$\sigma_h' = \sigma_3' = \sigma_c$

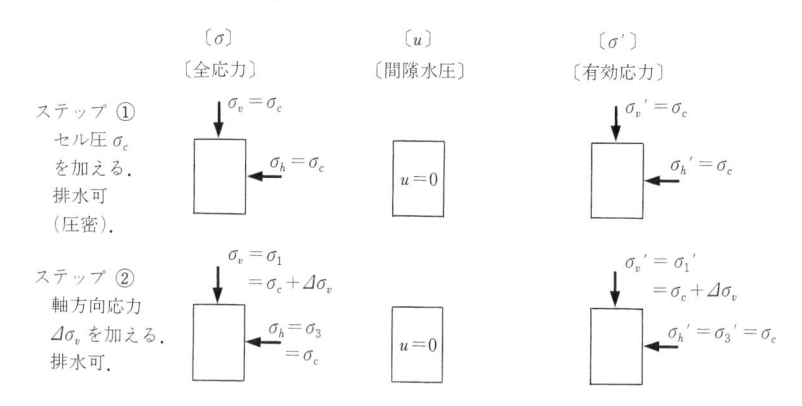

図 9.20 圧密排水三軸圧縮試験（CD テスト）における σ, u, σ'

2 つのタイプの土に対して図示した．せん断変形の進行とともに，「正規圧密軟弱粘土」あるいは「緩い砂」は体積縮小（収縮）を示すのに対し，「硬質粘土」あるいは「密な砂・砂礫」は体積拡大（膨張）を示すことに注目する必要がある．このせん断変形の進行とともに試料が膨張する傾向を「正のダイレイタンシー」と呼び，逆に試料が体積収縮する傾向を「負のダイレイタンシー」と呼ぶ．

なお，図 9.21 (a) において，軸方向増加応力 $\Delta\sigma_v (= 2\tau)$ がピーク値を示さず漸増し，軸方向ひずみ ε_a が 15% に達した場合には $\varepsilon_a = 15\%$ に対応する $\Delta\sigma_v$ を用いてその試料のせん断強さを定めることと規定されている．

同一の土に対し $\sigma_c (= \sigma_3)$ を何種類かに変化させ，CD テストを実施し，破壊時のモール円を描くと例題 9.2 の図 9.22 のようになり，ほぼ直線の 1 本の包絡線が描ける．これが，この土の破壊規準である．上述のとおり，CD テストではつねに「全応力 σ = 有効応力 σ'」であるので，この破壊規準は全応力破壊規準と見なせるとともに有効応力破壊規準とも見なせるが，通常 CD テストで得られた破壊規準は有効応力破壊規準と解釈する．その理由は「圧密非排水せん断試験（CU テスト）」のところで説明する．

なお，CD テストのステップ②では，つねに試料全体にわたり，せん断変形によって発生した過剰間隙水圧がほぼゼロとなるようにせん断を行う必要がある．粘土のように透水性の低い（透水係数の小さい）試料の場合には，排水境

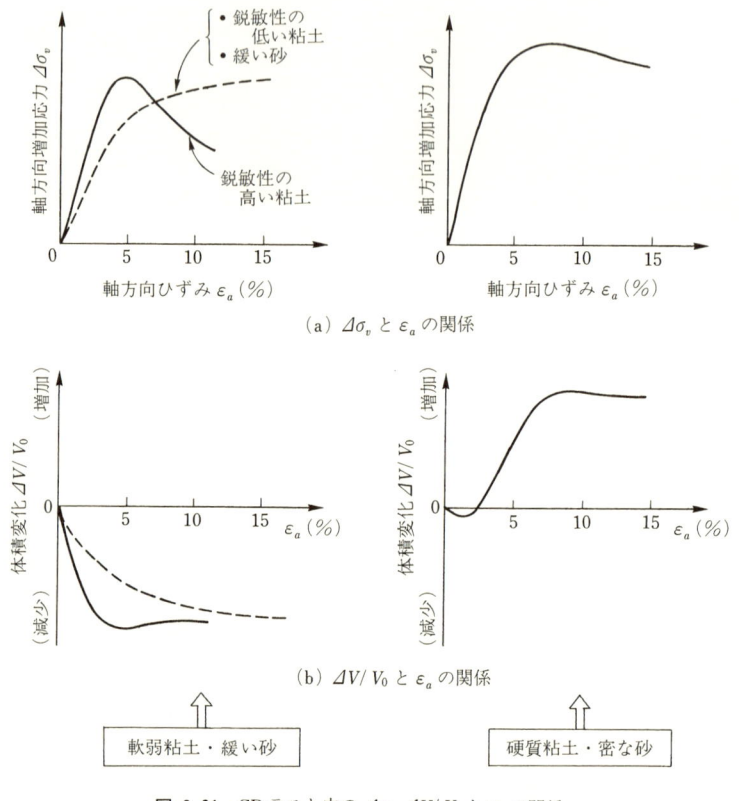

図 9.21 CD テスト中の $\Delta\sigma_v$, $\Delta V/V_0$ と ε_a の関係

界から最も遠い試料中心部でこの条件が確保されるようにせん断速度を調節する必要がある．「土質試験の方法と解説—第一回改訂版[2]」では，このせん断速度の目安として次式を提案している．

$$\dot{\varepsilon} = \frac{\varepsilon_f}{t_f} = \frac{\varepsilon_f}{17.7 t_{95}} \tag{9.13}$$

ここに，$\dot{\varepsilon}$：適切な軸ひずみ速度

ε_f：試料の破壊時のひずみ（土の種類により推定する．推定が困難な場合には 15% とする）

t_f：試料が破壊するまでの時間

t_{95}：円柱形供試体を等方圧密したときに圧密度 $U=95\%$ となるのに要

9.6 土のせん断強さ—三軸圧縮試験をもとに—

した時間

式 (9.13) の意味するところは,排水せん断中の試料の圧密度をつねに 95% 以上とする,すなわち,せん断により生じた過剰間隙水圧の 95% はつねに排水されている条件でせん断しようという考えに基づいている.ちなみに式 (9.13) の $17.7t_{95}$ に示されている 17.7 という数値は,$T_{95} \times (1-U_{95}) = 1.129 \times 0.05 = 0.05645$ の逆数 $(=1/0.05645)$ であり,これが上記条件を満たす式となっている(詳細は参考文献 2) の p.486 参照).

[**例題 9.2**] 圧密排水三軸圧縮試験(CD テスト)を行い,表 9.4 に示す結果を得た.
(1) この土試料の c', ϕ' の値を求めよ.
(2) 上記試料を三軸圧縮試験装置にセットし,セル圧 $\sigma_c = 60$ kPa で圧密した後,軸方向応力 $\varDelta\sigma_v$ を増加させて破壊に至るまでの経過をいくつかのモール円を示すことにより説明せよ.

表 9.4 CD テストの結果

試料番号	圧密圧力 σ_c(kPa)	破壊時の増加軸方向応力 $\varDelta\sigma_{vf}$(kPa)
①	10	40
②	30	80
③	50	120

(**解**) (1) 破壊時の σ_3' と σ_1' は表 9.5 に示すようになり,これらをモール円表示

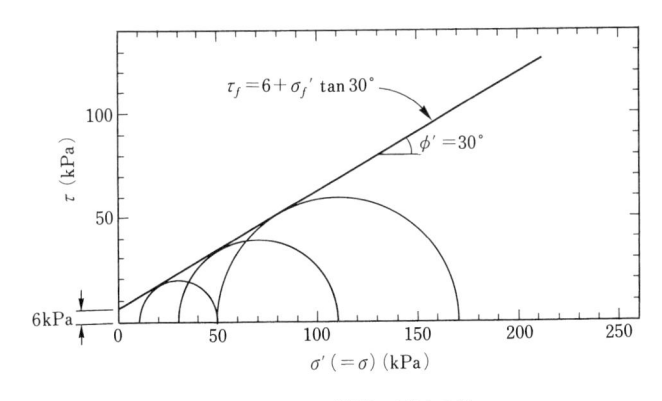

図 9.22 例題 9.2(1) の解

することにより（図9.22），$c'=6\,\text{kPa}$, $\phi'=30°$ が得られる．

表 9.5 CDテストによる破壊時の σ_3', σ_1' の値

試料番号	$\sigma_{3f}'(\text{kPa})$ $[=\sigma_c]$	$\sigma_{1f}'(\text{kPa})$ $[=\sigma_c+\Delta\sigma_{vf}]$
①	10	50
②	30	110
③	50	170

（2）図9.23 に示すとおり．$\sigma_1'=196\,\text{kPa}$（$\Delta\sigma_{vf}=136\,\text{kPa}$）で破壊する．

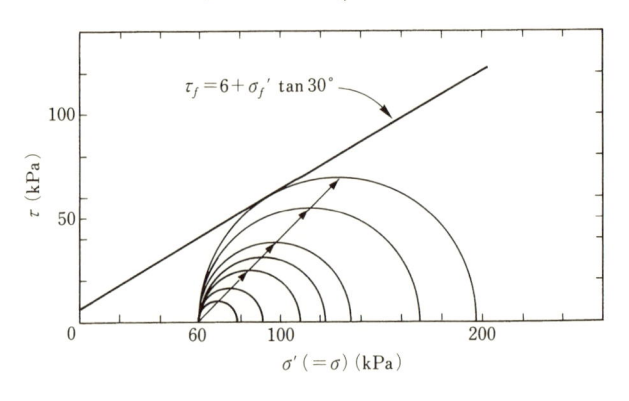

図 9.23 例題9.2(2)の解

C 圧密非排水せん断試験（CU テスト）

　この試験はステップ①の，三軸セル内に圧力を与え試料に等方応力 σ_c を与える段階で，試料からの排水を許しその応力下での試料の圧密を完了させた後ステップ②に移るが，ステップ②の軸方向応力を増加し試料をせん断する段階では，試料からの排水を許さず非排水条件で行う試験である．ステップ①における試料からの排水量を測定し圧密の完了を確認する作業はCDテストと同じである．ところがステップ②では非排水条件となるので試料の体積変化はゼロである（$S_r=100\%$ だから）．一方，体積変化ができない代わりに試料の間隙水圧が変化する．この間隙水圧の変化を間隙水圧計を用いて計測しながらCUテストを実施する場合を，とくに$\overline{\text{CU}}$ テストと表現する（一般に$\overline{\text{CU}}$ テストが

主に実施されている).この $\overline{\mathrm{CU}}$ テストのステップ①,ステップ②の外力の加え方と,試料の全応力 σ,間隙水圧 $\varDelta u$,有効応力 σ' を図示したのが図 9.24 である.ステップ②で間隙水圧 $\varDelta u$ が発生するため,有効応力 σ'_v および σ'_h は,σ_v および σ_h と異なる値を示すこととなる.次に図 9.25 には,$\overline{\mathrm{CU}}$ テスト中の,a) 軸方向増加応力 $\varDelta \sigma_v$ と軸方向ひずみ ε_a の関係と,b) 間隙水圧変化 $\varDelta u$ と軸方向ひずみ ε_a の関係を 2 種類の土に対して図示した.ここで留意すべき事項の 1 つとして,採取した試料が乱れていると破壊時のひずみ ε_f が大きくなり,試料の乱れのチェックに利用されることを述べておきたい(とくに CU,UU,一軸圧縮テストにおいて).

せん断変形の進行とともに,「正規圧密軟弱粘土」あるいは「ゆるい砂」は間隙水圧が上昇するのに対し,「硬質粘土」あるいは「密な砂・砂礫」は間隙水圧が低下することになる.これは,CD テストのところで説明したせん断変形の進行とともに負のダイレイタンシーを示す土は,非排水条件下では「間隙水圧が上昇」し,逆に正のダイレイタンシーを示す土は「間隙水圧が低下する」傾向を示すことになり,間隙水圧変化は土のダイレイタンシー性向に直接的な関係があることになるが,その背景はよく理解できるであろう.すなわち,体積が縮小しようとする土を非排水条件にすると,体積収縮の代わりに間隙水圧が上昇し,体積が拡大しようとする土はその逆に間隙水圧の低下となるわけである.

同一の土に対し $\sigma_c(=\sigma_3)$ を何種類かに変化させ $\overline{\mathrm{CU}}$ テストを実施すると,破壊時のモール円は,全応力モール円と有効応力モール円の 2 通りが描ける(例題 9.3 の図 9.26 参照).この全応力モール円に対する包絡線がこの土の全応力破壊規準であり,有効応力モール円に対する包絡線が有効応力破壊規準である.そして,この有効応力破壊規準は,この土を CD 条件でせん断したときに得られる破壊規準線と同じものとなることがわかっている.これが CD テストで得られた破壊規準を有効応力破壊規準と解釈する理由である.なお,上述のとおり $\overline{\mathrm{CU}}$ テストでは全応力破壊規準と有効応力破壊規準の両方が同時に得られるという利点がある.粘性土の CD テストは,せん断試験に大変長時間を要するが(透水性の低い粘土の場合には 1 つの試料のせん断に 3～4 日位かかる),$\overline{\mathrm{CU}}$ テストでは 2～4 時間でできる.したがって,通常,粘性土の有効応

9章 土のせん断強さ

ステップ ①
セル圧 σ_c を加える。
排水可（圧密）。

[σ]: $\sigma_v = \sigma_c$, $\sigma_h = \sigma_c$
[u]: $u = 0$
[σ']: $\sigma_v' = \sigma_c$, $\sigma_h' = \sigma_c$

ステップ ②
軸方向応力 $\Delta\sigma_v$ を加える。
排水不可。

[σ]: $\sigma_v = \sigma_1 = \sigma_c + \Delta\sigma_v$, $\sigma_h = \sigma_3 = \sigma_c$
[u]: $u = \Delta u$
[σ']: $\sigma_v' = \sigma_1' = \sigma_c + \Delta\sigma_v - \Delta u$, $\sigma_h' = \sigma_3' = \sigma_c - \Delta u$

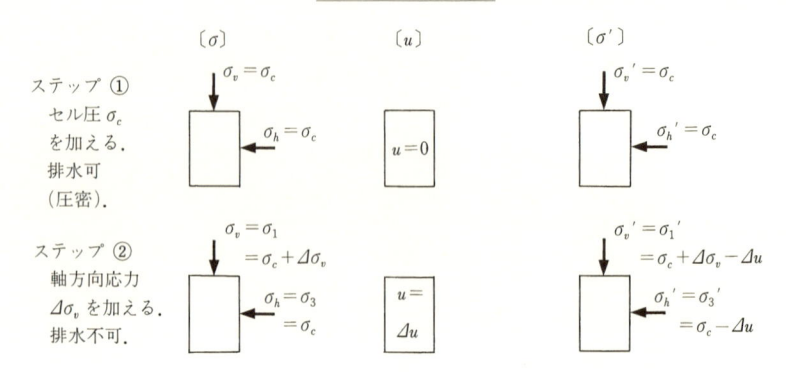

図 9.24 圧縮非排水三軸圧縮試験（$\overline{\text{CU}}$テスト）における σ, u, σ'

(a) $\Delta\sigma_v$ と ε_a の関係

左図：鋭敏性の低い粘土・緩い砂／鋭敏性の高い粘土

(b) Δu と ε_a の関係

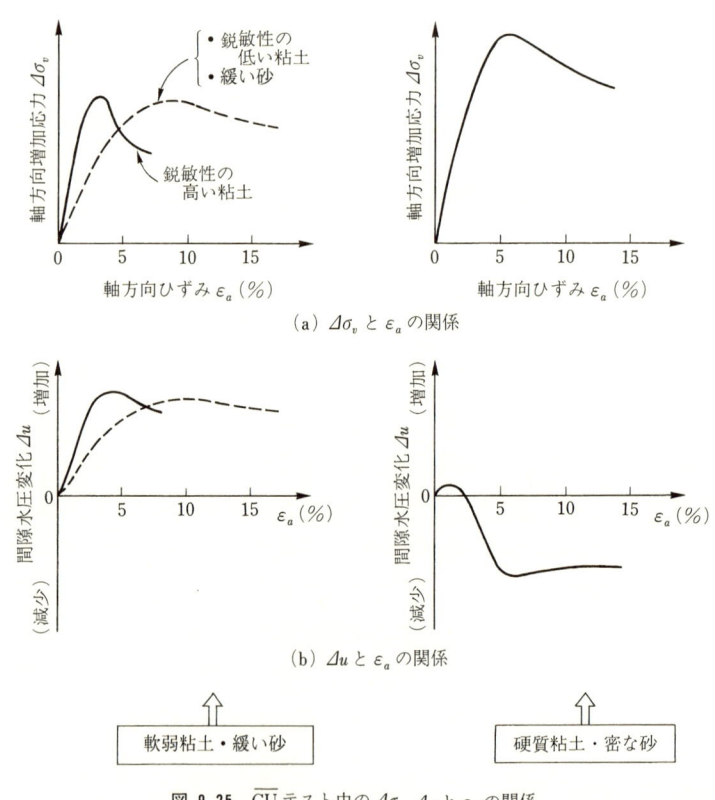

軟弱粘土・緩い砂 ↑　　　硬質粘土・密な砂 ↑

図 9.25 $\overline{\text{CU}}$テスト中の $\Delta\sigma_v, \Delta u$ と ε_a の関係

9.6 土のせん断強さ—三軸圧縮試験をもとに—

力破壊規準を求める必要があるときには，CD テストではなく $\overline{\text{CU}}$ テストを実施することが多い．

[**例題 9.3**] 飽和正規圧密粘土に対し，圧密非排水三軸圧縮試験（$\overline{\text{CU}}$ テスト）を行い，表 9.6 に示す結果を得た．モール円，破壊包絡線をグラフに図示し，c, ϕ, c', ϕ' の値を求めよ．

表 9.6 $\overline{\text{CU}}$ テストの結果

試料番号	圧密圧力 σ_c(kPa)	破壊時の軸方向増加応力 $\Delta\sigma_{vf}$(kPa)($=\Delta\sigma_v$)	破壊時の間隙水圧 Δu_f(kPa)
①	50	40	30
②	100	80	60
③	150	120	90
④	200	160	120

（**解**） 図 9.26 に示すとおり．

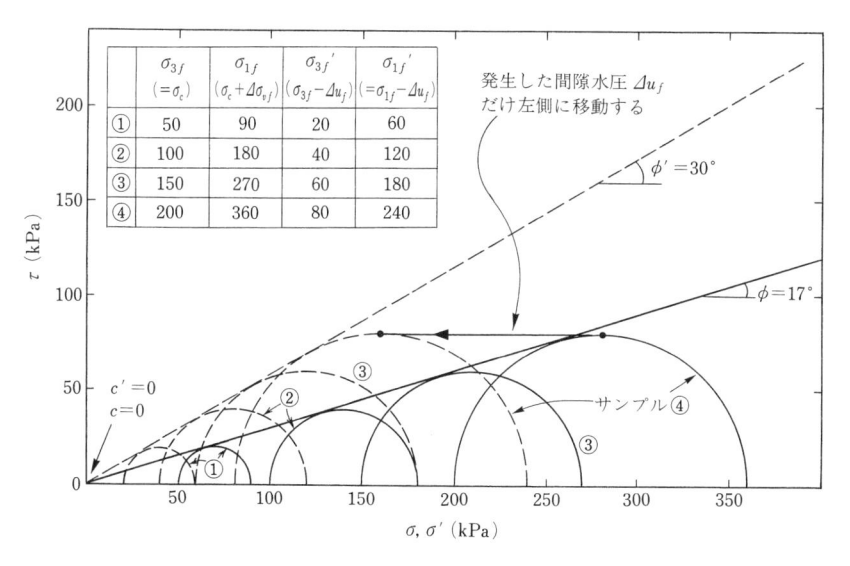

	σ_{3f} ($=\sigma_c$)	σ_{1f} ($\sigma_c+\Delta\sigma_{vf}$)	σ_{3f}' ($\sigma_{3f}-\Delta u_f$)	σ_{1f}' ($=\sigma_{1f}-\Delta u_f$)
①	50	90	20	60
②	100	180	40	120
③	150	270	60	180
④	200	360	80	240

図 9.26 例題 9.3 の解

[**例題 9.4**] 飽和粘性土を等方応力 80 kPa で圧密した後，$\overline{\text{CU}}$ 試験を行ったところ，

軸方向増加応力 $\Delta\sigma_v$ が 70 kPa で破壊した．このときの間隙水圧は 40 kPa であった．下記のものを求めよ．

① $c=0$ として，ϕ の値
② $c'=0$ として，ϕ' の値
③ 同一試料を $\overline{CU}$ テストで $\sigma_c=100$ kPa で圧密した後，軸方向応力を増加させ，$\Delta\sigma_v=120$ kPa を加えると試料は破壊するか否か．
④ 同一試料を CD テストで，$\sigma_c=100$ kPa，$\Delta\sigma_v=120$ kPa を加えるとどうなるか．

(解) 図 9.27 に示すとおりとなり，解は以下のようになる．
① $\phi=18°$
② $\phi'=28°$
③ 破壊する：モール円が全応力破壊規準を超えているから．
④ 破壊しない：モール円が有効応力破壊規準の下側にあるから．

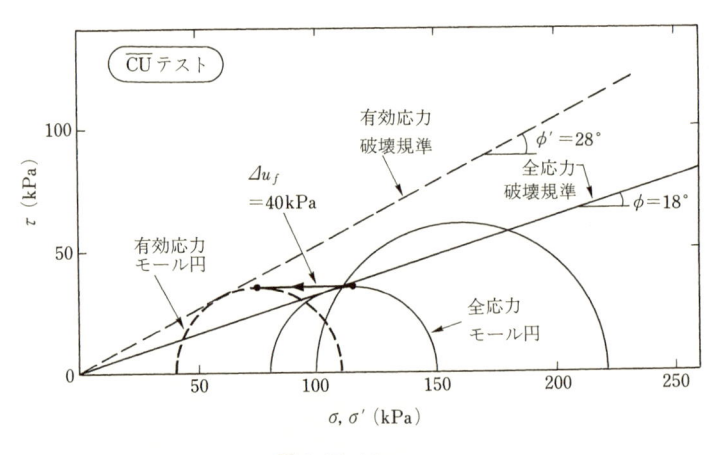

図 9.27 例題 9.4 の解

D 非圧密非排水せん断試験（UU テスト）

この試験は，ステップ①およびステップ②のいずれの段階でも，試料からの排水を許さず非排水条件下で実施するせん断試験である．この UU テストのステップ①，ステップ②の外力の加え方と，試料の全応力 σ，間隙水圧 u，有効応力 σ' を図示したのが図 9.28 である．ステップ①，②とも非排水条件なの

9.6 土のせん断強さ—三軸圧縮試験をもとに—

ステップ①
セル圧 σ_c
を加える。
排水不可。

$[\sigma]$: $\sigma_v = \sigma_c$, $\sigma_h = \sigma_c$

$[u]$: $u = \Delta u_1$

$[\sigma']$: $\sigma_v' = \sigma_c - \Delta u_1$, $\sigma_h' = \sigma_c - \Delta u_1$

ステップ②
軸方向応力
$\Delta \sigma_v$ を加える。
排水不可。

$[\sigma]$: $\sigma_v = \sigma_1 = \sigma_c + \Delta \sigma_v$, $\sigma_h = \sigma_3 = \sigma_c$

$[u]$: $u = \Delta u_1 + \Delta u_2$

$[\sigma']$: $\sigma_v' = \sigma_1' = (\sigma_c + \Delta \sigma_v) - (\Delta u_1 + \Delta u_2)$, $\sigma_h' = \sigma_3' = \sigma_c - (\Delta u_1 + \Delta u_2)$

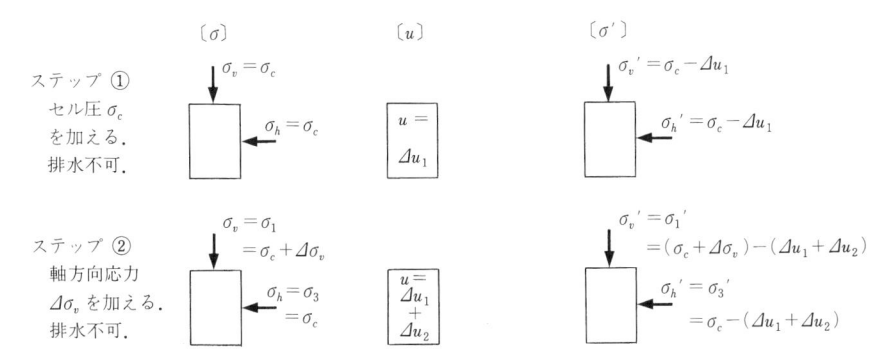

図 9.28 非圧縮非排水三軸圧縮試験（UUテスト）における σ, u, σ'

で，ステップ①では間隙水圧 Δu_1，ステップ②では間隙水圧 Δu_2 が発生する。したがって，有効応力 σ_v' および σ_h' は，何れの段階でも全応力 σ_v および σ_h とは異なる値を示すこととなる。

同一の土に対し $\sigma_c (=\sigma_3)$ を何種類かに変化させ UU テストを実施すると，破壊時のモール円は全応力モール円と有効応力モール円の2通りが描ける（例題9.5の図9.30参照）。ここで注視すべき点が2点ある。すなわち

① 全応力モール円は，その大きさ（半径）がすべて同じである。
② 有効応力モール円は，すべてのテストに対して同一の1つの円になる。

[**例題9.5**] 図9.29に示すように，深度10mの地点より正規圧密飽和粘土試料を採取し，UU テストを試料①②③に対しそれぞれ $\sigma_c = 90\,\text{kPa}, 270\,\text{kPa}, 180\,\text{kPa}$ の値のもとで実施したところ，表9.7に示す結果を得た。試料破壊時の全応力・有効応力モール円を図示し全応力破壊基準線を示せ。

正規圧密
粘土地盤

$z = 10\,\text{m}$

$\gamma_{sat} = 18.8\,\text{kN/m}^3$
（深度方向に一定値とする）
$\gamma_w = 9.8\,\text{kN/m}^3$

図 9.29 例題9.5の図

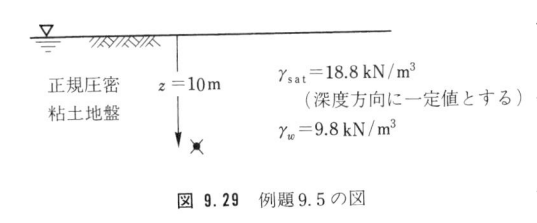

表 9.7 UU テストの結果

試料番号	ステップ①		ステップ②	
	σ_c	Δu_1	$\Delta \sigma_{vf}$	Δu_2
①	90	0	90	45
②	270	180	90	45
③	180	90	90	45

（単位：kPa）

（解）　試料の破壊時の σ_3, σ_1, σ_3', σ_1' の値は表9.8に示すとおりとなり，この結果を図示すると，図9.30のようになる．

表 9.8　試料破壊時の σ_3, σ_1, u, σ_3', σ_1' の値

試料番号	σ_{3f}	σ_{1f}	u_f ($=\Delta u_1 + \Delta u_2$)	σ_{3f}'	σ_{1f}'
①	90	180	45	45	135
②	270	360	225	45	135
③	180	270	135	45	135

（単位：kPa）

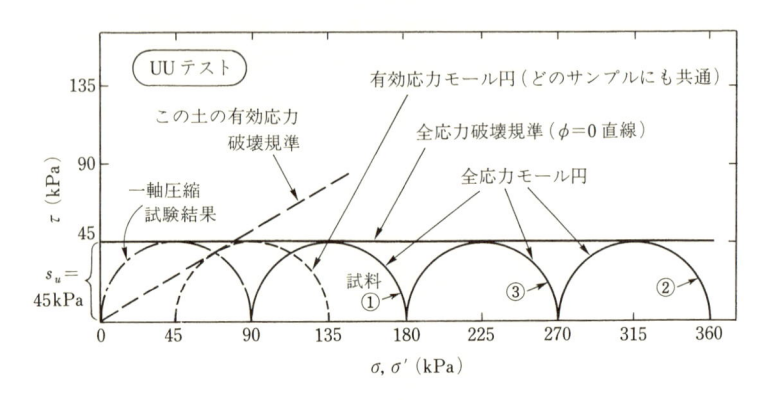

図 9.30　例題9.5の解

なお，この1つの有効応力モール円は，この土試料の有効応力破壊基準線に接する円となることが，これまでの研究により明らかとなっている．

以上のUUテスト結果を要約すると

① 拘束応力 σ_c を変化させても非圧密非排水条件下では，土のせん断強さは変化せず一定値を示す．⇒この一定値のせん断強さを，その土の「非排水せん断強さ」といい，記号 s_u で表示する．

② UU条件下では，破壊規準線は水平な直線となり，全応力せん断抵抗角：ϕ は $0°$ となる．すなわち，全応力が変化しても土のせん断強さは変化しない．このような条件下で土が挙動する場合を $\phi=0$ コンディションと表現することもある．

9.6 土のせん断強さ―三軸圧縮試験をもとに―

③ 一軸圧縮試験も UU テストの1つである（説明は後述）．

④ 上記の結果より，非排水せん断強さ s_u を定義すると，「ある状態の土を（ある応力条件下で平衡状態にある土を），非圧密非排水条件でせん断したときに，その土が発揮する最大せん断強さ」であると表現できる．

身近な例で示せば，寒天ゼリーを作るときに，寒天の含有量を多くすれば比較的硬質な寒天ゼリーができるが，寒天量が少ないと軟らかい寒天ゼリーができる．この寒天ゼリーの硬さ・軟らかさを表示する方法が土に対して用いる非排水せん断強さ s_u に近いといってもよい．土の場合には，寒天の含有量の代わりに，その土が UU 条件でせん断される前に，その土がどのような有効応力下で平衡状態にあったかが非排水せん断強さを左右すると考えてよい．UU 条件でせん断する前の有効応力 σ' の大きな土試料の s_u は，同じ土で，せん断前の有効応力 σ' が小さい土の s_u に比して大きな s_u 値を示すわけである．有効応力 σ' の大きさは寒天ゼリーを作るときの寒天含有量に対応する効果を土に対して示すといってもよい．

このようにある土の非排水せん断強さ s_u の値は，非排水せん断前の有効応力 σ' に比例することから，s_u/σ' の値を土ごとに定めることが可能となる．このようにして土ごとに定められた値を「s_u/σ'（値）」，あるいは σ' は圧密圧力 p に対応することから「s_u/p（値）」と呼び，これを**強度増加率**ということもある．すなわち，非排水せん断前の有効応力に対し，どのような比率で s_u の値が定まるかを示す指数である．この s_u/σ' 値は，特定の土に対して一定値を示し，土が異なると異なった値を示す．通常の正規圧密粘土では，s_u/σ' の値は 0.2～0.5 の範囲をとるものが多い．

s_u/σ' の値を求める方法の最も代表的なものが CU テストである．せん断前の圧密応力 σ_c に対して，非排水せん断強さをプロットし，その勾配を求めることにより s_u/σ' の値が得られる．

例題 9.3 の結果をもとに s_u/σ' を求めると，図 9.31 のとおりとなり，s_u/σ' の値は 0.4 と求められる．ただし，この場合は等方応力 σ_c により圧密し，三軸圧縮試験により，s_u を求めた結果であり，これが最も一般的に用いられる s_u/σ' の値であるが，自然粘土は鉛直方向有効応力 σ_v' が水平方向有効応力 σ_h' より大きい場合が多く（K_0 条件下にある），したがって σ' の代わりに σ_v' を用

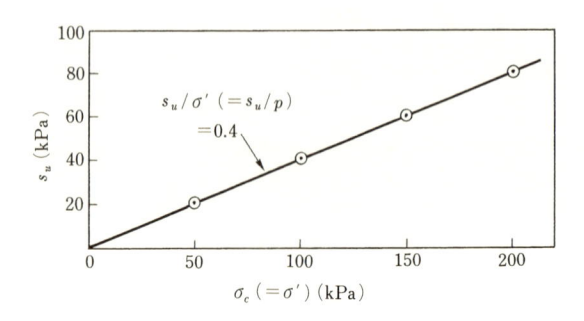

図 9.31 例題9.3の結果による $s_u/\sigma_c = s_u/\sigma'$ のプロット

いて，s_u/σ_v' によって強度増加率を示すケースもある．自然地盤の有効応力と非排水せん断強さとの関係という観点からは，s_u/σ_v' の値の方が実際のプロジェクトへの適用性が広いともいえる(次項E参照)．

ここで前述した一軸圧縮試験を，例題9.5で示した深度10mより採取した不撹乱試料に対して実施するとどういう結果になるかを調べてみよう．一軸圧縮試験を実施したところ，一軸圧縮強さ q_u は 90 kPa となった．この試料の破壊時の応力状態は，側圧がゼロだから $\sigma_3 = 0$ で $\sigma_1 = 90$ kPa である．これを前記の図9.30に示すと，一点鎖線で描いたモール円となる．

一軸圧縮試験は，透水性の低い粘性土に対し，比較的早い軸ひずみ速度で圧縮せん断を行う試験であるから，粘土にとってはUUテストを実施されたことになる．この試料の有効応力も，他のサンプルと同様に点線で示されたモール円の状態になっているのであろうか ($\sigma_3' = 45$ kPa, $\sigma_1' = 135$ kPa)．答はYesである．この試料の応力状態は以下のように説明できる．

試料採取前の地盤中では，この土要素は厚さ10m分の土の水中重量に相当する有効応力：90 kPa ($9 \text{kN/m}^3 \times 10 \text{m}$) のもとで平衡状態にあった（注：議論を容易にするために $\sigma_v' = \sigma_h'$ と仮定している）．これを地上に取り出し一軸圧縮試験用に試料を整形すると，試料の拘束圧はゼロとなり，土試料は膨張しようとする．しかし2章で説明したとおり，試料の表面部分には「サクション」が作用して膨張しようとする土に抵抗することとなり，土はほとんど膨張せず，内部は地盤中にあったときと同じ有効応力が保持された状態に保たれていることになる．つまり，サクションによる負圧：s が作用することにより

$$\sigma' = 全応力〔ゼロ〕- s〔負の値〕= \sigma'_v$$

が保持された状態で非排水せん断が行われたことになるのである．

以上の説明により，次式で s_u を定めることができる．

$$s_u = \frac{1}{2} q_u \tag{9.14}$$

ここに，s_u：非排水せん断強さ（kPa），q_u：一軸圧縮強さ（kPa）

ただし，一軸圧縮試験には，いくつかの問題点が指摘されている．それらは

① 土試料採取作業に伴う撹乱の影響が，一軸圧縮試験結果には強く出ることがある．

② 深度が大きな(有効応力が大きな)土に対しては，サクション力で拘束圧減少の影響を 100% 補完することが難しい．

したがって，一軸圧縮試験のみで，その土の s_u を定めることは極力避けるべきと判断される．一軸圧縮試験は，日本およびアメリカで比較的多く利用されてきたが，ヨーロッパの研究者の中には，一軸圧縮試験（英語でUnconfined Compression Test という）を「不確実な信頼性の低い圧縮試験（Unconfirmed Compression Test)」と冗談まじりにいって，粘土のせん断強さを知るための試験とは考えないと明言する人も少なくなく，試験の簡便さの裏に試験結果に対する信頼性に疑問点のあることは認識しておいた方がよい．

E　K_0 圧密非排水三軸試験（CK_0U テスト）

CD テスト，CU テスト，UU テストと代表的な三軸圧縮試験の説明を行ったが，これらのテストは，いずれもステップ①の段階で等方応力 σ_c を試料に与えた後，ステップ②でせん断するテストである．

しかし，自然に堆積し地盤中で平衡状態にある土は，鉛直方向有効応力 σ'_v と水平方向有効応力 σ'_h が等しくなく，通常は $\sigma'_v > \sigma'_h$ の状態の土が多い．自然地盤は，その上にさらに堆積が進んでも鉛直方向にはひずみを起こす（沈下する）が，水平方向には変形せず水平ひずみ ε_h はゼロである．このように水平方向ひずみ ε_h がゼロの条件下にある土を「K_0 条件下の土」と呼び，その状態での σ'_h と σ'_v の比を静止土圧係数 K_0 で表し

$$K_0 = \frac{\sigma_h'}{\sigma_v'} \quad (9.15)$$

なる式で示す（K_0については11章でさらに議論する）．

このように，自然地盤が通常 $\sigma_v' \neq \sigma_h'$ の状態にあるのであるから，その強さを調べる試験も K_0 条件からスタートする方が現実の土の挙動に近い．このような考えから，実施されるようになった試験が「K_0 圧密非排水三軸試験」である．この試験は，CK_0U テストと略記される．すなわち，圧密（C）を K_0 条件で行い，その後，非排水条件（U）でせん断するという意味である（注：日本地盤工学会の基準では K_0CU テストなる略記法を採用しているが，本書では国際的に用いられている略記法を採用した）．なお，同様な考え方により，等方圧密非排水せん断試験は CIU テストと略記される．これは圧密を等方応力（isotropic stress）下で行った後，非排水条件下でせん断するという意味となる．

図9.32に CK_0U テストのステップ①，ステップ②の外力の加え方と，試料の全応力 σ，間隙水圧 u，有効応力 σ' を図示した．なお，CK_0U テストの装置は，通常の三軸圧縮試験装置を改良し，ステップ①においてセル圧と異なる鉛直方向応力が試料に加えられるように工夫されている．

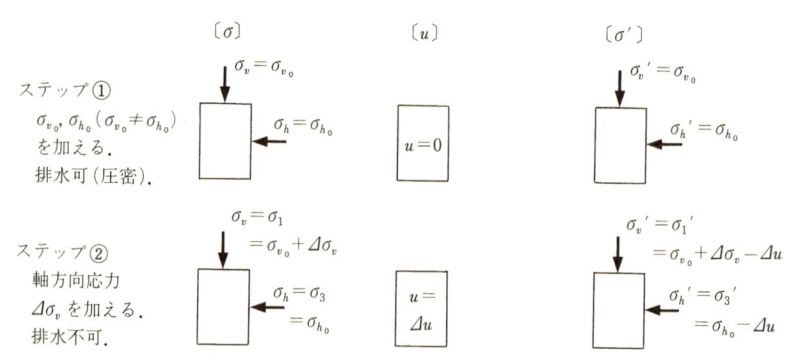

図 9.32 K_0 圧密非排水三軸圧縮試験（CK_0U テスト）における σ, u, σ'

F 三軸伸張試験（CK_0UE テスト）

図9.33（a）および（b）に示すように，土要素は鉛直方向に圧縮ひずみでは

9.6 土のせん断強さ—三軸圧縮試験をもとに—

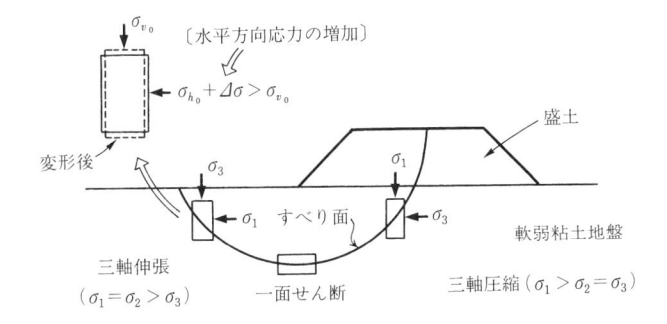

(a) 盛土された地盤の盛土外部の土要素

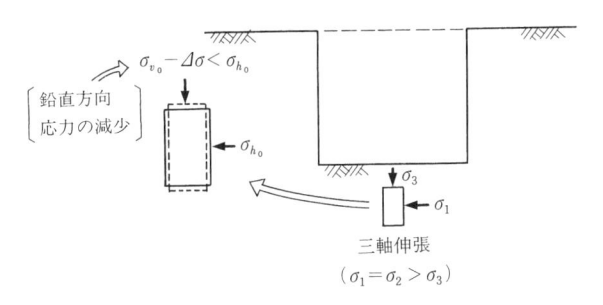

(b) 地盤掘削時の掘削底面下の土要素

図 9.33 三軸伸張状態となる土要素の例

なく伸びひずみを生じるような外力変化を受ける場合がある．このような変形を実験室で再現する試験法が「三軸伸張試験」と呼ばれる試験法である．引張試験といわずに伸張試験と呼ぶ理由は，「土試料には軸方向（鉛直方向）に伸びひずみが生じるが，その過程での鉛直方向応力 σ_v の値はつねに圧縮応力であり，単純な引張試験ではない」ことによる．それは，土は引張強さがほぼゼロであるため，土に引張応力を作用させるような場面は通常あり得ないことによる．なお，三軸伸張試験は通常 K_0 圧密を行った後にせん断する方法で行われるために，「K_0 圧密非排水三軸伸張試験」と呼ばれ，CK_0UE テストと略称される（日本地盤工学会基準では K_0CUE と略称している）．記号の最後の E は Extension（伸張）を意味している．ちなみに K_0 圧密非排水三軸圧縮試

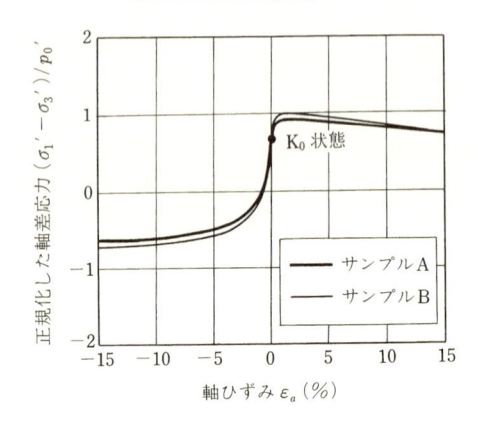

図 9.34 三軸圧縮・伸張試験結果

は「CK_0UC テスト」と略称される.

三軸伸張試験結果の代表例を図9.34に示した. この図に示されるように, 三軸伸張試験結果を三軸圧縮試験結果と比較すると, 以下のような特徴が見られる.

① 伸張試験でのピーク強度は圧縮試験におけるピーク強度に比べると低い値となる.

② 通常の粘土では, 圧縮試験におけるピーク強度が軸ひずみ2%〜5%で生じるのに対し, 伸張試験におけるピーク強度は軸ひずみ15%までの間で発生せず, 軸ひずみ15%に対応する強度を伸張強度と定めるケースが多い.

この2点は, 実構造物に対応する地盤の挙動を検討する上で大変重要な影響を与えるため, 最近伸張試験が注目されるようになってきている. 図9.35は, 関西国際空港建設地点での三軸圧縮強さ $s_u(C)$, 三軸伸張強さ $s_u(E)$, および三軸圧縮強さが発揮された軸ひずみと同じ軸ひずみ時の三軸伸張強さ $s_u(E_\varepsilon)$, を深度方向にプロットしたものである. 特に $s_u(E_\varepsilon)$ は $s_u(E)$ よりさらに小さな値となるケースが多いことに留意する必要がある. たとえば, 図9.33(a)のような場合には, すべり面に沿った土要素の破壊時のひずみレベルはほぼ等しくなるので, すべりに対する安定解析において伸張ゾーンでは $s_u(E)$ ではなく $s_u(E_\varepsilon)$ を用いる必要がある.

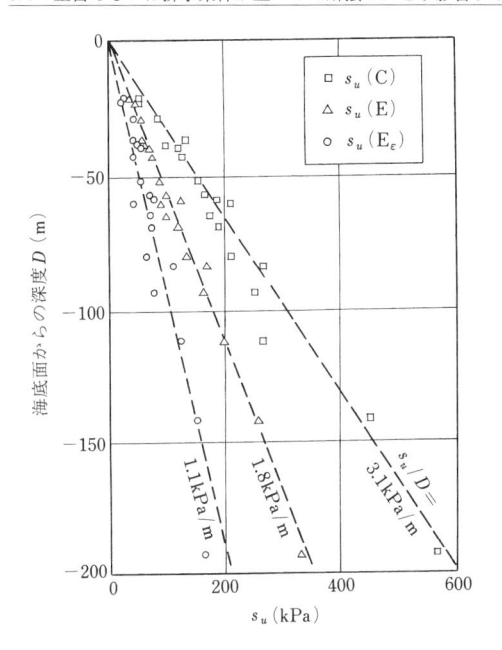

図 9.35 三軸圧縮強さ $s_u(\mathrm{C})$ と三軸伸張強さ $s_u(\mathrm{E})$ の比較

9.7 圧密あるいは排水条件が土のせん断強さにどう影響するか（具体的プロジェクトへの適用に際して）

土のせん断試験は基本的に CD テスト，CU テスト（CK_0U テストを含む），UU テストの 3 種類に分けられることを前節（9.6）で説明した．この 3 種類のテストはせん断前に土試料を圧密するか否か，そして，次にせん断時に土試料からの排水を許すか否かの違いによるのであるが，その違いは，具体的な建設プロジェクトへの適用に際してどのような影響をもつのであろうか．以下に具体的建設プロジェクトとして，軟弱粘土地盤上に盛土を施工する場合を例に取り説明する．

図 9.36 の (a)～(c) に示すように，盛土を施工する方法には大きく 3 通りの方法が考えられる．(a) に示す方法は，盛土を最終高さまで一度に施工する方法である．もちろん，ある高さの盛土を施工するには 1～2 週間はかかるが，

```
(a) 急速盛土        (b) 段階盛土        (c) 緩速施工
    (瞬間載荷)         (段階載荷)         (緩速載荷)
〔一度に全盛土を施工〕                    〔ゆっくりと施工する〕
```

```
        盛 土              二次盛土
                           一次盛土         粘土地盤
```

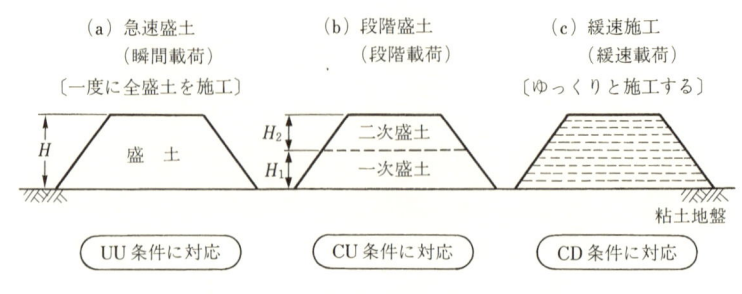

UU条件に対応　　　CU条件に対応　　　CD条件に対応

図 9.36 せん断試験の種類と施工条件との関係

透水性の低い粘土地盤にとっては，1～2週間という期間では盛土荷重によって発生した過剰間隙水はほとんど排水されないので実質的には"瞬間載荷"と考えられる．したがって，このような施工方法が採用されるときのすべり破壊に対する安全性の検討には**UUテスト結果を用いる**べきであるということになる．つまり，粘土地盤は，盛土荷重による圧密が進行する時間のない状況で（非圧密条件のもとで）予定高さの盛土を支えなければならないからである．

　(b)図に示す方法は，段階盛土と呼ばれる施工法である．高さHを一度に施工すると，盛土荷重により粘土地盤がすべり破壊を起こすことが予想される場合に採用される．すなわち，十分に安全と判断される高さH_1の盛土（一次盛土）を施工し，その盛土荷重により盛土下の粘土地盤の圧密が終了するのを待つのである．盛土下の粘土地盤は一次盛土荷重による圧密が進行し強度が上がる．その後に，高さH_2の二次盛土を施工し所定の高さの盛土を完成させるわけである．一次盛土による圧密の進行が粘土地盤の強度を向上させ，一次盛土プラス二次盛土の荷重を安全に支えることができるようになるのである．この施工法を「段階盛土」あるいは「段階載荷」といい，この施工法に対応する試験法がCUテスト（あるいはCK_0Uテスト）である．CUテストのステップ①の圧密を第一次盛土に対応した応力下で行い，ステップ②のせん断は非排水条件下で行って二次盛土に対する安全性の検討を行えばよい．

　では，(c)図に示す「緩速施工」と呼ばれる方法はどんな施工法であろうか．盛土の施工をたとえば1ヶ月当たり高さ10cmというように，きわめてゆっくりした速度で行う方法である．載荷がきわめて緩速なので，粘土地盤は，増加応力に対する圧密が十分に進み，かつせん断も応力増加がゆっくりなので，

粘土にとっては排水条件下で載荷されることになる．したがって(c)図の「緩速施工（載荷）」の場合にはCDテスト条件が対応する．

　プロジェクトの調査・設計時点で，施工計画や施工条件がどのような内容であるかを考え，それに対応した試験を実施することが必要であり，かつ，施工条件が粘土地盤にとってどのような試験方法に対応するかを，しっかりと判断する必要がある．なお，図9.36(a)の急速施工と(c)図の緩速施工の盛土速度は，①粘土の透水係数，②排水条件（H_Dの値），に大きく左右され，具体的条件に対応した施工速度を選定する必要がある（とくに緩速施工の場合）．このような点から見ると，7章で説明した圧密促進工法は，圧密沈下を早く終了させる目的の他に，粘土の強度増加を早める効果も期待できるわけである．

　以上，盛土工事を例にとり説明したが，粘土地盤への載荷あるいは除荷を行う場合には，ほとんどすべてのケースで，施工条件（載荷・除荷の条件）とそのための土質試験の条件との対応を考慮することが必要であり，これを誤ると，破壊しない予定の構造物が地盤破壊により壊れたり，逆に安全過ぎる設計により余計な建設費を使うという無駄を行ったりということになる．

9.8　土のせん断強さを支配する要素

　9章では，土のせん断強さを粘性土を中心に議論してきたが，それらを「土のせん断強さを支配する要素」として以下に箇条書きで主要項目ごとに整理しておきたい．

(1)　土の種類

　土には，軟弱粘土，硬質粘土，砂質土，…と多くの種類があるが，その土の種類が特定されると（たとえば東京低地に広く分布する「有楽町層」と呼ばれる粘土層などと），その土に対応する破壊規準が定まり，c, ϕ, c', ϕ'が定まる．

(2)　せん断前の有効応力

　せん断前の土要素の有効応力（および応力履歴）はその土要素のせん断強さに大きく影響する．$s_u/\sigma'(s_u/p)$に代表されるように，同一の土でもせん断前の有効応力が異なれば非排水せん断強さは変化する．なお，2行上の括弧内に

応力履歴という言葉を加えたが，現在のσ_v'より大きな応力で過去に圧密された履歴をもつ土（過圧密粘土）の場合には，現在のσ_v'でなく過去に受けた最大有効応力がs_uに大きく影響する．

（3） せん断中の排水条件

せん断が排水条件下で行われるか，非排水条件下で行われるかで，同一の土で，かつせん断前の有効応力が同じでもせん断強さは変化する．

以上の3要素の他にも土のせん断強さに影響する要素はあるが，この3要素が影響度の大きさからいえば，最重要要素である．

9.9 間隙水圧係数 B および $\bar{A}$

スケンプトン（Skempton：1954）[4]は非排水条件下での土試料の間隙水圧変化を

$$\varDelta u = B[\varDelta\sigma_3 + A(\varDelta\sigma_1 - \varDelta\sigma_3)] \tag{9.16}$$

なる式で表現し，間隙水圧係数 B および A を定義した．式（9.16）を変形すると

$$\varDelta u = B\varDelta\sigma_3 + A\cdot B(\varDelta\sigma_1 - \varDelta\sigma_3) \tag{9.17}$$

となる．この式を三軸圧縮試験（ステップ①で等方応力 σ_c を与え，ステップ②で $\varDelta\sigma_v$ を与える）に対応した式として示すと

$$\varDelta u = B\varDelta\sigma_c + A\cdot B\varDelta\sigma_v \tag{9.18}$$

［注：$\varDelta\sigma_1 - \varDelta\sigma_3 = (\varDelta\sigma_c + \varDelta\sigma_v) - \varDelta\sigma_c = \varDelta\sigma_v$］

となる．ここで，$A\cdot B$ を $\bar{A}$ なる係数で表示すると式（9.18）は

$$\varDelta u = B\varDelta\sigma_c + \bar{A}\varDelta\sigma_v \tag{9.19}$$

となる．これを三軸試験のステップ①とステップ②に分けて考えると，ステップ①では

$$\varDelta u = B\varDelta\sigma_c \;\Rightarrow\; B = \frac{\varDelta u}{\varDelta\sigma_c} \tag{9.20}$$

となり，間隙水圧係数 B は，土試料に非排水条件で等方応力を与えたときの間隙水圧の変化割合を示す係数であるということになる．

間隙水圧係数 B の値は，等方圧縮応力に対する土の骨格構造の圧縮率 κ_{sk} と

間隙水の圧縮率 κ_w の比によって決まる．なお，物質の圧縮率 κ は

$$\varDelta V = \kappa V \varDelta p \tag{9.21}$$

なる式で定義され，ある大きさの等方圧縮応力が加えられたときに，その物質の体積がどれだけの割合で変化するかを示す係数である．水の圧縮率 κ_w の値は，1気圧・20℃のもとで $4.5 \times 10^{-10} \mathrm{Pa}^{-1}$ であり，粘性土の κ_{sk} は $(1 \sim 5) \times 10^{-7} \mathrm{Pa}^{-1}$ 程度の値が実測されている．つまり，$\kappa_w \fallingdotseq 1 \times 10^{-3} \kappa_{sk}$ である．水で飽和した粘土試料に等方応力を与えると，土の骨格構造と間隙水が κ の比に応じて，等方応力を負担することになるが，$\varDelta \sigma_c = 1.0 \mathrm{kPa}$ を土試料に与えると，間隙水圧変化 $\varDelta u$ と有効応力（土の骨格構造が受け持つ力）の変化 $\varDelta \sigma'$ の値は，7章 7.1 で説明した考え方とほぼ同様の方法により

$$\frac{\varDelta u}{\varDelta \sigma_c} = \frac{100 \kappa_{sk}}{n \kappa_w + 100 \kappa_{sk}} = \frac{1}{1 + \dfrac{n}{100}\left(\dfrac{\kappa_w}{\kappa_{sk}}\right)} \tag{9.22}$$

となる．式（9.22）に，$\kappa_w = 1 \times 10^{-3} \kappa_{sk}$，粘土の代表的間隙率として $n = 70\%$ を代入すると

$$B = \frac{\varDelta u}{\varDelta \sigma_c} = \frac{1}{1 + 0.7 \times 10^{-3}} = \frac{1}{1.0007} = 0.9993 \fallingdotseq 1.0$$

となり，$\varDelta \sigma_c$ のほぼ 100% が間隙水圧の増加により負担されることになり，B の値は 1.0 となる．

このように，土の骨格構造の圧縮率は，間隙水の圧縮率より約1000倍も大きいことにより，非排水条件で等方応力 $\varDelta \sigma_c$ を飽和土に与えると $\varDelta u \fallingdotseq \varDelta \sigma_c$ となり，$B \fallingdotseq 1.0$ となる．これは，粘土の圧密（7章）で説明したことと同じ意味をもつ．

間隙水圧係数 B（B 係数）はこのような性質をもっているため，土試料の間隙が水 100% で飽和されているか否か（$S_r = 100\%$ か）のチェックにも利用される．たとえば $\overline{\mathrm{CU}}$ テストを実施する場合には，$S_r \fallingdotseq 100\%$ の条件が不可欠なため，試験基準では $\overline{\mathrm{CU}}$ テストを行う前に B 係数を測定し $B \geqq 0.95$ であることを確認することが必要とされている．

[例題 9.6] 不飽和土（$S_r < 100\%$）の B 値を，空気の圧縮率 $\kappa_a = 10^4 \kappa_w$ とし，κ_{sk} お

よび n は上記のとおりとして（$\kappa_w = 1 \times 10^{-3} \kappa_{sk}$, $n=70\%$），$S_r=50\%$ の土の B 値を求めよ．

（解）

$$\Delta V_w = V_w \kappa_w \Delta u = \frac{n}{100} \cdot \frac{S_r}{100} V \kappa_w \Delta u$$

$$\Delta V_a = V_a \kappa_a \Delta u = \frac{n}{100} \cdot \frac{100-S_r}{100} V \kappa_a \Delta u$$

（注：$\Delta a = \Delta u$ である）

$$\Delta V_{sk} = V \kappa_{sk} \Delta \sigma'$$

（注：土の骨格構造は土の体積全体に広がっている）

ここで $\Delta V_{sk} = \Delta V_w + \Delta V_a$ だから，上記3式より

$$V \kappa_{sk} \Delta \sigma' = \frac{n}{100} V \Delta u \left(\frac{S_r}{100} \kappa_w + \frac{100-S_r}{100} \kappa_a \right)$$

$\Delta \sigma' = (\Delta \sigma_c - \Delta u)$ だから，これを上式に代入し変形すると

$$B = \frac{\Delta u}{\Delta \sigma_c} = \frac{1}{1 + \dfrac{n}{100} \dfrac{S_r \kappa_w + (100-S_r) \kappa_a}{100 \kappa_{sk}}}$$

これに問題で与えられた条件を入れると

$$B = \frac{1}{1 + 0.7 \dfrac{50 \kappa_w + 50 \times 10^4 \kappa_w}{100 \times 10^3 \kappa_w}} = \frac{1}{1 + 0.7 \dfrac{5.0005 \times 10^5}{1 \times 10^5}} = \frac{1}{1 + 0.7 \times 5.0005} = 0.22$$

以上のとおり B の値は 0.22 となり，不飽和土では B の値が 1.0 とならない．

次に，式 (9.19) を三軸試験のステップ②に当てはめると，$\Delta \sigma_c = 0$ であるから

$$\Delta u = \bar{A} \Delta \sigma_v \Rightarrow \bar{A} = \frac{\Delta u}{\Delta \sigma_v} \tag{9.23}$$

となる．すなわち，間隙水圧係数 $\bar{A}$ は，土試料に非排水条件で軸方向応力を $\Delta \sigma_v$ だけ増加させたときの間隙水圧変化 Δu の $\Delta \sigma_v$ に対する割合を示す係数である．図 9.37 (a) に「正規圧密軟弱粘土・緩い砂」，図 9.37 (b) に「硬質粘土・密な砂」の $\bar{A}$ 係数の値の代表例を図示した．この結果は図 9.25 に対応するもので，(a) においては $\bar{A}$ は正の値を示すのに対し，(b) においては $\bar{A}$ は

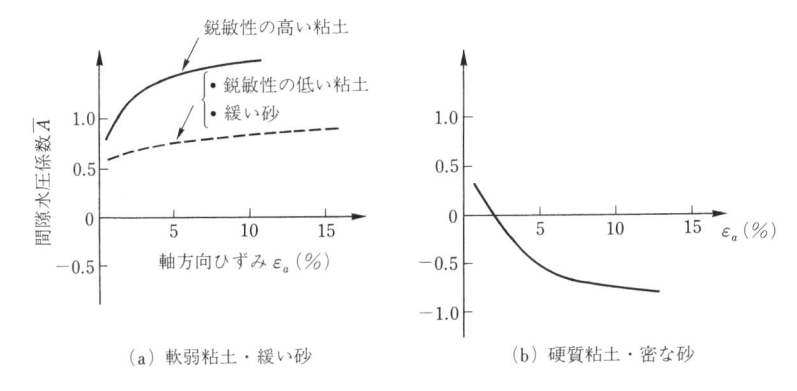

図 9.37　間隙水圧係数 $\bar{A}$ の軸ひずみに対する変化

負の値を示すことになる．これは $\overline{\mathrm{CU}}$ テストのところで説明したとおり，せん断変形に対し正のダイレイタンシー（体積膨張）を示す土は $\bar{A}$ の値が負となり，逆に負のダイレイタンシー（体積縮小）を示す土は $\bar{A}$ の値が正となる．

9.10　応 力 経 路

CD テストの例題 9.2 (2) で示したように，土試料に加わる外力の変化に応じて，土試料の応力は連続的に変化していく．この様子をモールの円で示すと，図 9.23 に示すように 1 つの CD テストでもたくさんのモール円が必要になる．しかし，この多くのモール円は，その頂点の位置を示せば画くことができる．

したがって，たくさんのモール円を画く代わりに，モール円の頂点の移動状況を直線あるいは曲線で示せば，土試料が経由した応力変化を 1 つの線で示すことができる．このような発想から工夫されたのが「応力経路：ストレスパス (stress path)」である．

A　p–q 図，p'–q 図

上記説明で述べたモールの円の頂点の値は，$\sigma=(\sigma_1+\sigma_3)/2$，$\tau=(\sigma_1-\sigma_3)/2$ である．したがって，この頂点の軌跡を示すには

横座標を $p=(\sigma_1+\sigma_3)/2$，縦座標を $q=(\sigma_1-\sigma_3)/2$

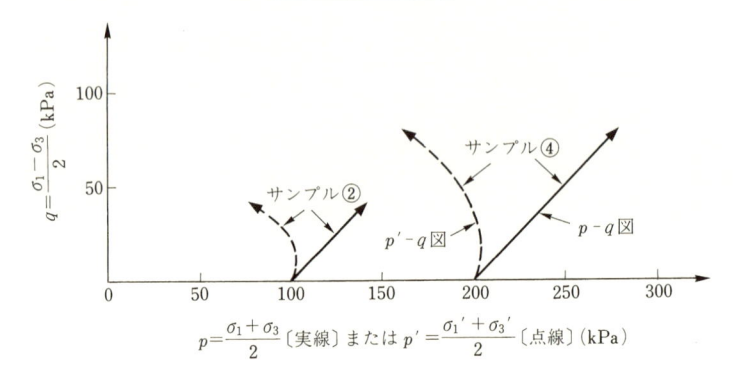

図 9.38 p-q 図および p'-q 図

として表現すればよい．このような方法で，全応力の変化経路を示したものを「p-q 図」と呼ぶ．また，有効応力モール円に対しては $p'=(\sigma_1'+\sigma_3')/2$, $q'=(\sigma_1'-\sigma_3')/2$ とすればよいが，$q'=[(\sigma_1-u)-(\sigma_3-u)]/2=q$ となるので，有効応力に対する表現法は「p'-q 図」となる．図 9.38 は例題 9.3 のサンプル②およびサンプル④に対する $\overline{CU}$ テストの経過を連続的に計測し p-q 図および p'-q 図として図示したものである．図 9.38 に示されるように，応力経路は直線ばかりではなく曲線になる場合も少なくない．また応力経路は応力変化の過程がわかるように矢印をつけて表示する必要がある．

B　σ_m-q 図および σ_m'-q 図

上述の p-q 図，p'-q 図は σ_1, σ_3 に注目したモール円の頂点に対応した応力経路図であり，必要があれば直ちに対応するモール円が画けるという利点がある．しかし，中間主応力 σ_2 を無視した表現になっている．σ_2 の変化も含めて，土要素の応力変化を示す方法が σ_m-q 図および σ_m'-q 図である．すなわち全応力に対しては

　　横座標を　$\sigma_m=(\sigma_1+\sigma_2+\sigma_3)/3$，縦座標を　$q=(\sigma_1-\sigma_3)/2$

と表示し，有効応力に対しては

　　横座標を　$\sigma_m'=(\sigma_1'+\sigma_2'+\sigma_3')/3$，縦座標を　$q=(\sigma_1-\sigma_3)/2$

として表示すればよい．なお σ_m を平均主応力，σ_m' を平均有効主応力と呼ぶ．なお，この σ_m を用いた応力径路においては，縦座標を軸差応力 $(\sigma_1-\sigma_3)$ と

9.10 応力経路

$$\sigma_m = \frac{\sigma_1+\sigma_2+\sigma_3}{3} = \frac{\sigma_1+2\sigma_c}{3} \text{ または } \sigma_m' = \frac{\sigma_1'+\sigma_2'+\sigma_3'}{3} = \frac{\sigma_1'+2\sigma_c'}{3}$$
〔実線〕〔点線〕

図 9.39 σ_m-q 図および σ_m'-q 図

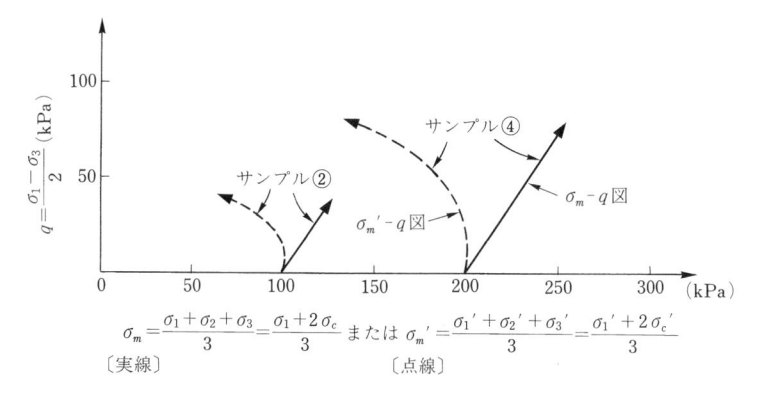

して表示する方法を採用することもある．

図 9.39 は例題 9.3 のサンプル②およびサンプル④に対する $\overline{\mathrm{CU}}$ テスト経過を σ_m-q 図および σ_m'-q 図に図示したものである．

C その他の応力経路

土要素の応力変化を応力経路として示す方法は上述の A および B 項に示したものが最も代表的なものであるが，以下に列記するように，その他にもいくつかの手法が利用されている．

① σ_v-σ_h 図，σ_v'-σ_h' 図
② $p=(\sigma_v+\sigma_h)/2$, $q=(\sigma_v-\sigma_h)/2$ と定義した p-q 図
   $p'=(\sigma_v'+\sigma_h')/2$, $q=(\sigma_v-\sigma_h)/2$ と定義した p'-q 図
③ 応力と他のパラメーターとを組み合わせた表現法
　・e-$\log p(\sigma_v')$ 図（圧密試験結果の代表的表現法：7 章参照）
　・p-q-e 図（3次元表現となる）
　・p'-q-e 図（3次元表現となる）
　・e-$\log \sigma'$-$\log t$ 図（t：時間）（3次元表現となる）

9.11　砂質土のせん断強さ

9.6節から9.9節までは，粘性土を主対象として，そのせん断挙動およびせん断強さについて議論した．この内容は，ほぼすべて砂質土にも適用できるのであるが，砂質土のせん断挙動およびせん断強さはもう少し単純化して考えることが可能である．それは砂質土は粘性土に比して透水性が高いため，「砂質土はほとんどの場合に圧密排水条件（CD条件）下で挙動する」からである．ただし，その例外が砂質土の液状化現象で，これは次章（10章）で議論する．

さらに砂質土は粘着力成分が小さく，とくに乾燥状態あるいは $S_r=100\%$ の飽和状態では，毛管水圧による見かけの粘着力がなくなるので，せん断抵抗角 ϕ' が砂質土のせん断強さを大きく支配することになる．

砂質土のせん断抵抗角に影響する主な要素を列記すると

① 粒形（丸い粒子が多いか，角ばった粒子が多いか）
② 粒径分布（粒径分布の悪い土［粒径の揃った土］か，粒径分布の良い土か）
③ 密度あるいは初期間隙比（緩い状態か，よく締まった密な状態か）
④ 粒子を構成する鉱物の硬さ（比較的やわらかいか，固いか）
⑤ 粒子表面の粗さ（表面が平滑か，ギザギザか）
⑥ 拘束応力の大きさ（拘束応力が小さいか，大きいか）

などがあげられる．なお，各項目でカッコ内の注記は，前者が ϕ' が小さくな

表 9.9　砂質土の代表的なせん断抵抗角 ϕ' の値[5]

土の種類	粒 形	粒径分布	相対密度	
			緩い状態	密な状態
砂	丸 い	悪い（粒径の揃った土）	27°	34°
	角ばっている	良い（粒径の散らばった土）	33°	45°
砂 礫	——	——	35°	50°
シルト質砂	——	——	27〜33°	30〜34°
シ ル ト	——	——	27〜30°	30〜35°

り，後者が ϕ' を大きくする傾向にある．

以上のような要素を総合的に考慮し，砂質土のせん断抵抗角の値を一覧表として整理したものが，テルツァギ・ペック[5]による表9.9である．

なお表9.9には表現されていないが，砂質土のせん断挙動に関し留意すべき事項を付記すると

(1) 三軸圧縮試験による ϕ' の値は，平面ひずみ条件下でのせん断による ϕ' の値より小さな値となる（体積の増大に対する拘束が，三軸圧縮試験の方が小さい）．
  (注：平面ひずみ条件とは，ひずみがたとえば x–y 方向のみに生じ，xy 平面に直角な z 方向には生じない条件下で起こる場合を示し，具体例としては，帯状基礎や長い盛土の支持力を検討する場合などが平面ひずみ条件となる）．

(2) 限界間隙比 e_{cr} という概念：破壊時の間隙比が初期間隙比 e_0 と等しいときの間隙比を限界間隙比という．
  ・緩い砂は $e_0 > e_{cr}$ であり，せん断の進行とともに体積が減少する．
  ・密な砂は $e_0 < e_{cr}$ であり，せん断の進行とともに体積が増加する．

ただし，e_{cr} は拘束応力の大きさによって変化し，拘束応力が大きくなると同じ土でも e_{cr} の値は小さくなる（拘束応力が大きいと，より密な状態 [e_{cr} が小] でないと体積増加が起こらない）．

[演習問題]

9.1 間隙水圧係数 $B=1.0$, $\overline{A}=0.3$, $s_u/p=0.5$ の飽和粘性土を等方応力 $\sigma_c=100\,\mathrm{kPa}$ で圧密した後，① 非排水条件下で等方応力を $100\,\mathrm{kPa}$ から $200\,\mathrm{kPa}$ に増加した場合の u, σ_1', σ_3' を求めよ．② 上記①の操作後，非排水条件下で σ_1 を増加させると，試料は σ_1 がいくらで破壊するか．また，破壊時の u, σ_1', σ_3' を求めよ．

9.2 比較的均一な自然地盤では s_u は深度 z に比例する場合が多い．① その理由を説明せよ．② 最近埋立て工事が行われた地盤では，上記の関係が得られないケースがある．このような地盤では，s_u と z の間にどのような関係が見られるかをその理由とともに説明せよ．

9.3 土のダイレイタンシー性向は,土の挙動を大きく左右する.その具体例をいくつか列記し,その背景を説明せよ.

9.4 以下を説明せよ. ① 主応力, ② $\overline{\mathrm{CU}}$ テスト, ③ 非排水せん断強さ, ④ $\mathrm{CK_0UE}$ テスト, ⑤ 応力経路

[参 考 文 献]

1) 山口柏樹:弾・塑性力学,森北出版,302pp., 1975
2) 地盤工学会:土質試験の方法と解説,第1回改訂版,第7編,2000
3) 地盤工学会:土質試験(基本と手引き),第1回改訂版,2001
4) Skempton, A. W.: The Pore Pressure Coefficients A and B, Geotechnique, vol. 4, pp. 143〜147, 1954
5) Terzaghi, K. and Peck, R. B.: Soil Mechanics in Engineering Practice (Second Edition), p.107, John Wiley & Sons, 1967

(注) 参考文献2),3)は9章全般に対して参考になる.

10

砂地盤の液状化

地震が起こると，砂地盤が液体状になり，砂地盤上の構造物が倒れたり，液状化した砂地盤が地下水とともに地上に吹き出したりする．1995年の阪神大震災では，ポートアイランドなどで大規模な液状化が起こり，また，1964年の新潟地震では，液状化により鉄筋コンクリート造りの県営アパートビルが転倒した．本章では，このような砂地盤の液状化がどのような原因で発生するのか，そして，液状化の可能性の予測方法および液状化を防止する方法などについて学ぶ．

10.1 砂地盤の液状化とは

砂地盤に「地震動により急激に繰返しせん断応力が作用したり」あるいは「上向きの浸透流が砂地盤に作用したり」すると，砂地盤中の間隙水圧が上昇する．そして，この上昇した間隙水圧が全応力に等しいレベルに達すると，砂粒子相互間の有効応力がゼロになる．有効応力がゼロになると，砂地盤はそのせん断強さを失うことになり，液体状になる．このような現象を砂地盤の液状化という．

この液状化現象を要約すると

$$\boxed{u \text{の上昇}} \rightarrow \boxed{u \fallingdotseq \sigma} \rightarrow \boxed{\sigma' \rightarrow 0} \rightarrow \boxed{\tau_f \rightarrow 0} \rightarrow \boxed{\text{液状化}}$$

というプロセスとなる．

乾燥した砂（あるいは錠剤，穀物など）を入れた容器をたたくと，砂はよりよく詰まって表面が沈下する．しかし，砂地盤が水により飽和している場合に

188   10 章 砂地盤の液状化

(a) 液状化前のゆる詰めの砂．

(b) 液状化した瞬間全粒子が浮遊状態にある．

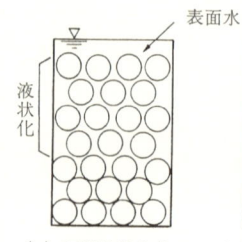

(c) 下部は液状化が終了し，上部では液状化が続いている．

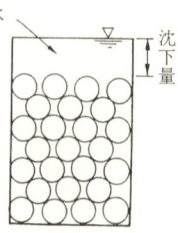

(d) 全層にわたって液状化が終了して，砂は密に詰まっている．

図 10.1 砂の液状化の発生から終了までの過程の模式説明図[1]

(a) 砂地盤上に構造物がしっかり建っている

(b) 上向きの浸透流により液状化して構造物が倒れた

(c) 砂地盤上の構造物，手で押しても沈下しない

(d) 振動を与えると液状化により構造物が沈下・転倒

図 10.2 液状化現象のシミュレーション

は，砂粒子間に介在する水が，砂がより密に詰まろうとするのを妨げるため，間隙水圧が上昇し，砂粒子間の有効応力が減少するのである．このように液状化した砂を「クイックサンド」，液状化した状態を「クイックコンディション」ということもある．

このような砂地盤の液状化の発生から終了までの過程を参考文献1)より引用し図示すると，図10.1のようになる．

また，図10.2(a)〜(d)は，毎年授業で行っている砂の液状化現象のデモンストレーションの写真であり，学生からは「百聞は一見にしかず」でよく理解できますと好評を受けているものである．(a)(b)は上向きの浸透流を作用させた場合であり，(c)(d)は振動を与えたケースの写真である．

10.2　液状化の原因

A　上向きの浸透流による液状化

図10.3のような装置で砂試料中に上向きの浸透流を作用させると，砂粒子には上向きの浸透圧が作用する．この浸透水圧が砂粒子の水中重量に等しくなると，砂粒子は浮遊状態となり，さらに水頭差を大きくすると砂試料は「液状化」する．この状況は，鍋でお湯が煮え立っている状況に似ているのでボイリング（boiling：沸騰しているという意味の英語）と呼ばれることもある．

このような状況を引き起こす動水勾配を限界動水勾配 i_{cr} と呼ぶことは3章（3.5節）で説明した．i_{cr} の値は

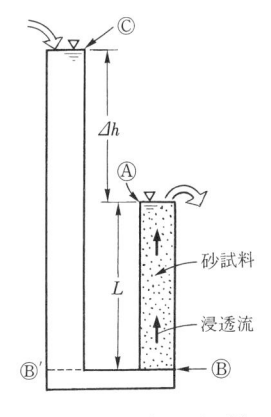

図 10.3　上向きの浸透流

$$i_{cr} = \frac{G_s - 1}{1 + e} \qquad (10.1)$$

ここに　i_{cr}：限界動水勾配，G_s：砂粒子の比重，e：砂試料の間隙比で示される（式 (10.1) は式 (3.15) と同じ）．

すなわち，動水勾配が i_{cr} に達すると砂試料は液状化することになる．このような状況は砂地盤中の掘削工事などで発生する可能性があり，このような場合には安全性を考慮し，動水勾配を i_{cr} の 1/5 以下，一般には 1/8～1/12 程度におさえるのが望ましい．その理由は，掘削底面での液状化（ボイリング）は大事故に直結するからである．

［例題 10.1］ ① $G_s=2.70$，$e=0.60$ の砂試料が液状化するときの i_{cr} の値を求めよ．
② 図 10.3 の A 面が掘削現場の掘削底面と考え，B 面が土留め矢板壁の下端として，掘削底面への透水が図 10.3 のモデルのように発生しているとする．砂の G_s および e は①に示すとおりである．仮に $L=7\mathrm{m}$，$\varDelta h=5\mathrm{m}$ であり，周辺地盤での水頭ロスを無視する（B 面での圧力水頭値が 12 m）と掘削底面のボイリングに対する安全率はいくらか．

（解）
① $i_{cr}=\dfrac{G_s-1}{1+e}=\dfrac{2.70-1}{1+0.6}=1.06$

② A 面：$h=0\mathrm{m}$，B 面：$h=h_e+h_p=-7\mathrm{m}+12\mathrm{m}=5\mathrm{m}$ ∴ $\varDelta h=5\mathrm{m}$

安全率 $F_s=\dfrac{i_{cr}}{i}=\dfrac{1.06}{\varDelta h/L}=1.06/0.714=1.48$

この状況はきわめて危険性が高いと判断される．周辺の地下水位を下げるか，矢板をさらに深く打ち込むかの対応が必要となる（ただし，上記設問は周辺地盤中での水頭ロスが無視されている．より詳細には，B 面での水頭値を求め，A 面での水頭値との差を $\varDelta h$ とする検討が必要である）．

B　繰返しせん断による液状化

水で飽和した比較的緩い砂地盤に，地震動により急激に繰返しせん断応力が作用すると，せん断応力が短時間に急速に繰返し作用するため，比較的透水性の良い砂地盤においても非排水条件下で緩い砂が密になろうとするため，間隙水圧が上昇し液状化現象が発生する．この現象を実験室で再現する試験方法が「繰返し非排水三軸試験」である．この他に「繰返しねじりせん断試験」および「繰返し単純せん断試験」も利用されることがある．本書では，**繰返し非排水三軸試験**を中心に説明することにする．

図 10.4 には，繰返し三軸試験装置を図示した．試験の手順は，ステップ①

10.2 液状化の原因

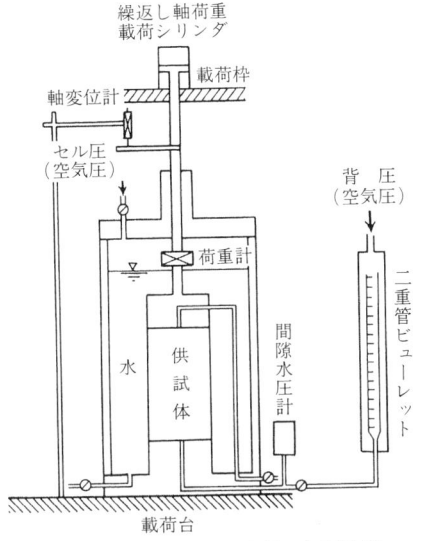

図 10.4 繰返し三軸試験装置の一例[2]
(注:背圧は試料の飽和状態確保のために加える)

で飽和した砂試料に排水条件で等方応力 σ_c を与えて圧縮し,その後ステップ②では非排水条件で軸方向応力を増減させることにより試料に繰返しせん断応力を与える.このステップ①とステップ②の,試料に対する外力条件を図10.5(a)に,また図10.5(b)には試料のステップ②における全応力の変化状況を示した.

繰返し非排水三軸試験結果の代表例を図10.6に示した.繰返し応力が加わるにつれて間隙水圧が上昇し6〜7波目で $\Delta u \fallingdotseq \sigma_c$ となり有効応力がゼロになる状況が示されている.そして,液状化に伴い軸ひずみ ε_a が急激に大きくなっている.これと同様の試験結果を σ_m'-$\Delta \sigma_v$ 図として,応力経路図に示したのが図10.7である.間隙水圧の上昇とともに有効応力が低下して応力経路が左側に移動し,液状化とともに破壊規準線に達していることがわかる.

以上のような液状化試験結果は,図10.8に示すように横軸に繰返し回数 N_c の対数をとり,縦軸に繰返しせん断応力比 $\Delta \sigma_v / 2\sigma_c (= \tau / \sigma_c)$ をとって表示する.そして,通常はその試料の液状化抵抗を,軸ひずみ両振幅 DA が 5% に達す

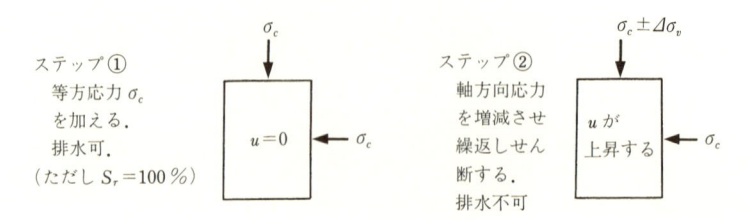

10章　砂地盤の液状化

ステップ①
等方応力 σ_c
を加える．
排水可．
（ただし $S_r=100\%$）

ステップ②
軸方向応力
を増減させ
繰返しせん
断する．
排水不可

u が上昇する

(a) 試料への外力の与え方

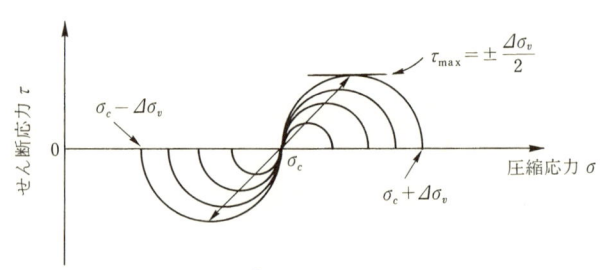

(b) ステップ②における試料の全応力変化

図 10.5　繰返し三軸試験での試料の応力状態

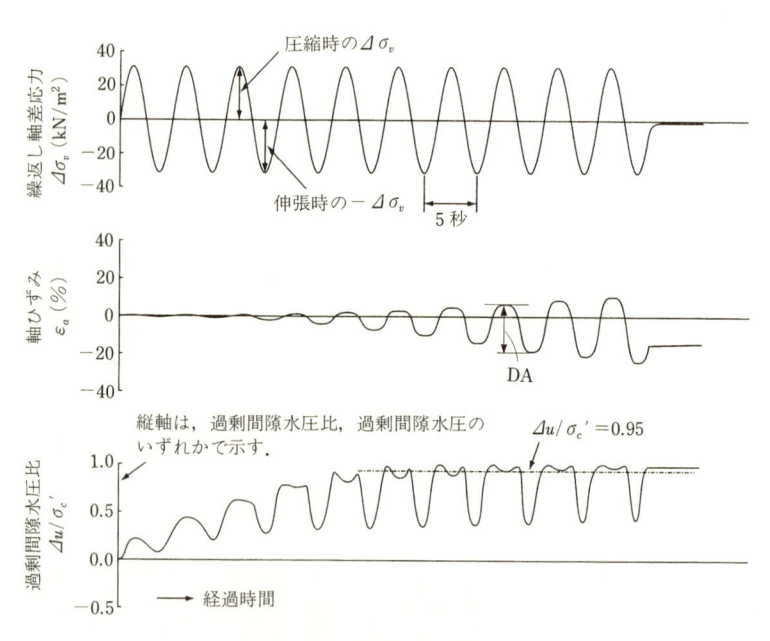

圧縮時の $\Delta\sigma_v$

伸張時の $-\Delta\sigma_v$

5秒

DA

縦軸は，過剰間隙水圧比，過剰間隙水圧の
いずれかで示す．

$\Delta u/\sigma_c' = 0.95$

→ 経過時間

図 10.6　練返し非排水三軸試験結果[2]※

10.2 液状化の原因

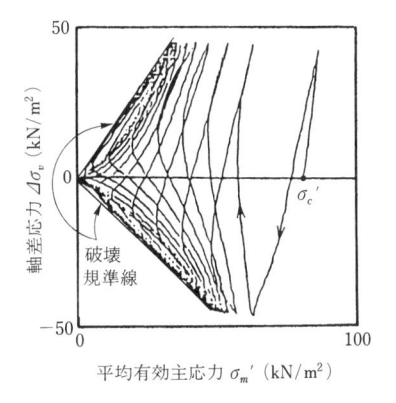

図 10.7 液状化試験の応力経路（σ_m'-$\Delta\sigma_v$ 図）[2]※

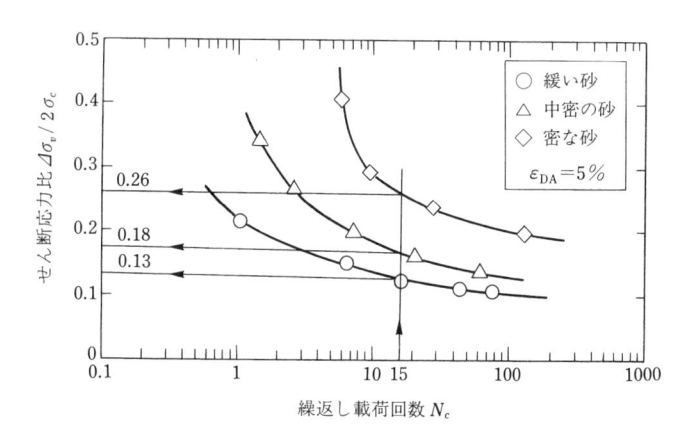

図 10.8 液状化試験結果の表示例

るようなせん断応力比で定義し，さらに繰返し回数 N_c が 15 回のときのせん断応力比で表示する．したがって，図 10.8 に示す結果では，液状化抵抗は緩い砂が 0.13，中密の砂が 0.18，密な砂が 0.26 となる．図 10.8 からわかるように，液状化抵抗の大きい土は曲線が右上に位置し，逆に液状化抵抗の小さい土は曲線が左下に位置することになる．

10.3 砂地盤の液状化に影響する主な要素

砂地盤が液状化しやすいか否かは，いくつかの要素に影響される．その要素の主なものと，それぞれの要素が液状化しやすくなる条件を表 10.1 に示した．

表 10.1 砂地盤の液状化に影響する主要な要素

要　　素	液状化しやすい条件
① 密度（締まり具合）	密度が小（緩い砂）
② 初期有効［粒子間］応力（拘束圧の大小）	有効応力が小さい（深度が浅い）
③ 砂地盤の粒径分布（どんな粒子で構成されているか）	粒径の揃った細粒の砂
④ 細粒分含有率（シルト・粘土分がどの程度含まれているか）	細粒分含有率の低い砂
⑤ 飽和度（砂のすき間が水で満たされているか否か）	・飽和砂 ・地下水面以下の砂地盤
⑥ 地震動の大きさおよび継続時間	大きくて継続時間の長い地震

10.4 液状化判定

現実に存在する砂地盤が液状化する可能性が高いか否かを判定することは実務上，大変重要なことである．その判定法を建築基礎構造設計指針[3]に従い説明する．

液状化の判定を行う必要がある飽和砂質土層は，一般的に地表面から 20 m 程度以浅の沖積層で，考慮すべき土の種類は，細粒分含有率が 35% 以下の土である．細粒土を含む礫や透水性の低い土層に囲まれた礫は液状化の可能性が否定できないので，そのような場合にも液状化の検討を行う．検討のステップは以下のとおりである．

（1）検討地点の地盤内の各深さに発生する検討対象の地震と等価な繰返しせん断応力比を次式から求める．

$$\frac{\tau_d}{\sigma_z'} = r_n \frac{\alpha_{\max}}{g} \frac{\sigma_z}{\sigma_z'} r_d \qquad (10.2)$$

ここに，τ_d：水平面に生じる等価な一定繰返しせん断応力振幅（kPa）
σ_z'：検討深さにおける有効土被り圧（鉛直有効応力）（kPa）
r_n：等価の繰返し回数に関する補正係数で $0.1(M-1)$ とする
M：マグニチュード
$\alpha_{\max}$：地表面における設計用水平加速度（cm/s^2）
g：重力加速度（cm/s^2）
σ_z：検討深さにおける全土被り圧（鉛直全応力）（kPa）
r_d：地盤が剛体でないことによる低減係数で $r_d=(1-0.015z)$ とする

（2） 対象とする深度の補正 N 値（N_a）を，次式から求める．

$$N_a=\sqrt{\frac{98}{\sigma_z'}}\cdot N+\Delta N_f \tag{10.3}$$

ここに，ΔN_f：細粒分含有率 F_c に応じた補正 N 値増分（図 10.9 参照）
N：実測 N 値

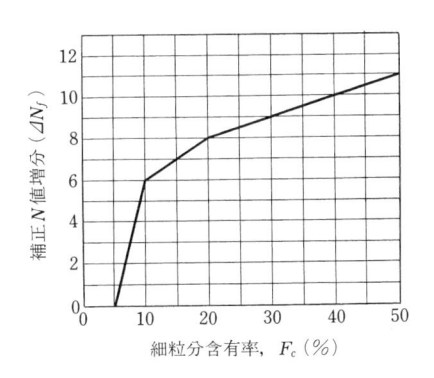

図 10.9 細粒分含有率と N 値の補正係数

（3） 図 10.10 中の限界せん断ひずみ曲線 5% を用いて，補正 N 値（N_a）に対応する飽和土層の液状化抵抗比 $R=\tau_l/\sigma_z'$ を求める．ここに，τ_l は液状化抵抗である．

（4） 各深さにおける液状化発生に対する安全率 F_l を次式により算定する．

$$F_l=\frac{\tau_l/\sigma_z'}{\tau_d/\sigma_z'} \tag{10.4}$$

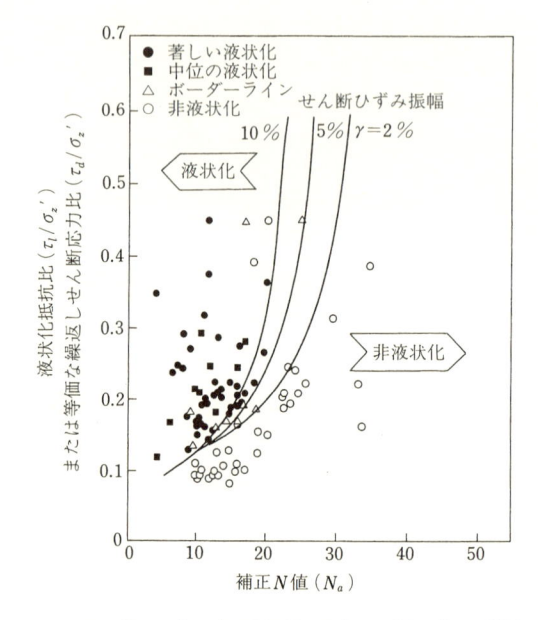

図 10.10 補正N値と液状化抵抗，動的せん断ひずみの関係

　上式から求めたF_l値が1より大きくなる土層については液状化発生の可能性はないものと判定し，逆に1以下となる場合は，その可能性があり，値が小さくなるほど液状化発生危険度が高く，また，F_lの値が1を切る土層が厚くなるほど危険度が高くなるものと判断する．

　上記手順中，繰返しせん断応力比τ_d/σ_z'の算定における地表面水平加速度値は，損傷限界検討用として150〜200 cm/s^2，終局限界検討用として350 cm/s^{2}程度が推奨されている．

　[例題10.2] 表10.2に示す地盤について，マグニチュード7.5の地震時の液状化に対する安全率とその可能性について，（1）深度4m，（2）深度9mの深さにおいてそれぞれ判定せよ．ただし，地下水位は深度2m，地表面加速度200 cm/s^2，水の単位体積重量は9.8 kN/m^{3}とする．

10.4 液状化判定

表 10.2 地盤条件

土質名	層厚 (m)	単位体積重量 γ_t (kN/m³)	平均 N 値	細粒分含有率 F_c (%)
第1層（シルト質細砂）	2.0	17.6	4.0	25
第2層（細砂）	6.0	18.6	2.0	5
第3層（細砂）	11.0	18.6	15.0	15

（解） $M=7.5$ より，$r_n=0.1(7.5-1)=0.65$，$\alpha_{\max}=200$，$g=980$.

（1） 深度4mにおける検討

$\sigma_z=17.6\times2.0+18.6\times(4.0-2.0)=72.4$ (kPa)

$\sigma_z'=17.6\times2.0+(18.6-9.8)\times(4.0-2.0)=52.8$ (kPa)

これらを式（10.2）に代入すると

$\tau_d/\sigma_z'=0.65\times(200/980)\times(72.4/52.8)\times(1-0.015\times4.0)=0.17$

ここで，図 10.9 より $\Delta N_f=0$, $N=2$ より

$N_a=\sqrt{\dfrac{98}{52.8}}\times2+0=2.7$

液状化抵抗比は図 10.10 より

$\tau_l/\sigma_z'=0.07$

よって，液状化発生に対する安全率 F_l は式（10.4）より

$F_l=0.07/0.17=0.41<1$

したがって，液状化の危険度は高い．

（2） 深度9mにおける検討

$\sigma_z=17.6\times2.0+18.6\times(9.0-2.0)=165.4$ (kPa)

$\sigma_z'=17.6\times2.0+(18.6-9.8)\times(9.0-2.0)=96.8$ (kPa)

これらを式（10.2）に代入すると

$\tau_d/\sigma_z'=0.65\times(200/980)\times(165.4/96.8)\times(1-0.015\times9.0)=0.20$

ここで，図 10.9 より $\Delta N_f=7$, $N=15$ より

$N_a=\sqrt{\dfrac{98}{96.8}}\times15+7=22.1$

液状化抵抗比は図 10.10 より

$\tau_l/\sigma_z'=0.28$

よって，液状化発生に対する安全率 F_l は式（10.4）より

$F_l = 0.28/0.20 = 1.40 > 1$

したがって，液状化の危険度は低い．

10.5 液状化防止対策

対象とする地盤が液状化の危険性が大きい場合には，それを防止する対策を講じる必要がある．以下に，その具体的方策のいくつかをあげるが，いずれも表10.1に示した液状化に影響する要因を改善することになる．

［主な液状化対策工］
（1） 締固め（サンドコンパクションパイル，バイブロフローテーション，動圧密工法，機械的締固め，など）……密度を上げる．
（2） 排水工法（水抜きパイプの設置，グラベルドレーンの設置，地下水位低下工法，など）……S_r を下げる．
（3） 地盤改良（深層混合工法，グラウト工法，などにより，緩い砂地盤を改善する）
（4） 盛土工法（砂地盤の拘束応力を大きくする）
（5） その他，基礎形式を変更し，液状化しても構造物が大きな影響を受けないようにする方策も，費用はかかるが必要があれば採用する場合もある．

［演習問題］

10.1 表10.3に示す地盤について，マグニチュード7.0の地震時の液状化に対する安全率を（1）深度5.5m，（2）深度8.0mに対して求めよ．なお，地下水位は深度1.0m，地表面加速度は $0.18g$，γ_w は $9.8\,\text{kN/m}^3$ とせよ．

表10.3 地盤条件

土質名	層厚(m)	単位体積重量(kN/m^3)	平均 N 値	細粒分含有率(%)
第1層（盛土層）	4.0	18.0	—	—
第2層（礫まじり砂）	3.0	18.0	10.0	10.0
第3層（シルト質砂）	5.0	17.0	2.0	25.0

10.2 図10.3のC面を地表面とし,透水係数k(cm/sec)および透水流路断面積がC面からB′面までの地盤およびB面からA面までの地盤で同じ値であると仮定して(図10.3のC面とB′面との間にも砂がつまっていると考えることになる),掘削底面(A面)でのボイリングに対する安全率を求めよ.なお,上記以外の条件は例題10.1と同じである.

10.3 図10.7の応力経路図に示されている試験結果を液状化現象の観点より解説せよ.

10.4 図10.8において,液状化抵抗の大きい土は曲線が右上に位置し,逆に液状化抵抗の小さい土は曲線が左下に位置する理由を説明せよ.

[参 考 文 献]

1) 吉見吉昭:砂地盤の液状化(第二版),技報堂出版,182pp., 1991
2) 地盤工学会:土質試験の方法と解説,第1回改訂版,第7編 第6章,2000
3) 日本建築学会:建築基礎構造設計指針,第4章4.5節,2001

11

土　圧

地盤に接する構造物は，地盤から圧力（応力）を受ける．建物の地下壁，地盤掘削時の土留め壁，トンネルなどの地中構造物がその代表例である．このように，構造物が地盤から受ける圧力を**土圧**という．この土圧の大きさは何によって変化し，どのような値になるのかを学ぶことにする．

11.1　土圧とは

　上述のように，土圧という言葉は，地盤が構造物に与える圧力（応力）を意味する．しかし，別の見方をすると，地盤と構造物との境界部における地盤要素内の応力と表現することもできる．さらに，この土圧という言葉は，地盤内部要素の応力（たとえば鉛直方向応力 σ_v，水平方向応力 σ_h など）を示す場合にも用いられている．本書では，土圧は「地盤が構造物に与える圧力（応力）」，地盤内要素の応力に対しては，「深さ z の地盤内要素の鉛直方向応力 σ_v」のように表示することを原則とするが，両者は厳密には区別できないケースや，あるいは両者が合致するケースが少なくないので，厳密に区分することができない場合があることを断っておきたい．

　また，土圧という言葉で，水圧と土粒子が構造物に与える応力とを合算した力を表すこともあるが，これは混乱を招く恐れがあるので，「水圧」と「土圧」は厳密に区分し，「土圧」は土粒子が構造物に与える応力，すなわち，有効応力に対応する応力とし，σ_A' のようにダッシュをつけた記号で表示することにする．

　地盤が構造物に与える応力（土圧）の大きさは，「土の種類」，「構造物の形

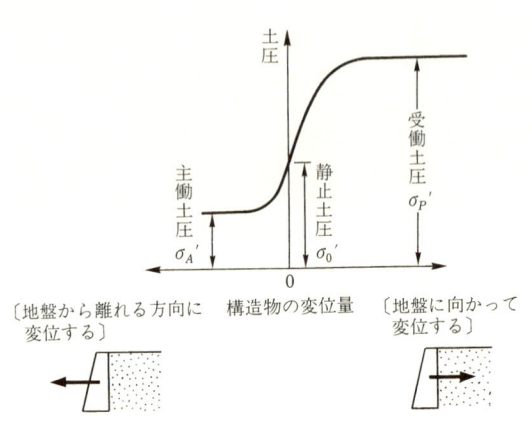

図 11.1 構造物の変位と土圧の大きさ

状や剛性」などによって変化するが，図 11.1 に示すように「構造物の地盤に対する変位（動き）」によっても大きく変動する．まず，構造物が静止しており地盤との間で平衡状態にある場合の土圧を**「静止土圧」**という．次に，構造物が地盤に向かって変位する場合には（構造物が横から地盤を押す状況），土圧は構造物の変位とともに上昇していく．しかし，変位量がある値に達すると，土圧は一定値になり，さらなる変位に対してもこの一定値を保つ．この状態のときの土圧を**「受働土圧」**という．受働土圧という言葉は，地盤が構造物に押されて受動的（passive）に抵抗するということからつけられたもので，記号として σ_P' を用いる．一方，構造物が地盤から離れる方向に変位する場合には，土圧は構造物の変位とともに減少し，ある変位量以降は一定値となる．この一定値になった状態のときの土圧を**「主働土圧」**という．地盤が主動的（active）に構造物を押すという意味でつけられた名称であり，記号として σ_A' を用いる．

11.2 ランキンの土圧理論

ランキン（Rankine）は，19 世紀にイギリスを中心に活躍した応用力学の大家であり，このランキンの業績を記念して英国土木学会ではランキン記念賞を作り，毎年優れた業績をあげた研究者を表彰し記念講演を行っている．

11.2 ランキンの土圧理論

このランキンが理論的に主働土圧と受働土圧を求めたものが,ランキンの土圧理論であり,得られた解がランキン土圧と呼ばれている.

A ランキンの土圧

地盤中の任意の点における応力状態を表すモールの円がモール・クーロンの破壊規準線に交わらないときは,土要素は安定した状態にある.しかし,応力状態が変化し,モール円が破壊規準線に接した状態となると,その土要素は,破壊に対する限界状態にあり,この状態を「**極限平衡状態**」という.ランキンは重力だけが働く半無限に広がった地盤内の各点が平面ひずみ条件下で極限平衡状態にある場合の応力の条件を求めた.

図 11.2 は,破壊規準が $\tau_f = \sigma_f' \tan \phi' (c'=0)$ で示されるケースの極限平衡状態の応力円を示した図である.なお,σ_v' は土要素内の鉛直方向有効応力である.ここで,図 11.2 の主働限界状態のモール円を利用し σ_A' を求めることとする.この場合は,$\sigma_1' = \sigma_v'$,$\sigma_3' = \sigma_A'$ である.

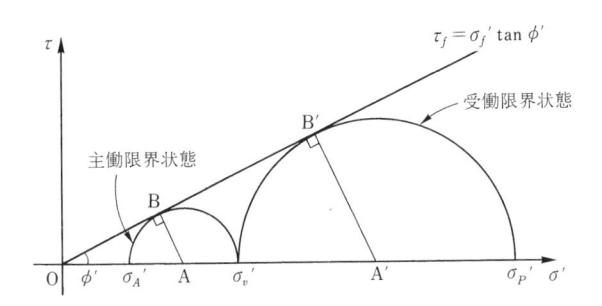

図 11.2 極限平衡状態(主働限界状態,受働限界状態)のモール円〔$c'=0$ の場合〕

$$\sin \phi' = \frac{AB}{OA} = \frac{\dfrac{\sigma_1' - \sigma_3'}{2}}{\dfrac{\sigma_1' + \sigma_3'}{2}} = \frac{\sigma_1' - \sigma_3'}{\sigma_1' + \sigma_3'} = \frac{\sigma_v' - \sigma_A'}{\sigma_v' + \sigma_A'} = \frac{1 - \dfrac{\sigma_A'}{\sigma_v'}}{1 + \dfrac{\sigma_A'}{\sigma_v'}}$$

$$\therefore \quad \frac{\sigma_A'}{\sigma_v'} = \frac{1 - \sin \phi'}{1 + \sin \phi'} = \tan^2 \left(45° - \frac{\phi'}{2} \right)$$

$$\therefore \quad \sigma_A' = \sigma_v' \tan^2 \left(45° - \frac{\phi'}{2} \right) \tag{11.1}$$

同様に，図 11.2 の受働限界状態のモール円を利用し σ_P' を求める．この場合には，$\sigma_1' = \sigma_P'$, $\sigma_3' = \sigma_v'$ である．

$$\sin\phi' = \frac{A'B'}{OA'} = \frac{\sigma_1' - \sigma_3'}{\sigma_1' + \sigma_3'} = \frac{\sigma_P' - \sigma_v'}{\sigma_P' + \sigma_v'} = \frac{\dfrac{\sigma_P'}{\sigma_v'} - 1}{\dfrac{\sigma_P'}{\sigma_v'} + 1}$$

$$\therefore \quad \frac{\sigma_P'}{\sigma_v'} = \frac{1 + \sin\phi'}{1 - \sin\phi'} = \tan^2\left(45° + \frac{\phi'}{2}\right)$$

$$\therefore \quad \sigma_P' = \sigma_v' \tan^2\left(45° + \frac{\phi'}{2}\right) \tag{11.2}$$

なお，式 (11.1) の係数 $\tan^2(45° - \phi'/2)$ を主働土圧係数と呼び，K_A という記号で表示する．また式 (11.2) の係数 $\tan^2(45° + \phi'/2)$ を受働土圧係数と呼び記号 K_P で表示する．したがって，式 (11.1)，(11.2) は

$$\sigma_A' = K_A \sigma_v' \tag{11.1'}$$

$$\sigma_P' = K_P \sigma_v' \tag{11.2'}$$

と表示することができる．

次に，破壊規準が $\tau_f = c' + \sigma_f' \tan\phi'$ である場合には，極限平衡状態を示すモール円は，図 11.3 のようになる．ここで

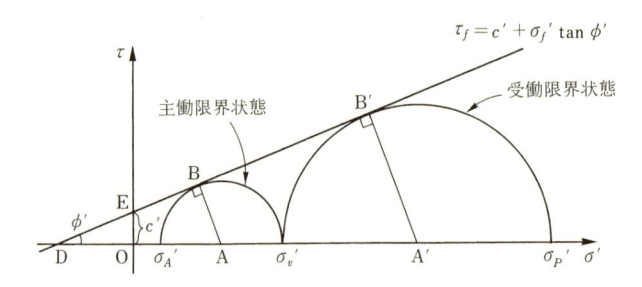

図 11.3 極限平衡状態のモール円〔$c' \neq 0$ の場合〕

$$\tan\phi' = \frac{\sin\phi'}{\cos\phi'} = \frac{OE}{DO} = \frac{c'}{DO} \quad \therefore \quad DO = \frac{c'}{\tan\phi'} = c'\frac{\cos\phi'}{\sin\phi'}$$

まず σ_A' を求めると以下のようになる．

11.2 ランキンの土圧理論

$$\sin\phi' = \frac{\mathrm{AB}}{\mathrm{DA}} = \frac{\mathrm{AB}}{\mathrm{DO+OA}} = \frac{\mathrm{AB}}{c'\dfrac{\cos\phi'}{\sin\phi'}+\mathrm{OA}}$$

$$c'\cos\phi' + \mathrm{OA}\sin\phi' = \mathrm{AB} \quad \therefore\ c'\cos\phi' + \frac{\sigma_1' + \sigma_3'}{2}\sin\phi' = \frac{\sigma_1' - \sigma_3'}{2}$$

これを σ_3' について解くと

$$\sigma_3'(1+\sin\phi') = \sigma_1'(1-\sin\phi') - 2c'\cos\phi'$$

$$\therefore \sigma_3' = \sigma_1'\frac{1-\sin\phi'}{1+\sin\phi'} - 2c'\frac{\cos\phi'}{1+\sin\phi'} = \sigma_1'\tan^2\left(45° - \frac{\phi'}{2}\right) - 2c'\tan\left(45° - \frac{\phi'}{2}\right)$$

$$\left[\text{注}:\frac{\cos\phi'}{1\pm\sin\phi'} = \tan\left(45° \mp \frac{\phi'}{2}\right)\right]$$

ここで $\sigma_3' = \sigma_A'$, $\sigma_1' = \sigma_v'$ とおくと

$$\sigma_A' = \sigma_v'\tan^2\left(45° - \frac{\phi'}{2}\right) - 2c'\tan\left(45° - \frac{\phi'}{2}\right) \tag{11.3}$$

同様にして σ_P' を求める.

$$\sin\phi' = \frac{\mathrm{A'B'}}{\mathrm{DA'}} = \frac{\mathrm{A'B'}}{c'\dfrac{\cos\phi'}{\sin\phi'}+\mathrm{OA'}}$$

$$c'\cos\phi' + \mathrm{OA'}\sin\phi' = \mathrm{A'B'} \quad \therefore\ c'\cos\phi' + \frac{\sigma_1' + \sigma_3'}{2}\sin\phi' = \frac{\sigma_1' - \sigma_3'}{2}$$

これを σ_1' について解くと

$$\sigma_1'(1-\sin\phi') = \sigma_3'(1+\sin\phi') + 2c'\cos\phi'$$

$$\therefore \sigma_1' = \sigma_3'\frac{1+\sin\phi'}{1-\sin\phi'} + 2c'\frac{\cos\phi'}{1-\sin\phi'} = \sigma_3'\tan^2\left(45° + \frac{\phi'}{2}\right) + 2c'\tan\left(45° + \frac{\phi'}{2}\right)$$

ここで $\sigma_3' = \sigma_v'$, $\sigma_1' = \sigma_P'$ とおくと

$$\sigma_P' = \sigma_v'\tan^2\left(45° + \frac{\phi'}{2}\right) + 2c'\tan\left(45° + \frac{\phi'}{2}\right) \tag{11.4}$$

この式 (11.3), 式 (11.4) がランキンの土圧式である. 具体的な適用例として, 図 11.4 に示すように, 地表面上に上載荷重 (単位面積当たり q) がある場合の深さ z における σ_A' および σ_P' は, 式 (11.3), 式 (11.4) の σ_v' を条件に対応するように置き換えて

$$\sigma_A' = (\gamma'z + q)\tan^2\left(45° - \frac{\phi'}{2}\right) - 2c'\tan\left(45° - \frac{\phi'}{2}\right) \tag{11.5}$$

11章 土圧

```
       上載荷重
       単位面積当たり q
   ↓↓↓↓↓↓↓
▽ ━━━━━━━━━━━
│
│z          $\gamma' = \gamma_{sat} - \gamma_w$
│           〔注〕地下水位が深さ $z_1$
│              のときは，
│              $\sigma_v' = \gamma_t z_1 + \gamma'(z-z_1) + q$
↓              となる．
● $\sigma_v' = \gamma' z + q$
```

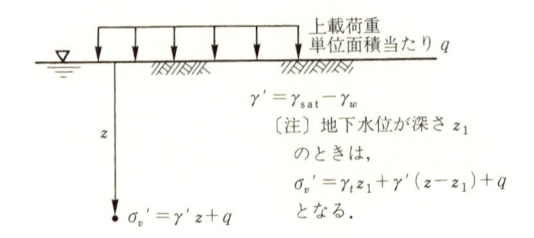

図 11.4 上載荷重があり，深さ z の地点の σ_v'

$$\sigma_P' = (\gamma' z + q)\tan^2\left(45° + \frac{\phi'}{2}\right) + 2c'\tan\left(45° + \frac{\phi'}{2}\right) \qquad (11.6)$$

と表すことができる．式 (11.5)，式 (11.6) がランキン土圧式の一般式と考えてよい．

次に，高さ H の壁に作用する主働土圧合力 P_A' および受働土圧合力 P_P' の値は，σ_A' あるいは σ_P' を $z=0$ から $z=H$ まで積分することにより

$$P_A' = \int_0^H \sigma_A' dz = \left(\frac{1}{2}\gamma' H^2 + qH\right)\tan^2\left(45° - \frac{\phi'}{2}\right) - 2c'H\tan\left(45° - \frac{\phi'}{2}\right) \quad (11.7)$$

$$P_P' = \int_0^H \sigma_P' dz = \left(\frac{1}{2}\gamma' H^2 + qH\right)\tan^2\left(45° + \frac{\phi'}{2}\right) + 2c'H\tan\left(45° + \frac{\phi'}{2}\right) \quad (11.8)$$

で表される．なお，土圧合力の作用点は，土圧分布の重心点となる．

[例題 11.1] （1） $\phi'=30°$，$c'=0$，$\gamma_t = 22\,\mathrm{kN/m^3}$ の土のランキン主働土圧を求め，その深度方向分布を図示せよ．また，壁に作用する土圧合力の大きさと作用点を求め図示せよ．なお，壁高は 6m である．
（2） 地下水位が $z=3\,\mathrm{m}$ にあるときの土圧，水圧を求め，その分布を図示せよ．なお $\gamma_w = 9.81\,\mathrm{kN/m^3}$ とし，$\gamma_{sat} = \gamma_t$ とせよ．
（3） 地表面上に上載荷重 $q=20\,\mathrm{kN/m^2}$ が載荷され，また，地下水位が $z=3\,\mathrm{m}$ のときの土圧，水圧分布はどうなるか．
（4） 上の（3）の場合に，土が粘着力 $c'=20\,\mathrm{kN/m^2}$ をもつ場合の土圧，水圧分布はどうなるか．

（解） （1） $\phi'=30°$，$c'=0$，$\gamma_t = 22\,\mathrm{kN/m^3}$

$$K_A = \tan^2\left(45° - \frac{\phi'}{2}\right) = \frac{1}{3}$$

$$\sigma_A'(6\,\text{m}) = \sigma_v' \cdot K_A = \gamma_t \cdot z \cdot K_A = 22 \times 6 \times \frac{1}{3} = 44\,\text{kN/m}^2$$

$$P_A' = \frac{44 \times 6}{2} = 132\,\text{kN/m}\quad(\text{壁単位幅当たり})$$

$$\text{作用点} = \frac{2}{3} \times H = 4\,\text{m}$$

（2） 地下水位…$z = 3\,\text{m}$ の場合

$$\sigma_A' = \sigma_v' \cdot K_A$$

$$\sigma_A'(0\,\text{m}) = 0$$

$$\sigma_A'(3\,\text{m}) = \gamma_t \cdot z \cdot K_A = 22 \times 3 \times \frac{1}{3} = 22.0\,\text{kN/m}^2$$

$$\sigma_A'(6\,\text{m}) = \sigma_v'(6\,\text{m}) \cdot K_A = [\gamma_t \times 3 + \gamma'(z-3)] \cdot K_A$$

$$= [22 \times 3 + (22 - 9.81) \times 3] \cdot \frac{1}{3} = 34.2\,\text{kN/m}^2$$

$$\sigma_h(6\,\text{m}) = \sigma_A'(6\,\text{m}) + u(3\,\text{m}) = 34.2 + 9.81 \times 3 = 63.6\,\text{kN/m}^2$$

（3） 上載圧：$q = 20\,\text{kN/m}^2$ のとき

$$\sigma_A' = (\gamma_t z + q) K_A$$

$$\sigma_A'(0\,\text{m}) = 20 \times \frac{1}{3} = 6.7\,\text{kN/m}^2$$

$$\sigma_A'(3\,\text{m}) = (\gamma_t z + q) K_A = (22 \times 3 + 20) K_A = 28.7\,\text{kN/m}^2$$

$$\sigma_A'(6\,\text{m}) = \sigma_v'(6\,\text{m}) \cdot K_A = (22 \times 3 + 12.19 \times 3 + 20) K_A = 40.9\,\text{kN/m}^2$$

$$\sigma_h(6\,\text{m}) = 40.9 + 29.4 = 70.3\,\text{kN/m}^2$$

（4） 粘着力：$c' = 20\,\text{kN/m}^2$ の場合

$$\sigma_A' = \sigma_v' \cdot K_A - 2c' \tan\left(45° - \frac{\phi'}{2}\right)$$

$$-2c' \tan\left(45° - \frac{\phi'}{2}\right) = -2 \times 20 \times 0.577 = -23.1\,\text{kN/m}^2$$

$$\sigma_A'(0\,\text{m}) = 6.7 - 23.1 = -16.4\,\text{kN/m}^2$$

$$\sigma_A'(3\,\text{m}) = 28.7 - 23.1 = 5.6\,\text{kN/m}^2$$

$$\sigma_A'(6\,\text{m}) = 40.9 - 23.1 = 17.8\,\text{kN/m}^2$$

$$\sigma_h(6\,\text{m}) = 70.3 - 23.1 = 47.2\,\text{kN/m}^2$$

以上の結果を図示すると，図11.5のとおりである．

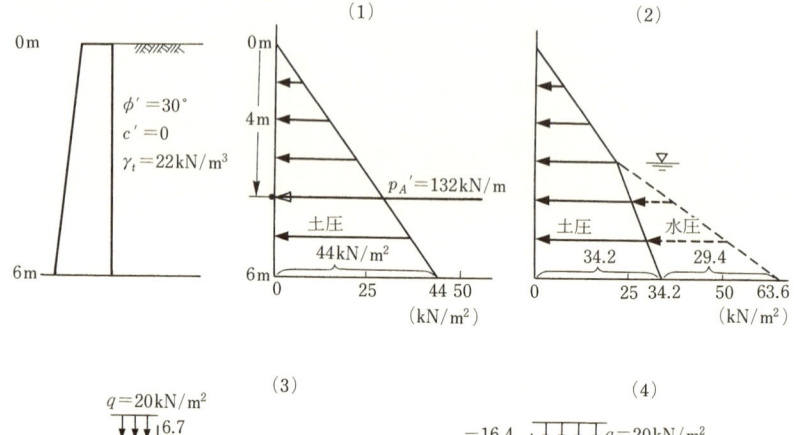

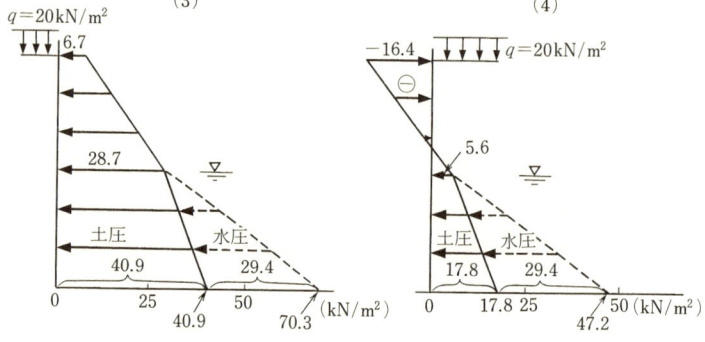

図 11.5　例題 11.1 の解（土圧分布・水圧分布の図示）

B　ランキンの極限平衡状態でのすべり線

　ランキンの主働土圧あるいは受働土圧が得られる極限平衡状態においては，前項で求めたようにモール円が破壊規準線に接し，地盤が破壊する条件となっている．したがって，9章の「モールの応力円」および「モール・クーロンの破壊規準」において議論したように，土要素内には，最大主応力面に対し，ある角度をなす破壊面が発生するはずである．

　このような考えをもとに，ランキンの主働限界状態，受働限界状態における破壊面の角度を求め，図示したものが，図 11.6 である．最大主応力面と破壊面のなす角 α は図 11.6（a）により求めることができる．それをすべり線として図示したものが図 11.6（b），（c）である．

11.2 ランキンの土圧理論

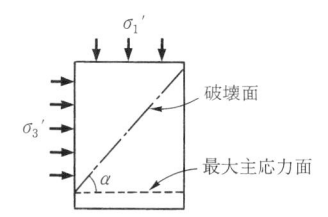

(a) 最大主応力面と破壊面とのなす角

$$\alpha = 45° + \frac{\phi'}{2} \text{（9章参照）}$$

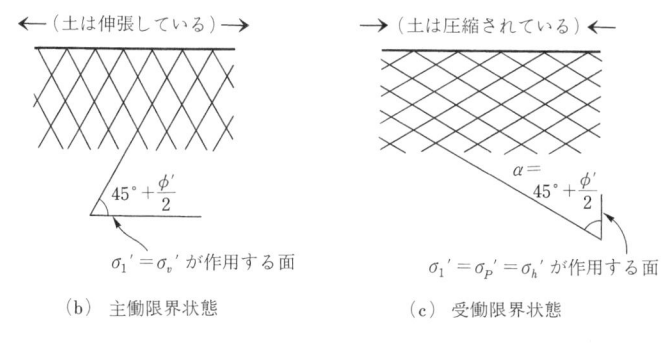

(b) 主働限界状態　　　(c) 受働限界状態

図 11.6　ランキンの極限平衡状態でのすべり線

C　壁に作用する土圧がランキン土圧と等しくなる条件

以上に説明したとおり，ランキン土圧論は，大変論理的に導かれており，土圧式も記憶しやすい表現である．また，主働・受働限界状態におけるすべり線の角度も理論的に明確に示すことができる．このように，大変論理的な「ランキン土圧論」は，筆者が非常に魅力を感じ敬意をもっているものである．

しかし，現実的に，壁に作用する土圧がランキン土圧と等しくなる場面を実験や実測により調べると，いくつかの条件が必要となる．以下にその条件を列記する．

① 壁面が鉛直であること．
② 壁面が滑らかで，壁と地盤との間に摩擦が働かないこと．
③ 壁の変位が，図 11.7 に示すように壁下端をヒンジとして，壁が直線的

に前に倒れる（主働状態），あるいは直線的に後に倒れる（受働状態）必要がある．

これらの条件は，壁背面の地盤の全要素が同時に極限平衡状態になるために必要となる条件である．

たとえば，土留擁壁や地下堀削時の土留壁の変位は，このような条件に必ずしも合致しない場合が多く，ランキン土圧論の適用に当たり注意すべき点である（この点に関しては，11.5節でさらに議論する）．

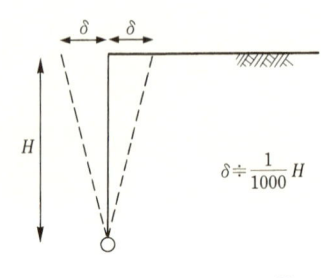

図 11.7 ランキン土圧となる壁の変位パターン

11.3 クーロン土圧

クーロン（Coulomb）の土圧理論は，ランキンの土圧論よりも古く，1776年にフランス語の論文[2]により発表されたものであるが，クーロン土圧は現在でも広く利用されている．クーロンは9章で説明したとおり，「モール・クーロンの破壊基準」や電気の分野でも活躍した（電気にはクーロンという単位がある）大物理学者である．

クーロンの土圧論がランキンの土圧論と異なる点は，地盤中の任意の要素についての極限平衡状態を考えるのではなく，擁壁背面の地盤が「くさび状の土塊」として擁壁に及ぼす力を検討し，擁壁に与える土圧を求めるという考え方に基づいている点である．

クーロン土圧を具体的に考えていこう．図11.8に，c'がゼロでϕ'のみにより土の強度が示される場合（すなわち$\tau_f = \sigma_f' \tan \phi'$）の，クーロン主働土圧を求める方法を図示した．

図11.8に示されるように，擁壁背面の土塊が主働状態でくさび状にすべり落ちる状況を考え，土塊のすべり線の角度をω（オメガ）と仮定する．すると，土塊ABCに作用する力は，土塊の重量W，すべり線背後の地盤から受ける反力R（すべり線に直角からϕ'だけ傾いて作用する），擁壁から受ける反力P

11.3 クーロン土圧

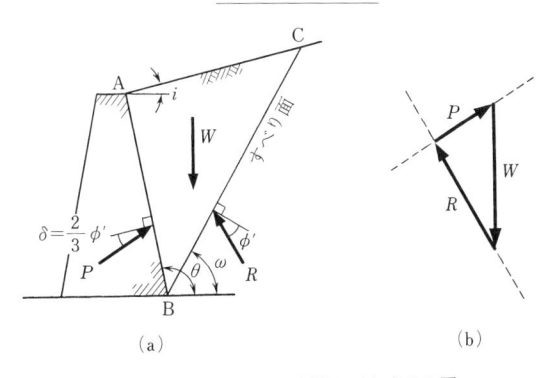

図 11.8 クーロンの主働土圧を求める図
（$c'=0$, $\phi' \neq 0$ の場合）

（通常，壁面に直角から$\delta=2\phi'/3$だけ傾いて作用すると考える）の3つである．この3つの力のうち，Wは，その大きさと方向がわかっているのでWを図にベクトルとして矢印表示する（図11.8 (b)）．RとPは，大きさはわからないが方向が定まっているので，ベクトルWの両端から，RとPにそれぞれ平行線を引くことにより，その大きさを求めることができる．このようにして定められたPは，土塊が擁壁から受ける反力であるが，作用・反作用の原則により，このPと大きさが同じで向きが反対の力が土塊が擁壁に与える主働土圧P_A'であると考えることができる．ところで，ωの値は任意に定めたので，ωの変化によりP_A'の値は変化する．

具体的には，例題11.2に示すようにωの値を変化させてP_A'を求め，それをP_A'-ωの関係に図示し，P_A'の最大値$P_{A\max}'$を求める．このようにして求められた$P_{A\max}'$が図11.8の条件の場合の主働土圧となる．

[**例題 11.2**] 図11.9に示す擁壁に作用するクーロン主働土圧を，図式解により，$\omega=40°$, $50°$, $60°$, $70°$,

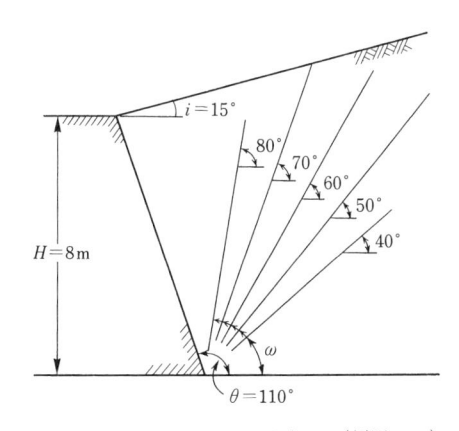

図 11.9 クーロン主働土圧を求める（例題11.2）

80°に対して求め，クーロンの主働土圧値を求めよ．なお，土の単位体積重量 $\gamma_t = 17\,\text{kN/m}^3$, $\phi' = 30°$, $c' = 0$ である．

(解) 図 11.10 に示すように，P_A'–ω の関係が得られて，その最大値として，クーロン主働土圧 $P_A' = 343\,\text{kN/m}$（壁幅 1m 当たり 343 kN）が得られる．

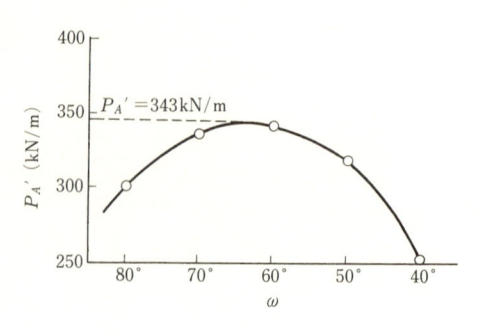

図 11.10 クーロン主働土圧の解

次に，土の c' がゼロでなく，破壊規準が $\tau_f = c' + \sigma_f' \tan\phi'$ で示される場合の，クーロン主働土圧を求める．この場合には，土塊に作用する力が図 11.11 (a) に示すようになり，図 11.8 (a) と比べると $c'\overline{\text{BC}}$ と $c'\overline{\text{AB}}$ の 2 つの力が加わることになる．しかしこの 2 つの力は，力の大きさおよびその方向が定まっているので，図 11.11 (b) に示すように，W, $c'\overline{\text{BC}}$, $c'\overline{\text{AB}}$ の 3 つのベクトルを図示し，さらに R および P に平行線を引くことにより P の値を求めることができる．P と大きさが同じで向きが反対の力が P_A' となり，その最大値を求める方法は前述と同じである．

クーロンの主働土圧は，このような考え方をもとに，擁壁背面土の表面が直

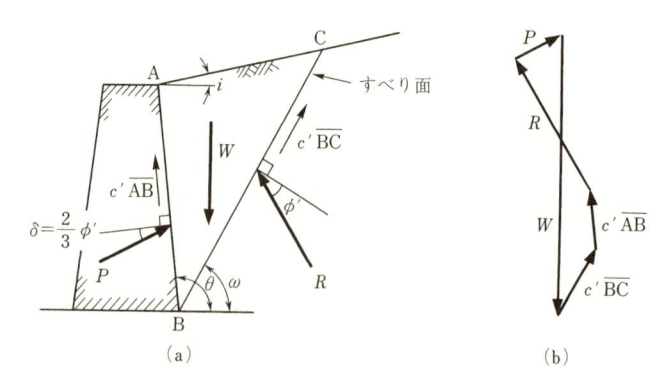

図 11.11 クーロンの主働土圧を求める図（$c' \neq 0$, $\phi' \neq 0$ の場合）

11.3 クーロン土圧

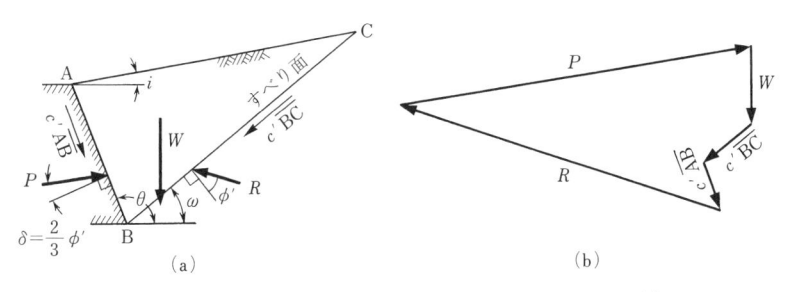

図 11.12 クーロンの受働土圧を求める図（$c' \neq 0$, $\phi' \neq 0$ の場合）

線の場合には解析表示が可能である．その解は式（11.9）のとおりである（記号は，図 11.8 参照）．

$$P_A' = \frac{1}{2}\gamma_t H^2 \frac{\sin^2(\theta-\phi')}{\sin^2\theta \sin(\theta+\delta)\left\{1+\sqrt{\dfrac{\sin(\delta+\phi')\sin(\phi'-i)}{\sin(\theta+\delta)\sin(\theta-i)}}\right\}^2} \quad (11.9)$$

クーロンの受働土圧も，ほぼ同様の方法で求めることができる．ただし，受働限界状態のくさび形土塊は，壁に押されて上方に押し上げられるので，土塊に作用する力の向きが図 11.12 に示すようになり，作用方向が主働土圧の場合と異なることに注意しなければならない．受働土圧 P_P' は主働土圧を求めた場合と同様に，ω の値を変化させて P_P' の値を求め，その最小値を壁に作用する受働土圧 P_P' とすることによって求めることができる．

なお，クーロン受働土圧の解析による解は，式（11.10）に示したとおりとなる．

$$P_P' = \frac{1}{2}\gamma_t H^2 \frac{\sin^2(\theta+\phi')}{\sin^2\theta \sin(\theta-\delta)\left\{1-\sqrt{\dfrac{\sin(\delta+\phi')\sin(\phi'+i)}{\sin(\theta-\delta)\sin(\theta-i)}}\right\}^2} \quad (11.10)$$

クーロン土圧はその思考法がやや古典的であるが，以下に示すような特徴をもち（適用条件の制限がランキン土圧より少ない），現在でも活用されている．

① 壁面が傾斜していてもよい（鉛直でなくてよい）．
② 背面土の表面が複雑な形状をしていても，図式解法により解が得られる．
③ 壁と地盤との間に摩擦力が働いてもよい．
④ 地震時土圧も求められる．

11.4 静止土圧

地盤の水平方向のひずみがゼロで平衡状態にある場合の水平方向応力（土圧）を「静止土圧」という．たとえば，①自然に堆積した土がそのままの状態にある場合，②剛性の高い地下構造物が建設され，そのまわりの地盤が安定状態になった時点での地盤が構造物の鉛直壁に与える土圧，などが静止土圧の代表例である．静止土圧は，記号 σ_{h0}' で表示され，また，そのときの鉛直方向応力：σ_{v0}' との比を静止土圧係数：K_0 と呼ぶ．したがって，静止土圧係数 K_0 は

$$K_0 = \frac{\sigma_{h0}'}{\sigma_{v0}'} \tag{11.11}$$

で示される．K_0 の値は，土の種類によって異なり砂質土では 0.5 前後，粘性土では 0.5〜0.8 程度の値を示すことが多い．もし材料が弾性体であれば，$K_0 = \nu/(1-\nu)$ となり，たとえば $\nu = 0.4$ なら $K_0 = 0.67$ となる．土の K_0 値を大略値として推定する式に，以下に示すヤーキー (Jaky) の式がある．

$$K_0 = 1 - \sin\phi' \tag{11.12}$$

なお，K_0 値を調査する試験として，K_0 試験と呼ばれる室内試験法がある．詳細は参考文献 3) を参照されたい．

11.5 壁の変形と土圧の再配分

ランキン土圧のところで述べたように，土圧の深度方向分布は土圧を受ける壁の変形の仕方により変化する．図 11.13 には，地下掘削時の鋼矢板を用いた土留壁の典型的な変形パターンに対する土圧分布（σ_h' の分布）を，ランキン主働土圧と対比して示した．図 11.13 を見ると，ランキン土圧に

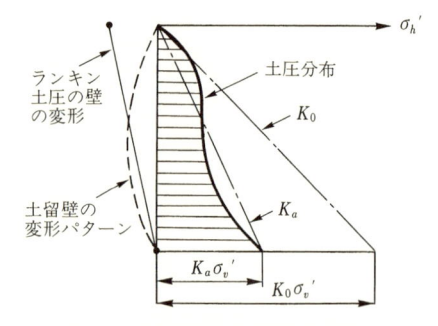

図 11.13　土留壁の上・下端が固定され，中央がはらむ場合の土圧分布

図 11.14 壁の変形パターンと土圧の再配分

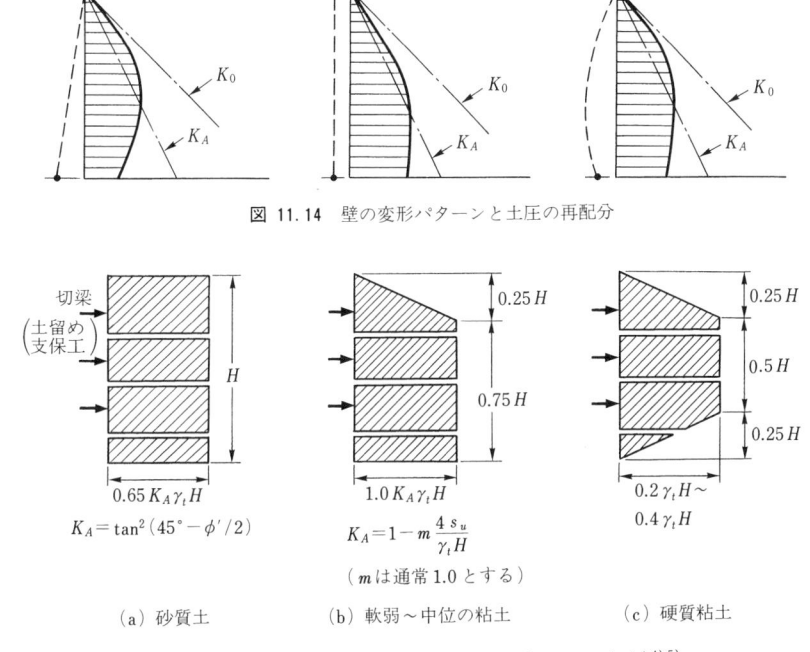

図 11.15 掘削土留め壁に作用する土圧分布（ペックによる）[4),5)]

(a) 砂質土　$0.65 K_A \gamma_t H$　$K_A = \tan^2(45° - \phi'/2)$

(b) 軟弱〜中位の粘土　$1.0 K_A \gamma_t H$　$K_A = 1 - m \dfrac{4 s_u}{\gamma_t H}$
（m は通常 1.0 とする）

(c) 硬質粘土　$0.2 \gamma_t H \sim 0.4 \gamma_t H$

対応する壁の変位量に比し，変位の大きいところではランキン主働土圧より土圧が小さくなり，逆に変位量が小さいところではランキン主働土圧より土圧が大きくなっている．このように壁の変形パターンに対応して土圧分布が変化することを**土圧の再配分**という．

図 11.14 には，いくつかの代表的な壁の変形パターンに対する土圧の再配分例を図示した．

ペック（Peck）が土圧の実測例をもとに，土留壁に作用する土圧の算定法を提案した（図 11.15 に示す）のは，このような考え方が背景となっている[4),5)]．具体的構造物を設計する際に用いるべき土圧分布が設計基準などに示されているが，設計基準に示されている方法は，関連構造物の変形パターンを考慮し土圧の再配分を考えて提案されているものが多い．

[演習問題]

11.1 例題11.2のクーロン主働土圧 P_A' を，解析解の式（11.9）により求めよ．また，その結果を図式解と比較し，コメントせよ．

11.2 粘着力成分 c' のある地盤を，土留め壁を用いずに鉛直に切り取れる限界高さ H_c は，ランキンの主働土圧合力 $P_A'=0$ と考えることにより求めることができる．H_c を示す式を求めよ（注：地表面上に上載荷重はないものとする）．

11.3 図11.16に示す条件に対するランキンの受働土圧に関し，以下の質問に答えよ．
  ① $z=0$ m，5 m，10 m（上の層と下の層：10 mでは値が異なる），15 mにおける σ_P' の値を求めよ．
  ② 上記①の結果をもとに σ_P' の z 方向分布を図示せよ．

11.4 ヤーキーの式（11.12）を用いて，$\phi'=28°$ の粘性土および $\phi'=36°$ の砂質土に対する K_0 値を推定せよ．

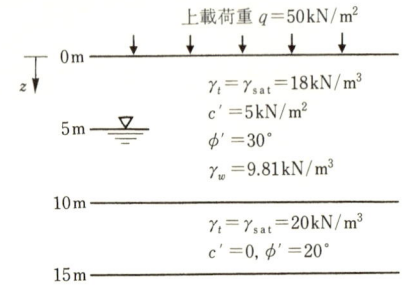

図11.16に示す条件：
- 上載荷重 $q=50$ kN/m²
- 0 m～5 m：$\gamma_t=\gamma_{sat}=18$ kN/m³，$c'=5$ kN/m²，$\phi'=30°$，$\gamma_w=9.81$ kN/m³
- 10 m～15 m：$\gamma_t=\gamma_{sat}=20$ kN/m³，$c'=0$，$\phi'=20°$
- 地下水位は5 m

図 11.16

[参考文献]

1) Rankine, W. J. M.: On the Stability of Loose Earth, Phil. Trans. Roy. Soc., London, 147, Part 1, pp. 9-27, 1857

2) Coulomb, C. A.: Essai sur une Application des Règles des Maximis et Minimis à quelques Problèmes de Statique Relatifs à l'Architecture (An attempt to apply the rules of maxima and minima to several problems of stability related to architecture), Mém. Acad. Roy. des Sciences, Paris, 7, pp. 343-382, 1776

3) 地盤工学会編：土質試験の方法と解説（第一回改訂版），pp. 501-524, 地盤工学会，2000

4) Peck, R. B.: Deep Excavations and Tunneling in Soft Ground, Proc. 7th Int. Conf. on Soil Mech. and Found. Eng., Mexico City, State-of-the-Art Volume, pp. 255-290, 1969

5) Terzaghi, K., Peck, R.B. and Mesri, G.: Soil Mechanics in Engineering Practice, pp. 349-361, John Wiley & Sons, 1996

12

斜面の安定

軟弱地盤上に道路用の盛土を施工するときに，どのくらいの高さまで安全に盛土の施工ができるのか．あるいは，豪雨によって斜面が崩壊し，道路がふさがれたり人家が押しつぶされたりといった災害が起こるが，どういう条件の斜面が崩壊するのだろうか．この章では，このような疑問に答える方法を学ぶ．

12.1 斜面の安定解析

斜面の安定性を調べるには，対象とする斜面が，① すべり破壊に対し，どの程度の安全性をもっているか，② 安全性を低下させる要素にはどんなものがあるのか，③ すべり破壊が生じるときにはどこですべるのか（すべり面の位置と形），などに答える必要がある．また，人工的に造成した斜面（盛土やアースダムなど）と，自然斜面で安定性検討のアプローチの仕方に多少異なる部分がある．以下，このような事項を念頭に斜面の安定性の検討を行うことにする．なお，「盛土」や「切り取り」によってつくられた斜面のことを「のり面」ともいう．のり面という用語は，日本で古くから使われていた人工斜面を表す言葉である．

A 安全率

斜面の安定性は，一般に「安全率（F_s）」により示される．安全率の定義には，次の2式がある．

$$\text{安全率}(F_s) = \frac{\text{すべり面上のせん断抵抗力（滑動に抵抗する力）}}{\text{すべり面上に作用するせん断力（滑動を起こそうとする力）}} \quad (12.1)$$

$$\text{安全率}(F_s) = \frac{\text{滑動に抵抗する力のモーメント}}{\text{滑動を起こそうとする力のモーメント}} \quad (12.2)$$

この式（12.1）はすべり面が直線であるときに利用され，式（12.2）はすべり面が曲線（円弧）であるときに利用される．上記の安全率が 1.0 であれば斜面は限界状態であり，$F_s < 1.0$ ならば斜面崩壊（斜面すべり）が起こり，逆に $F_s > 1.0$ ならば斜面は安定を保つことになる．

具体的な盛土工事の設計においては，F_s の値は，1.2～1.5 程度の値が利用されている（日本のみならず世界的に）．著者の個人的見解としては，このレベルの安全率が使われていることは，安全性に対する余地が少なく大変きわどい条件下での設計が行われていると感じるが，その背景として考えられるのは

① 盛土工事は，工学が学問として成熟するよりも，はるか昔から経験をもとに行われてきており，その経験の結果は上記の安全率程度であった．

② 盛土がすべり破壊を起こしても，建物が倒壊するのに比べると人命への被害など，被害のレベルが低く，あまり大きな安全率を見込むのは不経済な設計・施工となる．

③ 盛土された地盤は時間の経過とともに，圧密が進行し強度が向上する．したがって，長期の安全率は大きくなる傾向にある．ただし，切り土（切り取り斜面）の場合には，逆の傾向にあるので注意を要する．

以上のような背景をもとに，上述の安全率が利用されているのであるが，土（地盤）は自然の生成物でけっして規格化された均一な材料ではないことを考えると，条件に応じて適切な安全率の値を評価し，機械的に 1.3 程度の値を使うことには留意すべきである．とくに切り土（切り取り斜面）では注意を要する．

B 直線すべり面による安定解析

図 12.1 (a) および (b) に示すような状況の斜面では，直線すべり面が発生するので式（12.1）を用いて安定性を検討する．したがって安全率 F_s は，(a)

12.1 斜面の安定解析

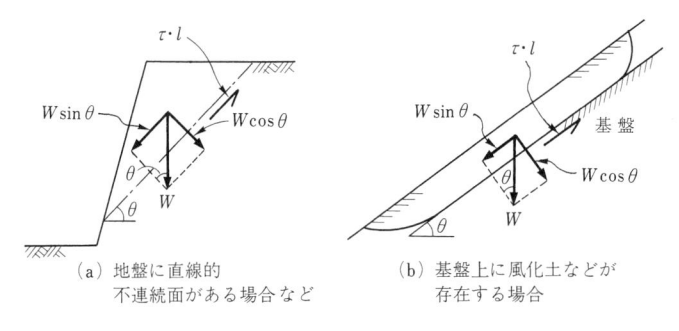

図 12.1 直線すべり面による安定解析

(a) 地盤に直線的不連続面がある場合など
(b) 基盤上に風化土などが存在する場合

(b) とも

$$F_s = \frac{\tau \cdot l}{W \sin \theta} \tag{12.3}$$

で表される．なお，W はすべり土塊の奥行き単位幅当たりの重量（kN/m），τ は地盤のすべり面上のせん断強さ（kN/m^2），l はすべり面の長さ（m）である．ここで分子の $\tau \cdot l$ の値は，粘性土への急速載荷の場合には非排水せん断強さ $s_u \times l$ をとり，砂質土あるいは粘性土への緩速載荷の場合には，$c'l + W \cos \theta \tan \phi'$ をとればよい（9章参照）．

[**例題 12.1**] 乾いた砂をホッパーなどから自然落下させる場合を考えると，砂はある一定のすそ野角度をもった円錐形に堆積する．この状態を，$c'=0$ と考え単位長さ当たり（$l=1$）で検討すると，すそ野角度 $\theta = \phi'$ となることを示せ．

(**解**) 式（12.3）に上記条件を代入すると

$$F_s = \frac{W \cos \theta \tan \phi'}{W \sin \theta}$$

ここで $F_s = 1$ だから

$$\frac{\cos \theta}{\sin \theta} \tan \phi' = 1 \quad \therefore \quad \tan \phi' = \tan \theta \Rightarrow \theta = \phi'$$

したがって，すそ野角度 $\theta = \phi'$ となる．

注：このような状況で乾いた砂が堆積した場合のすそ野角度を**安息角**と呼び，上記のとおり砂のせん断抵抗角 ϕ' にほぼ等しくなる．

C 円弧すべり面による安定解析

粘土地盤上に盛土を施工する場合などでは，図12.2に示すように発生したすべり面を観察すると直線でなく円弧となっている場合が多い．したがって，図12.1で示したケースのように，すべり面が地盤条件により直線となる場合以外は，すべり面の形状を円弧と考えて安全性の検討を行う．

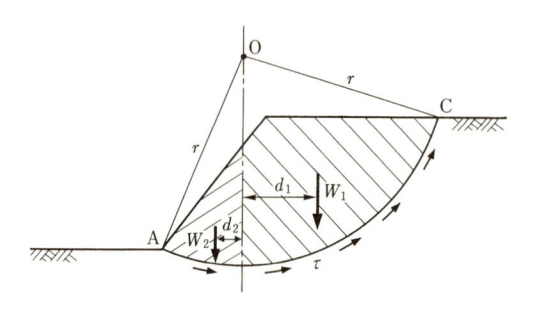

図 12.2 円弧すべり面による安定解析

図12.2の例では，O点がすべり円弧の中心であるので，すべりを起こそうとする力のモーメントは $[W_1 d_1 - W_2 d_2]$ となる．一方，すべりに抵抗する力のモーメントは $\tau \cdot \overset{\frown}{AC} \cdot r$ である．したがって，すべり破壊に対する安全率は

$$F_s = \frac{\tau \cdot \overset{\frown}{AC} \cdot r}{W_1 d_1 - W_2 d_2} \tag{12.4}$$

ここに W_1, W_2：図に示す土塊の奥行き単位幅当たりの重量（kN/m）

d_1, d_2：中心線からの距離（m）

τ：すべり面上の地盤のせん断強さ（kN/m^2）

$\overset{\frown}{AC}$：円弧の長さ（m）

r：すべり円の半径（m）

となる．

粘性土地盤に盛土を急速載荷（9章参照）した場合には，粘性土地盤はUU条件下の挙動となるので，地盤のせん断強さは非排水せん断強さ s_u を用いれ

12.1 斜面の安定解析

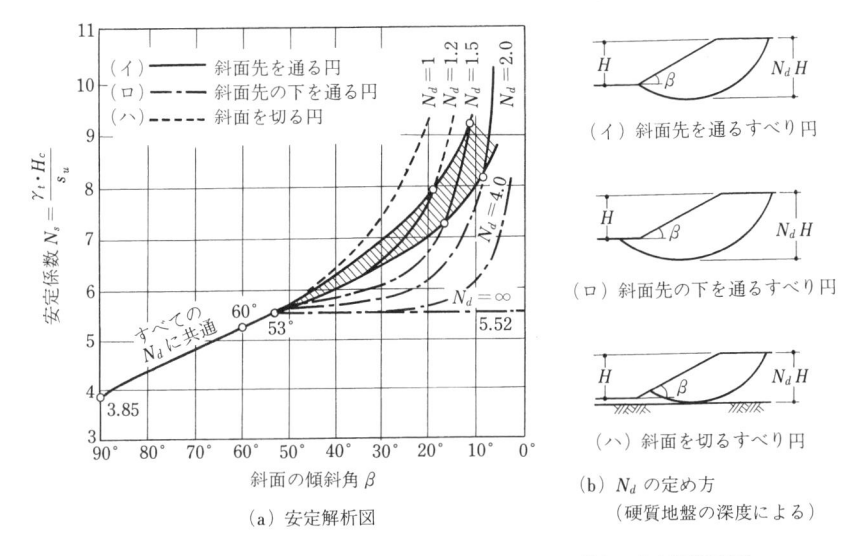

図 12.3 均一な粘性土地盤に盛土を急速載荷した場合の安定解析図[1]※

ばよい．図 12.3 に示した図は，テイラー（Taylor）[1] がこのような条件下での盛土に対する安全性を検討するために作成した図である．検討の容易さを考えてテイラーは，盛土部分のせん断強さも s_u であると仮定し安定性の解析を行っている．

図 12.3 をもとに，盛土がすべり破壊を起こす限界高さ H_c(m) は

$$H_c = N_s \frac{s_u}{\gamma_t} \tag{12.5}$$

ここに N_s：安定係数，s_u：地盤（および盛土）の非排水せん断強さ（kN/m^2），

γ_t：盛土の単位体積重量（kN/m^3）

で求められ，すべりに対する安全率 F_s は

$$F_s = \frac{H_c}{H} \tag{12.6}$$

により求められる．

[**例題 12.2**]　$s_u = 20 \text{kN/m}^2$ で厚さが大きい粘土地盤上に $\gamma_t = 16 \text{kN/m}^3$, $H = 6\text{m}$ の

盛土を斜面角 β が① 40°，② 70° で急速施工した場合のすべり破壊に対する安全率を図 12.3 を用いて求めよ．

（解）$N_d = \infty$（粘土地盤の厚さが大）という条件になるので

① 図 12.3 (a) より $N_s = 5.52$，$N_s = \dfrac{\gamma_t H_c}{s_u}$ だから

$$H_c = \dfrac{5.52 s_u}{\gamma_t} = \dfrac{5.52 \times 20}{16} = 6.9\,\text{m}, \quad F_s = \dfrac{H_c}{H} = \dfrac{6.9}{6} = 1.15$$

（注：斜面先の下を通るすべり円となる〔図より一点鎖線となるので〕）

② $N_s = 4.8$

$$H_c = \dfrac{4.8 \times 20}{16} = 6.0\,\text{m}, \quad F_s = \dfrac{6}{6} = 1.0 \text{（限界状態である）}$$

（注：斜面先を通るすべり円となる〔図より実線となるので〕）

D　スライス法による斜面の安定解析

前項 C で説明した円弧すべり条件に対する斜面の安定解析を，より詳細にまたより複雑な条件に対して実施できるように工夫された斜面の安定解析法がスライス法（分割法）と呼ばれる方法である．

図 12.4 に示すように，すべり面を円弧で表し，これより上の土塊を n 個のスライスに分割して，安定解析を行う．円弧の半径を r，その中心点を O とし，

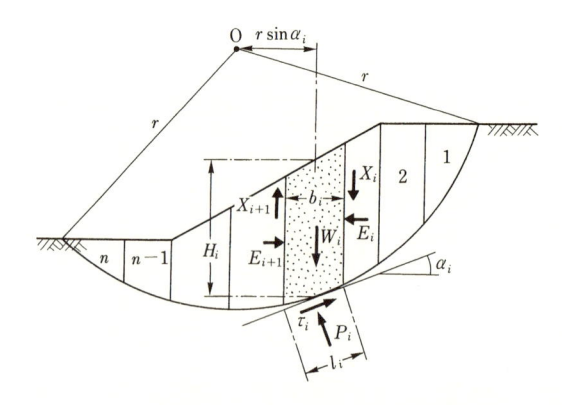

図 12.4　スライス法による安定解析

12.1 斜面の安定解析

右から数えてi番目のスライスにつき，力の平衡と破壊条件式を作る．このスライスの幅をb_i，高さをH_i，重量をW_iとし，また，スライスの底面の長さをl_i，その勾配をα_iとする．スライスの両側面には$E_i, E_{i+1}, X_i, X_{i+1}$なる力が作用している．このようにスライスの数が$n$個の場合，未知数が条件式の数より$(n-2)$個多く，$(n-2)$次の不静定問題となり解を得るためには何らかの工夫が必要となる．そこで，比較的影響度の少ない$E_i, E_{i+1}, X_i, X_{i+1}$を無視して（隣のスライスとの間でほぼ相殺される）解析を行うことにする．すべり面に作用する垂直力をP_i，せん断力をτ_iとして，式（12.2）をもとに安全率F_sを求めると

$$F_s = \frac{\sum_{i=1}^{n} \tau_i l_i r}{\sum_{i=1}^{n} W_i r \sin\alpha_i} = \frac{\sum_{i=1}^{n} \tau_i l_i}{\sum_{i=1}^{n} W_i \sin\alpha_i} \tag{12.7}$$

式（12.7）は，粘性土への瞬間載荷の場合には

$$F_s = \frac{\sum_{i=1}^{n} s_{ui} l_i}{\sum_{i=1}^{n} W_i \sin\alpha_i} \tag{12.8}$$

となり，砂質土あるいは粘性土への緩速載荷の場合には

$$F_s = \frac{\sum_{i=1}^{n} (c_i' l_i + W_i \cos\alpha_i \tan\phi_i')}{\sum_{i=1}^{n} W_i \sin\alpha_i} \tag{12.9}$$

となる．この手法は，スウェーデン法あるいはフェレニウス（Fellenius）法と呼ばれている．

次に，スライス法の一種であるがスウェーデン法よりも精度の高い解と位置づけられる方法が，ビショップ（Bishop）法[2]である．ビショップ法は有効応力解析を前提とし，さらにスライス間に働く鉛直方向力X_i, X_{i+1}を考慮し，鉛直方向のつり合い条件より解を求めたもので，その解は次式のとおりとなる．

$$F_s = \frac{1}{\sum W \sin\alpha} \sum \frac{c'l\cos\alpha + (W - ul\cos\alpha)\tan\phi'}{\cos\alpha(1 + \tan\alpha \tan\phi'/F_s)} \tag{12.10}$$

なお，式（12.10）ではスライス番号は簡略化のため，省略して表示されている．式（12.10）では，式の右辺にも安全率F_sが入っているので，F_sの値を仮

定して計算を行い，求まった F_s を再び右辺に代入して再計算を行うことを繰り返し，仮定値に近い F_s が求まるまで反復計算を行う必要がある．しかし，通常は2〜3回の計算で収斂することが知られている．

もう1つの精密解といわれる手法がヤンブー（Janbu）法[3]と呼ばれる方法である．ヤンブーはスライス間に作用する鉛直方向の力のつり合いに加え，水平方向の力のつり合いも考慮して解を導いておりビショップ法よりさらに複雑な式となっている．この解を詳しく説明することは本書の目的を超えていると考えられるので，ヤンブー法の具体的解の紹介は省略する．なお，ヤンブー法は非円形の複雑なすべり面にも適用が可能な手法である．

一般的にスウェーデン法が最も小さな安全率を示し（実務に関し安全側の解），ビショップ法が逆に大きな安全率を示し，ヤンブー法がその中間になる場合が多い．

なお，浸透流のある場合や，水位急低下の場合などには，浸透水圧を含めた有効応力解析が必要となるが，これも本書の目的範囲を超えているので詳細についてはしかるべき図書を参照されたい．

E. コンピュータによる斜面の安定解析

以上に説明した，いくつかの安定解析法は，いずれもすべり円の位置が決まっている場合に対するものであり，実際にはすべり円の位置・大きさも変化させて検討する必要がある．したがって1つの断面に対する安全率を求めるためには，きわめて多くの計算を行う必要がある．このような問題には，コンピュータを利用するのが最良で，多くの斜面安定解析用プログラムが開発されており，実務ではそれを利用することが多い．

図12.5(a)に示した地盤と盛土の条件に対し，コンピュータを用いて安定解析を行った結果が図12.5(b)である．図12.5(b)に示すように

① 安定解析を行うべきすべり円の中心点を，通常は格子点状に指定する
② すべり円の半径に関し限界値を指定する（図12.5(a)の場合には $-9\,\mathrm{m}$ 以浅のすべり円となる）

の指示を与えることにより，コンピュータは格子点ごとにすべり円の半径を変えて安定解析を行い，1つの格子点ごとに最小の安全率とそのときのすべり円

12.1 斜面の安定解析

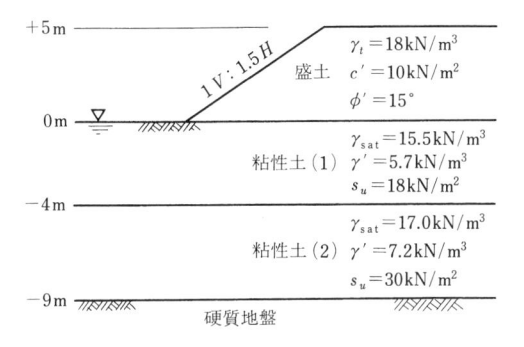

盛土
$\gamma_t = 18\text{kN/m}^3$
$c' = 10\text{kN/m}^2$
$\phi' = 15°$

粘性土(1)
$\gamma_{sat} = 15.5\text{kN/m}^3$
$\gamma' = 5.7\text{kN/m}^3$
$s_u = 18\text{kN/m}^2$

粘性土(2)
$\gamma_{sat} = 17.0\text{kN/m}^3$
$\gamma' = 7.2\text{kN/m}^3$
$s_u = 30\text{kN/m}^2$

硬質地盤

(a) 解析条件

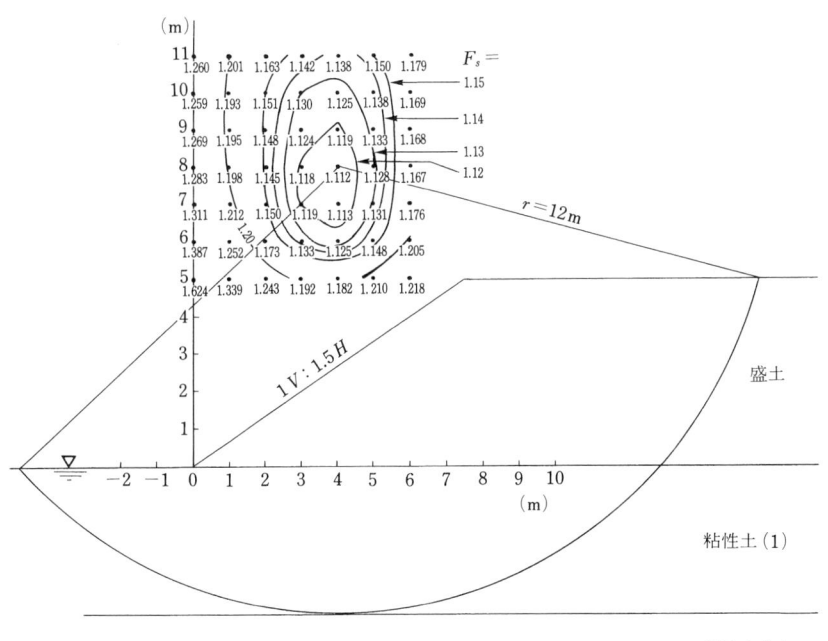

$F_s =$ 1.15, 1.14, 1.13, 1.12

$r = 12\text{m}$

$1V : 1.5H$

粘性土(1)
粘性土(2)

(b) 解析結果

図 12.5 コンピュータによる斜面の安定解析

の半径を答える．その最小安全率を格子点ごとに表記し，安全率のコンター図を作ると，最小安全率を取り囲むようにコンター図が書ける．このようにして得られた最小安全率が，その斜面のすべりに対する安全率である．図12.5 (b) の場合には，$F_s=1.112$ であり，すべり円の半径は 12 m という答になる．

コンピュータによる解析において注意すべき事項は，① 利用する解析ソフトがどのような解析条件（手法）により作成されているかを認識すること，② 入力する諸定数が原位置における条件および解析手法に十分合致したものとなっているかの確認，が重要である．この2点に関し誤りがあれば，いくら複雑な計算をしても，その結果の信頼性はきわめて低いことを肝に銘じておく必要がある．

12.2 鉛直切り取り面の安全性

地盤が粘着力成分をもっている場合（主として粘性土）には，ある程度の深さまで土留壁を設置しないで鉛直に切り取ることができる．このように，鉛直切り取り面の自立しうる限界高さ H_c を求める方法として，ランキンの主働土圧式をもとに行う方法がある．すなわち，11章で求めたランキンの主働土圧合力 P_A' を求める式（下記）をもとに

$$P_A' = \frac{1}{2}\gamma_t H^2 \tan^2\left(45° - \frac{\phi'}{2}\right) - 2c'H\tan\left(45° - \frac{\phi'}{2}\right) \quad (12.11)$$

（注：通常，地下水面より上なので γ' の代わりに γ_t を用いた）
土圧合力がゼロとなる高さが H_c になると考え，$P_A'=0$ とおくことにより H_c は

$$H_c = \frac{4c'}{\gamma_t \tan\left(45° - \frac{\phi'}{2}\right)} = \frac{4c'}{\gamma_t}\tan\left(45° + \frac{\phi'}{2}\right) \quad (12.12)$$

となる．鉛直に地盤を切り取る作業は，通常比較的短時間で行われるので，式 (12.12) に UU 条件（$c'=s_u, \phi'=0$）を適用すると

$$H_c = \frac{4s_u}{\gamma_t} \quad (12.13)$$

が得られる．この H_c は**鉛直自立高さ**とも呼ばれている．

[**例題 12.3**] ① $s_u=25\,\mathrm{kN/m^2}$, $\gamma_t=16\,\mathrm{kN/m^3}$ の地盤を鉛直に切り取る場合の鉛直自立高さ H_c を求めよ．② 図 12.3 を用いると H_c はいくらになるか．③ ①と②の答を比較し，その差の理由に関し意見を述べよ．

（**解**） ① $H_c = \dfrac{4s_u}{\gamma_t} = \dfrac{4\times 25}{16} = 6.25\,\mathrm{m}$

② $\beta=90°$ より $N_s = 3.85 = \dfrac{\gamma_t H_c}{s_u}$, $H_c = 3.85\times\dfrac{25}{16} = 6.02\,\mathrm{m}$

③ 答はほぼ等しいが，少し異なっている．
〔理由〕①はランキン土圧論をベースにしているので，すべり面が直線である．②は円弧すべり面を仮定している．これが相違の理由である．粘性土地盤では，すべり面は円弧に近いケースが多いので②の答が現実に近いと推定される．

12.3 自然斜面の安定性の検討

これまでは，主として人工盛土による斜面の安定問題などを中心に，斜面および基礎地盤の特性が把握しやすく，したがってその強度定数がある程度の精度で定められる場合を対象に検討を行ってきた．それに対し，自然にできた山肌や崖地のような自然斜面の安定性検討はより難しくなる．その理由は「自然斜面を構成する地盤は，一般に均質でなく変化に富み，したがってある一定の強度定数を定めて，その安定性を正しく評価することが難しい」ことによる．また，条件の変化も激しい．

斜面，とくに自然斜面の安定性を変化させるいくつかの要因を挙げると
① 降雨により地盤の含水比が上昇し，すべりを起こそうとする地盤の重量が増大する．⇒すべりを起こそうとする力の増加．
② 降雨により地下水位が上昇する．⇒地盤中の有効応力が減少し，したがって地盤のせん断強さが低下する．
③ 地下水の浸透圧が斜面の安定性を低下させる．
の 3 点が主要なものといえる．

228   12章　斜面の安定

A　降雨と斜面の安定との関係

上述のとおり，強い降雨は斜面の安定性を低下させる．梅雨期の集中豪雨時や台風時に各地で斜面崩壊が起こることは，これを物語っているわけである．では，どの程度の降雨量が斜面安定に影響するのであろうか．

表12.1は，ブラント（Brand）[4)]がホンコンの自然斜面の崩壊と降雨量の関係を分析し（図12.6），1時間当たりの降雨量（降雨強度に対応する）および1日当たりの降雨量（累積雨量に対応する）と斜面崩壊の関係を分析したものである．「時間雨量が70 mm/時間を超えるか，日雨量が200 mm/日を超える」と大規模な斜面崩壊が起こりやすくなることが示されている．これはホンコンのデータをもとにした表であるが，日本を含め世界的にほぼ同様の傾向が観測

表 12.1　ホンコンにおける斜面崩壊と降雨強度との関係[1)*]

時間雨量 (mm)	斜面崩壊の程度	発生頻度	24時間の総雨量 (mm)
100	大災害的	5年に1回	300
70	大 規 模	2年に1回	200
40	小 規 模	1年に3回	100
0	発生しない	—	0

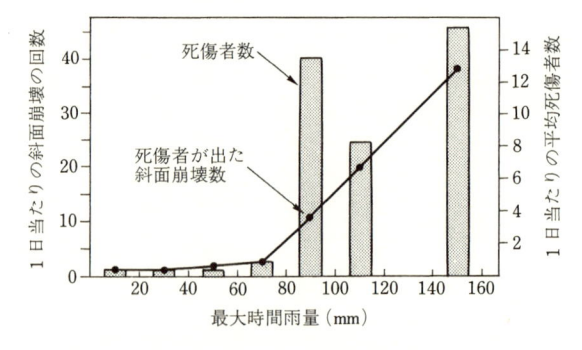

図 12.6　ホンコンにおける時間雨量と斜面崩壊との関係[4)*]

12.3 自然斜面の安定性の検討

されている．

B. 自然斜面の安定性検討

以上のとおり，自然斜面の安定性検討は簡単ではなく，また降雨量と深い相関がある．したがって，斜面の安定性を検討し，その崩壊を予知するためには，論理的な数式による検討よりも，斜面の状況と雨量の2項目を主要要素として，斜面の安定性を判断するのが現実的・実務的に有用である．表12.2～表12.4はJR（旧国鉄）が鉄道沿いの斜面の安定性を検討するために約900箇所の斜面を約20年にわたり観測した結果をもとに作成した「斜面の安定性判定表」である．降雨量との対応も取り入れられており，実務的に大変有用な斜面安定の検討表であるといえる．

表12.2 斜面の安定性判定表〔切り取りのり面採点表〕

素因点	のり高	$h<5m：0$ 点，$5～10m：-5$，$10～20m：-15$，$20m<h：-25$
	のり勾配	1.5 割$=0$，1割$=-5$，1割より急$=-10$
		（注：1.5割は $1V：1.5H$）
	土質・地質の特殊条件	水に弱い純砂$=-10$，砂質土$=-5$，粘性土$=0$
	表層土厚さ	$t<0.5m：0$，$1m$ 前後$=-10$，$t>1.5m：-15$
	湧水関係	あり$=-10$，常に湿潤$=-10$，乾燥$=0$
	排水条件	のり肩部に水の集まりやすい地形$=-5$
		その他の地形$=0$
	集水条件	集水範囲$>1000m^2：-5$
		$<1000m^2：0$
	特異層	崖錐，扇状地，地すべり崩土等あり：-10
防 護 点		工法により，$+10$ あるいは $+20$

採点＝基本点60＋素因点＋防護点＋判断点（現場の事情に応じ）±20
（max 100点～min 20点となる：点数が高いほど安定性大）

表12.3 耐えうる日雨量と採点

耐えうる日雨量	採　　点
450mm	100点
400	90
350	80
300	70
250	60
200	50
150	40
100	30
50	20

12章 斜面の安定

表 12.4 斜面の安定性判定結果表

切り取りのり面採点表（土砂斜面用）

1985年10月 （対策後）
1983年 3月 （対策前）

山陽本線沿いのある斜面						対策前	対策後
基　本　点			（原則として60点となる）			60	60
素因点	のり高		5m以下 0	5～10m -5	10～20m -15	20m以上 -25	-15	-15
	のり勾配		1割より急 -10	1割 -5		1割5分 0	0	0
	土質・地質の特殊条件		水に特に弱い土質・純砂 -10	砂質土 -5		その他の粘性土 0	0	0
	表面土厚さ		0.5m以下 0	1.0m以下 -10		1.5m以上 -16	-15	-15
	湧水関係		湧水あり -10	のり面は常に湿潤 -5		のり面は乾燥 0	0	0
	のり面への水の集中しやすさ	のり肩部の状況	水が集まりやすい地形 -5		その他の地形 0		0	0
		のり面への集水範囲	1,000m² 以 上 -5		1,000m² 以 下 0		-5	0
	特異層に対する配慮		特異層が認められる崖錐・扇状地・火山砕屑物・地すべり崩土 -10				0	0
防護工点	防護工種別	浸食防止表面土強化	よ　く　繁　茂　し　た　植　生			+10		
			張　コ　ン　ク　リ　ー　ト			+10		
			ブ　ロ　ッ　ク　張			+10		+10
			石　　　　　　　　張			+10		
			場　所　打　格　子　枠　工			+20		+20
		排水処理	の　り　肩　排　水　溝			+10		+10
			た　　て　　下　　水			+10		+10
			肩　　　　　　　　溝			+10		
			水　平　ボ　ー　リ　ン　グ			+20		
		高斜面補強	土　　留　　擁　　壁			－		
判　断　点			（現場の実情に応じる）			±20	0	0
					計		25	95
					判　　定		危険	安定

2 年 確 率		70 年 確 率	
確率日雨量	評 価 点	確率日雨量	評 価 点
130	36	285	67

表12.4は，実際に山陽本線沿いの斜面について，改修前と改修後に安定性の採点を行った例である．改修により安定性が向上したことが示されている．

[演習問題]

12.1 図12.5(a)の条件に対する安定解析を，図12.3を用いて検討し，その結果を図12.5(b)と比較しコメントを述べよ（図12.5(a)の解析条件を図12.3が使えるように簡略化する必要がある．どのように簡略化するのがよいかも考えよ）．

12.2 ① 図12.5(a)の盛土および地盤の非排水せん断強さs_uがすべて$15\,\mathrm{kN/m^2}$であるとして，$F_s=1.3$を確保して盛土できる限界盛土高を図12.3を用いて求めよ．なお，盛土のγ_tは$18\,\mathrm{kN/m^3}$である．② 地盤の強度増加率s_u/pは0.35である．上記の一次盛土による圧密度が80%になった時点での盛土下地盤のs_uはいくらになるか．③ その後，二次盛土を$+5\,\mathrm{m}$まで施工したときのF_sを求めよ．

[参考文献]

1) Taylor, D. W.: Stability of Earth Slopes, J. Boston Soc. Civil Engers., 24, pp. 197-246, 1937

2) Bishop, A. W.: The Use of the Slip Circle in the Stability Analysis of Slopes, Geot., 5, pp. 7-17, 1955

3) Janbu, N.: Application of Composite Slip Surfaces for Stability Analysis, Proc. European Conf. on Stability of Earth Slopes, Sweden, 3, pp. 43-49, 1954

4) Brand, E. W.: Predicting the Performance of Residual Soil Slopes, Proc. of 11th Int. Conf. on Soil Mechanics and Foundation Engineering, San Francisco, Volume V, pp. 2541-2578, 1985

13

地盤の支持力

われわれは生活のために，地盤上に種々の構造物を建設する．たとえば，高層ビル，オイルタンク，橋梁を支える橋脚や橋台，住宅や校舎などの建物，など多種・多様である．このような構造物が地盤によって安全に支えられるか否かを検討することが地盤の支持力の検討である．一方，その構造物を支える地盤の種類もさまざまである．本章では，このように多様な構造物と地盤との組合せに対して，支持力の検討をどのように行えばよいかを学ぶこととする．

13.1 地盤の支持力とは

地盤の支持力を検討するに当たり，その対象となる構造物も上述のように多種・多様であるが，それを支える地盤も軟弱地盤から岩盤までさまざまなものが存在する．したがって，支持力の検討では，① 構造物の大きさや沈下に対する許容性などの構造物の条件と，② それを支える地盤条件，の相関関係を念頭に置いて検討することが必要となる．

具体例を考えてみよう．図 13.1 (a) に示す 50 階建の高層ビルの場合，ビルの荷重を建物の底板全体で地盤に支えられる構造にしたとすると（このような基礎を，**直接基礎**あるいは**べた基礎**という），図 13.1 (a) に示すように地盤には約 $500\,\mathrm{kN/m^2}$ という応力が発生する．この荷重を地盤が安全に支えられるか否か（地盤が破壊し，高層ビルが転倒することはないか）ということの検討とともに，地盤が破壊せず安全に支えられる場合にもビル荷重により地盤（＝高層ビル）がどの程度沈下するかという検討も必要となる．高層ビルの場合，

13章 地盤の支持力

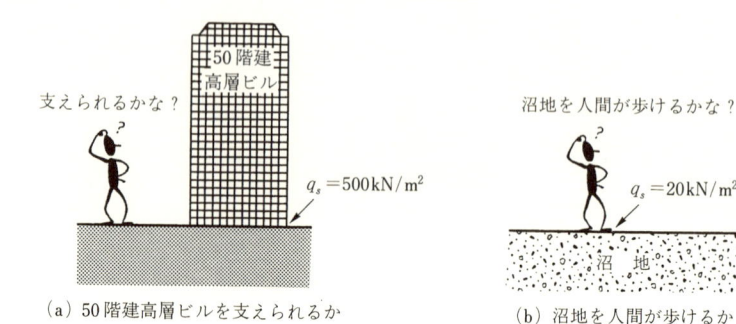

(a) 50階建高層ビルを支えられるか
支えられるかな？ 50階建高層ビル $q_s = 500\,\text{kN/m}^2$

(b) 沼地を人間が歩けるか
沼地を人間が歩けるかな？ $q_s = 20\,\text{kN/m}^2$ 沼地

図 13.1 地盤の支持力とは

この沈下量が5cm程度を超えると，入口へのアプローチや上下水道の管路などに問題が生じる．したがって，支持力の検討は，① 地盤が破壊しないか，② 沈下量は許容値以下か，の2点の解析が中心となる．

図13.1(b)は，沼地（軟弱粘土地盤）を人間がそっと歩けるか否かのチェックである．図に示すように，体重（質量）60kg（重量は $60\,\text{kg} \times 9.81\,\text{m/s}^2 = 589\,\text{N}$）の人が全体重を片足に乗せたときに地盤に与える応力は片足の面積を $30\,\text{cm} \times 10\,\text{cm}$ と仮定すれば $589\,\text{N}/0.03\,\text{m}^2 = 19.6\,\text{kN/m}^2$（約20kPa）となる．軟弱地盤がこのオーダーの応力に耐えられるか否かが，人間がこの沼地を歩けるか否かの答となる．この沼地に湿地ブルドーザーが入れるかどうかといった検討も，同様の解析により解答が得られる．

調査船や調査機械が火星や月に着地し走行できるかどうかといった問題も，地球との重力加速度の違いを念頭に入れ，同様の検討を行って解答が得られるわけである．

13.2 支持力に関する基本事項

A 荷重–沈下の関係

図13.2(a)に示すように，地盤上に載荷板を置き荷重を増加させながら，載荷板の沈下量を計測すると，その結果は図13.2(b)のようになる．この図において，荷重–沈下量の関係が直線的関係から曲線化し始める時点の荷重を

「**降伏荷重**」といい，これを単位面積当たりで示すと「**降伏応力**」となる．また，さらに荷重を増加していくと，ある荷重で沈下が継続して進行しそれ以上荷重を増加させることができなくなる．この荷重を「**極限荷重**」といい，単位面積当たりで示したものを「**極限支持力**」あるいは「**極限支持力度**」と呼ぶ．なお，この降伏応力および極限支持力は，後述するが同一の地盤でも載荷板（構造物基礎）の大きさにより変化するので留意する必要がある．

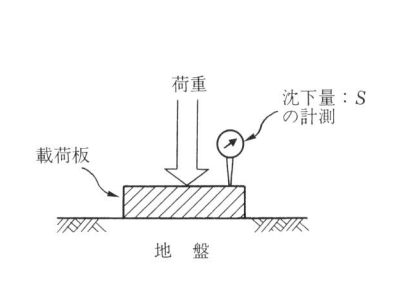

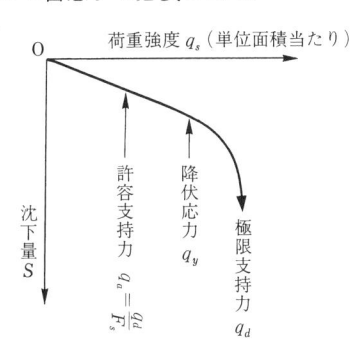

（a）載荷板への載荷

（b）荷重 - 沈下と支持力

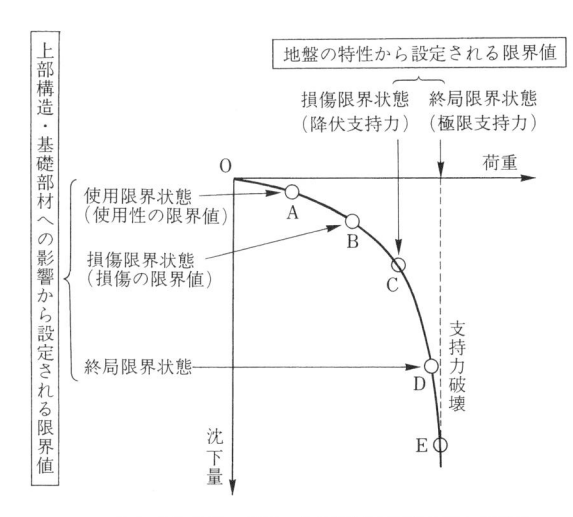

（c）直接基礎の荷重 - 沈下関係と限界状態の対応[1)]

図 13.2 荷重 - 沈下の関係と支持力

なお，図 13.2 (c) には，図 13.2 (b) を「上部構造・基礎部材への影響から設定される限界値」と「地盤の特性から設定される限界値」の関係として図示した[1].

B 基礎の種類

構造物の基礎は，下記のように分類される．

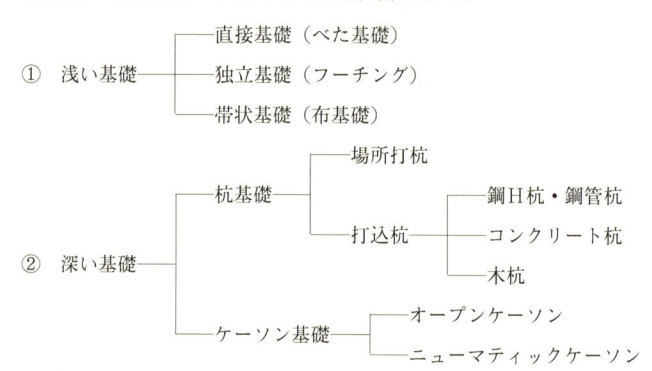

① 浅い基礎 ─┬─ 直接基礎（べた基礎）
　　　　　　├─ 独立基礎（フーチング）
　　　　　　└─ 帯状基礎（布基礎）

② 深い基礎 ─┬─ 杭基礎 ─┬─ 場所打杭
　　　　　　│　　　　　└─ 打込杭 ─┬─ 鋼H杭・鋼管杭
　　　　　　│　　　　　　　　　　├─ コンクリート杭
　　　　　　│　　　　　　　　　　└─ 木杭
　　　　　　└─ ケーソン基礎 ─┬─ オープンケーソン
　　　　　　　　　　　　　　　└─ ニューマティックケーソン

この基礎形式のうち浅い基礎を図 13.3 に図示した．

なお，深い基礎の一種である「ケーソン基礎」は，箱型の鉄製あるいはコンクリート製の基礎構造物を事前に製作し，それを基礎建設現場に運搬し支持地盤上に設置することにより建設される基礎構造物である．なお，ケーソン（caisson）という表現は，英語で水密になった箱という意味の言葉を語源としている．ケーソンの中で「ニューマティックケーソン」と呼ばれるものは，ケ

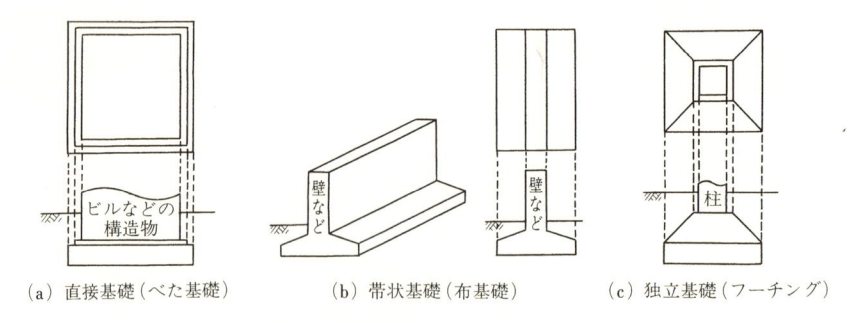

(a) 直接基礎（べた基礎）　　(b) 帯状基礎（布基礎）　　(c) 独立基礎（フーチング）

図 13.3　浅 い 基 礎

ーソンを支持地盤まで掘り下げて設置する作業時に，ケーソン内部に空気圧を与え地下水の浸入を防止しながら下部地盤を掘削する施工形式のケーソンのことである．

13.3 浅い基礎の支持力

A プラントルの理論解

土のような塑性材料の表面に分布荷重が作用した場合の破壊現象を理論的に最初に解析したのがプラントル（Prandtl）(1921)[2]の解と呼ばれるものである．プラントルは，厚肉の金属材料表面上の帯状荷重に対し，その最大支圧力を塑性理論により解析した．プラントルの解は次式で示される．

$$q_d = c' \cot \phi' \left[\tan^2\left(45° + \frac{\phi'}{2}\right) \exp(\pi \tan \phi') - 1 \right] \qquad (13.1)$$

ここに q_d：極限支持力（kN/m^2），c'：粘着力（kN/m^2），ϕ'：せん断抵抗角
　　　（内部摩擦角）

なお，プラントル解の原式は全応力表示であるが，本書では利用上の正確さを考え有効応力表示とした．このプラントル解に対する塑性材料の状態は図13.4に示すように，①主働限界領域，②対数らせん領域，③受働限界領域，の3領域に分かれることとなる．

プラントルは金属を対象として解を導いたのであるが，金属も土と同様に，破壊現象を考える場合には塑性材料と見なせるのでプラントル解が地盤の支持力解析にも利用できるわけである．

ここで式（13.1）において $\phi'=0$ の場合を考えてみよう．この場合には，式 (13.1) は $\frac{0}{0}$ の不定形になるが，ロピタルの定理 $\left(\lim_{x \to a} \frac{f(x)}{g(x)} = \lim_{x \to a} \frac{f'(x)}{g'(x)} \right)$ を利用することにより

$$q_d = (\pi+2)c' = 5.14 c' \qquad (13.2)$$

が得られる．式 (13.2) は，飽和粘土地盤に急速に載荷した場合の極限支持力を与える式で，この場合には $c' = s_u$ となるので

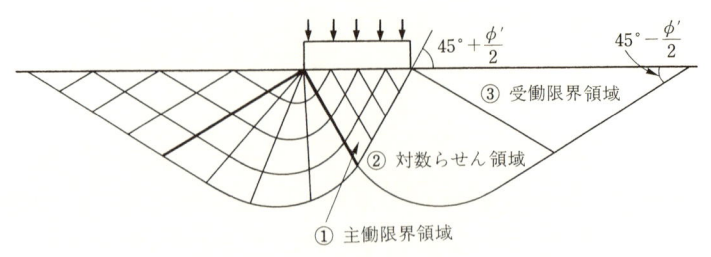

(a) プラントルの考えた破壊パターン

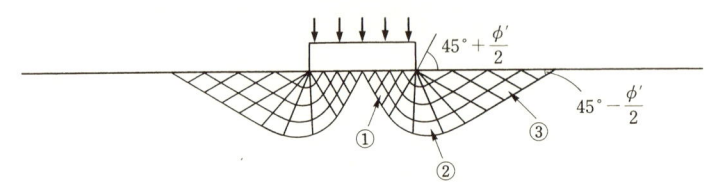

① 主働限界領域
② 対数らせん領域
③ 受働限界領域

(b) 底面が滑らかな場合には，このような
破壊パターンも考えられる（Hill の考えたパターン）
（注：(b) も (a) と同じ解が得られる）

図 13.4 帯状荷重による塑性材料の破壊パターン
（底面が滑らかな基礎，地盤 $\gamma=0$ の場合）

$$q_d = 5.14 s_u \tag{13.3}$$

と表示できる．なお，$s_u(\mathrm{kN/m^2})$ は粘性土の非排水せん断強さである．式 (13.3) は飽和粘性土地盤に急速載荷する場合の極限支持力を素早く求める上で大変便利な，かつ実用的な式である．

[**例題 13.1**] 式 (13.3) を用いて，本章の初め〔13.1 節，図 13.1 (b)〕で説明した「沼地を人間がそっと歩けるか否か」の限界の沼地地盤の非排水せん断強さを求めよ．

（**解**） 質量 60 kg の人間の重量は 589 N，片足の接地面積は 0.03 m² だから，接地圧 q_s は

$589\,\mathrm{N}/0.03\,\mathrm{m^2} = 19.6\,\mathrm{k\,N/m^2}$

$q_d = 19.6\,\mathrm{kN/m^2} = 5.14 s_u$ より $s_u = 19.6/5.14 = 3.81\,\mathrm{kN/m^2}$

が得られる．実際には，人間の歩行動作が接地圧を静かに平均的に沼地地盤に与えるこ

とは難しいので，上記計算結果の2～3倍程度の強さが必要であり，沿地地盤の限界非排水せん断強さは7.6～11.4kN/m² 程度であると推定される．

B　テルツァギの解

上述のプラントル解は，金属材料を主対象としているため，金属（支持層）の重量が支持力に与える影響は小さく無視されている．一方，地盤材料に構造物が載荷される場合には，地盤の重量が無視できず，また，基礎と地盤との間

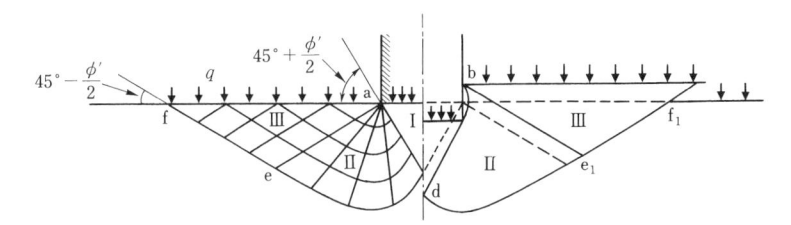

(a) 底面が滑らかな基礎，地盤はc', ϕ'をもち$\gamma_t=0$の場合
　　（中心線より右側の図は，基礎が沈下し地盤が限界状態
　　となった状況）

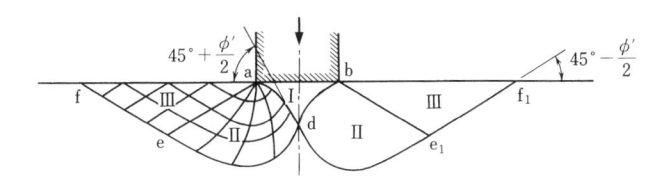

(b) 底面が粗な基礎，地盤は$c'=0$, $\phi'\neq 0$, $\gamma_t\neq 0$の場合

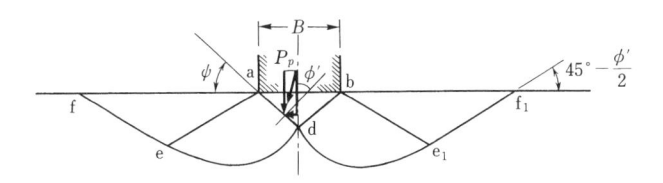

(c) 底面が滑らかな基礎，地盤は$c'=0$, $\phi'\neq 0$, $\gamma_t\neq 0$の場合

図 13.5　テルツァギの支持力を求める検討過程を示す図[3)4)]*

の摩擦抵抗も支持力に影響してくる．

図 13.5 に示したものは，テルツァギが「地盤の重量」「基礎と地盤との摩擦抵抗」などが，地盤の破壊パターンと支持力にどのような影響が出るかを検討した過程の図である[3]．このような種々の要素をすべて考慮し，正確な解を得ることはきわめて困難である（テルツァギは不可能と書いている[4]）．そこでテルツァギは，以下の 3 つの要素を合計することにより支持力を近似解として求めた．その 3 要素とは

① c', ϕ' をもち，自重 $\gamma_t=0$ の地盤上の滑らかな（地盤との間に摩擦抵抗がない）基礎の支持力
② $\gamma_t=0$ の地盤で，基礎外部に上載荷重 q があり，さらに基礎と地盤の間に摩擦抵抗がある（底面が粗な）基礎の支持力
③ 地盤は自重があり（$\gamma_t\neq0$），上載荷重 q はなく，底面が粗である基礎の支持力

である．このようにして導かれた支持力式は次のとおりである．

$$q_d = c'N_c + \gamma_t D_f N_q + \frac{1}{2}\gamma_t B N_\gamma \tag{13.4}$$

なお，図 13.6 に，式（13.4）に用いられている記号の説明を示した．テルツァギは，この解は近似解であるが，実際の支持力に非常に近い値を与え，また誤差は安全側である（実際の支持力より多少小さ目の値を与える）と述べている．なお，N_c, N_q, N_γ は支持力係数と呼ばれ，いずれも ϕ' の関数として示されるが，近似解とはいえ，いずれも相当複雑な式である．

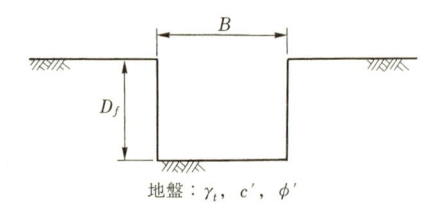

図 13.6 式（13.4）の記号の説明

式（13.5）に一例として，N_c の式を示した．

$$N_c = \cot\phi' \left\{ \exp\left[\left(\frac{3}{2}\pi - \phi'\right)\tan\phi'\right] \middle/ 2\cos^2\left(45° + \frac{\phi'}{2}\right) - 1 \right\} \tag{13.5}$$

なお詳細は，参考文献 3), 4) を参照されたい．このように，N_c, N_q, N_γ を

13.3 浅い基礎の支持力

計算するのが大変なため,テルツァギは実務に便利なように,N_c, N_q, N_γ の値を ϕ' の変化に対してグラフ化して示している.

以上のテルツァギ解は,その後の種々の試験結果と対比しきわめて妥当な値を与えることが確認され,また実務的でもあるため,現在,世界各国で広く利用されている.日本建築学会刊行の「建築基礎構造設計指針」[1]では,建築構造物の支持力を求める式として,このテルツァギ式をベースとし,さらにその後の研究・実験・実測結果を勘案した支持力算定式を示している.この支持力算定式ではテルツァギ式にさらに形状係数 α, β を導入することにより,帯状基礎の他,正方形,長方形,円形の基礎に対する支持力も求められる式となっている.本書では日本建築学会・指針式がやや専門的でわかりづらい点を修正し,式(13.6)を支持力算定式として示す.

$$q_d = \alpha c' N_c + \beta \gamma_1 B N_\gamma + \gamma_2 D_f N_q \quad (\mathrm{kN/m^2}) \qquad (13.6)$$

ここに q_d:極限鉛直支持力($\mathrm{kN/m^2}$)

c':基礎底面下にある地盤の粘着力($\mathrm{kN/m^2}$)

ϕ':基礎底面下にある地盤のせん断抵抗角

γ_1:基礎底面下にある地盤の単位体積重量($\mathrm{kN/m^3}$)
地下水位以下にある場合は水中単位体積重量をとる.

γ_2:基礎底面より上方にある地盤の平均単位体積重量($\mathrm{kN/m^3}$)
地下水位下にある部分については水中単位体積重量をとる.

α, β:表 13.1 に示す形状係数

N_c, N_γ, N_q:表 13.2 に示す支持力係数;せん断抵抗角 ϕ' の関数

D_f:基礎の根入れ深さ(基礎に近接した最低地盤面から基礎底面までの深さ)(m)

B:基礎底面の最小幅,円形の場合は直径(m)

なお,式(13.6)では,テルツァギの原式に対して第 2 項と第 3 項を入れ替えて表示しているので注意する必要がある.表 13.1 に形状係数を,表 13.2 に支持力係数をいずれも参考文献 1)より引用して示した.

表 13.1　形状係数[1]

基礎底面の形状	連続	正方形	長方形	円形
α	1.0	1.2	$1.0+0.2\dfrac{B}{L}$	1.2
β	0.5	0.3	$0.5-0.2\dfrac{B}{L}$	0.3

B：長方形の短辺長さ，L：長方形の長辺長さ

表 13.2　支持力係数[1]

ϕ'	N_c	N_q	N_γ
0°	5.1	1.0	0.0
5°	6.5	1.6	0.1
10°	8.3	2.5	0.4
15°	11.0	3.9	1.1
20°	14.8	6.4	2.9
25°	20.7	10.7	6.8
28°	25.8	14.7	11.2
30°	30.1	18.4	15.7
32°	35.5	23.2	22.0
34°	42.2	29.4	31.1
36°	50.6	37.8	44.4
38°	61.4	48.9	64.1
40°以上	75.3	64.2	93.7

ここで極限鉛直支持力 q_d に対し，使用限界支持力（従来の表現法では，許容支持力 q_a に近い）をどのように定めるかという実務的課題がある．図 13.2 (c) には，使用限界状態支持力値が点 A として示されているが，この値の決定には上部構造物との相関性の検討が必要であり容易ではない．これまでの多くの実験と研究，さらに実構造物に対する挙動観測結果などを勘案すると，使用限界支持力 q を q_d の 1/3 とすれば通常の構造物に関しては十分に安全である．

なお支持力値は，ϕ' の増加に対し大変に鋭敏で，ϕ' が大きくなると非常に大きな値を与える．日本建築学会設計指針では，実際の施工条件なども考慮し，$\phi' \geqq 40°$ の部分では支持力係数の値を一定値にすることとしている（図 13.7 参照）．

基礎の支持力に関し注視すべき点がさらに 1 つある．それは単位面積当たりの支持力値が，同じ地盤であっても基礎幅 B の増大に伴って大きくなる点である（ただし，$\phi' \neq 0$ の場合）．この理由としては，① 地盤の自重増大の影響，② ダイレイタンシー効果の影響，が大きいものと考えられる．すなわち，基

13.3 浅い基礎の支持力

礎幅が大きくなると，すべり面の位置が深くなり自重による応力が増えるため，すべり面上の応力が大きくなり，摩擦抵抗が大きくなる．また，同様の理由で基礎幅が大きくなると地盤中の拘束圧の大きい領域が広くなり，この領域ではダイレイタンシーが起こりにくくなり地盤の抵抗が大きくなる．$\phi'>0$ の地盤で基礎幅の影響が生じ，かつ，ϕ' の増大とともに影響度が大きくなることは，上記の説明を裏づけるものといえる．

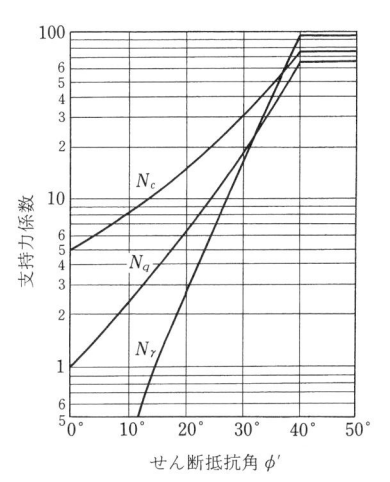

図 13.7 支持力係数とせん断抵抗角 ϕ' の関係[1]

[例題 13.2] 表に示す地盤条件の地点において地上 50 階，地下 2 階の高層ビルを建設する場合の極限鉛直支持力 q_d を求めよ．なお，ビルは 40m×40m の正方形の直接基礎により，深さ 6m の地盤に支持される．

	γ_t	ϕ'	c'
0〜5m	15 kN/m³	25°	20 kN/m²
5m 以深	20 kN/m³	34°	10 kN/m²

(なお地下水位は -6m，$\gamma_w = 9.8$ kN/m³ とする．)

また，上記ビルの1階当たりの重量が死・活荷重を合計して 8 kN/m²/階とすると，直接基礎で支持することが可能か否か判断せよ．

(解) $\gamma_1 = 20 - 9.8 = 10.2$ kN/m³， $\gamma_2 = \{15 \times 5 + 20 \times 1\} \div 6 = 15.8$ kN/m³

$\alpha = 1.2$， $\beta = 0.3$， $\phi' = 34°$ より， $N_c = 42.2$， $N_\gamma = 31.1$， $N_q = 29.4$

$q_d = \alpha c' N_c + \beta \gamma_1 B N_\gamma + \gamma_2 D_f N_q$

$= 1.2 \times 10 \times 42.2 + 0.3 \times 10.2 \times 40 \times 31.1 + 15.8 \times 6 \times 29.4$

$= 7100$ kN/m² (7.1 MN/m²)

構造物重量：8 kN/m²/階 × 52 階 = 416 kN/m² は q_d の約 6% で十分に小さい．沈下問題に対する検討が必要であるが（例題 13.4 参照），このビルは直接基礎により支持できる可能性が高いと考えられる．

C ランキンの主働・受働限界状態に基づく支持力

上述のプラントル解，テルツァギ解に比べると解の精度はやや下がるが基礎の支持力機構を理解するのに大変役立つ考え方として，ランキンの主働限界状態と受働限界状態を基に帯状基礎の支持力を求めることを試みる．

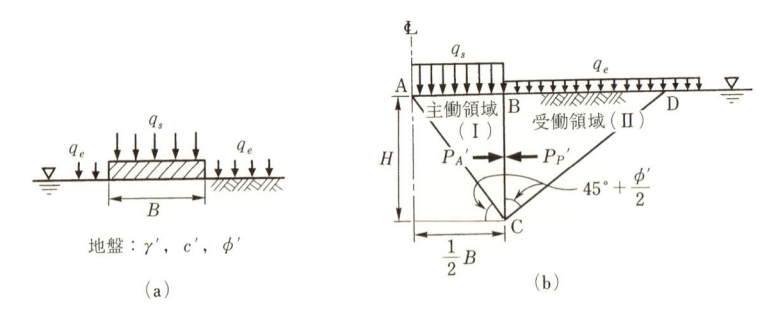

図 13.8 ランキンの主働・受働限界状態に基づく支持力の算定

図 13.8 (a) のように，紙面に垂直な方向に無限に長く，基礎幅 B の帯状基礎を考える．基礎下の地盤には単位面積当たり q_s の荷重が作用しており，基礎の外側の地盤には単位面積当たり q_e の上載荷重が作用している場合を考える．ここで，図 13.8 (b) のように，中心線に関して左右対称とし，基礎下の地盤が主働限界状態で，側部地盤が受働限界状態になった場合に全般せん断破壊が起こると考える（図 13.4 (b) の破壊パターンをベースとし，対数らせん領域を省略したもの）．このときの q_s が極限支持力 q_d になると考えて，これを求めることにする．

図 13.8 (b) を参照して，主働くさび（Ⅰ）と受働くさび（Ⅱ）のそれぞれが BC 面に及ぼす土圧 P_A' および P_P' を求め，$P_A'=P_P'$ とおくことにより q_d を求めることにする．図 13.8 (b) に示す条件より

$$P_A' = \left(\frac{1}{2}\gamma'H^2 + q_sH\right)\tan^2\left(45° - \frac{\phi'}{2}\right) - 2c'H\tan\left(45° - \frac{\phi'}{2}\right) \quad (13.7)$$

$$P_P' = \left(\frac{1}{2}\gamma'H^2 + q_eH\right)\tan^2\left(45° + \frac{\phi'}{2}\right) + 2c'H\tan\left(45° + \frac{\phi'}{2}\right) \quad (13.8)$$

13.3 浅い基礎の支持力

ここで $P_A' = P_P'$ とおくと

$$\left(\frac{1}{2}\gamma'H^2 + q_s H\right)\tan^2\left(45° - \frac{\phi'}{2}\right) - 2c'H\tan\left(45° - \frac{\phi'}{2}\right)$$
$$= \left(\frac{1}{2}\gamma'H^2 + q_e H\right)\tan^2\left(45° + \frac{\phi'}{2}\right) + 2c'H\tan\left(45° + \frac{\phi'}{2}\right) \quad (13.9)$$

次に，$\tan^2\left(45° + \frac{\phi'}{2}\right) = N_\phi'$，$\tan^2\left(45° - \frac{\phi'}{2}\right) = \frac{1}{N_\phi'}$ と略記することとし，また図13.8（b）に示す関係より次式が得られる．

$$\frac{H}{B/2} = \tan\left(45° + \frac{\phi'}{2}\right) = \sqrt{N_\phi'} \quad \therefore \quad H = \frac{B}{2}\sqrt{N_\phi'} \quad (13.10)$$

式 (13.10) を式 (13.9) に代入すると

$$\left(\frac{\gamma'B}{4}\sqrt{N_\phi'} + q_s\right)\frac{1}{N_\phi'} - 2c'\frac{1}{\sqrt{N_\phi'}} = \left(\frac{\gamma'B}{4}\sqrt{N_\phi'} + q_e\right)N_\phi' + 2c'\sqrt{N_\phi'}$$

が得られ，これを整理すると

$$\frac{q_s}{N_\phi'} = \frac{\gamma'B}{4}(N_\phi')^{\frac{3}{2}} + q_e N_\phi' + 2c'(N_\phi')^{\frac{1}{2}} - \frac{\gamma'B}{4}(N_\phi')^{-\frac{1}{2}} + 2c'(N_\phi')^{-\frac{1}{2}}$$

したがって

$$q_s = q_d = \frac{\gamma'B}{4}\left[(N_\phi')^{\frac{5}{2}} - (N_\phi')^{\frac{1}{2}}\right] + q_e(N_\phi')^2 + 2c'\left[(N_\phi')^{\frac{3}{2}} + (N_\phi')^{\frac{1}{2}}\right] \quad (13.11)$$

が得られる．この式 (13.11) とテルツァギ解〔式 (13.4)〕を比べると

$$\overline{N_c} = 2\left[(N_\phi')^{\frac{3}{2}} + (N_\phi')^{\frac{1}{2}}\right], \quad \overline{N_q} = (N_\phi')^2, \quad \overline{N_\gamma} = \frac{1}{2}\left[(N_\phi')^{\frac{5}{2}} - (N_\phi')^{\frac{1}{2}}\right] \quad (13.12)$$

となり，テルツァギ解と同様に支持力係数がいずれも ϕ' の関数として表現されている．

前出の表13.2にテルツァギ解に多少の補正を行った N_c, N_q, N_γ の値が示されている．式 (13.12) に対し $\phi' = 25°, 28°, 32°, 36°$ を与えて数値を求めてみると，表13.3のようになる．

表13.3に示されるように，ランキンの主働・受働限界状態に基づく支持力解は，テルツァギ解よりも小さな支持力係数を与えることがわかるが，テルツァギ解と同様に ϕ' の増大とともに支持力が大きくなることを示しており，そ

表 13.3 ランキン土圧に基づく支持力係数のテルツァギ解との比較

ϕ'	ランキン土圧			テルツァギ解		
	$\overline{N_c}$	$\overline{N_q}$	$\overline{N_\gamma}$	N_c	N_q	N_γ
25°	10.9	6.1	4.0	20.7	10.7	6.8
28°	12.6	7.7	5.6	25.8	14.7	11.2
32°	15.4	10.6	8.7	35.5	23.2	22.0
36°	19.0	14.8	13.6	50.6	37.8	44.4

の解がテルツァギ解と同じ形式で表されることと併せて,基礎の支持力機構を理解する上で興味深い解であるといえる.

[**例題 13.3**] 基礎地盤の破壊は,一般的には進行性破壊となる場合が多い.とくに,緩い砂などでは,基礎直下の土要素は限界状態となりせん断破壊に至るが,他の部分は限界状態には達していない場合がある.そこで,図 13.8(b)において領域(I)は主働限界状態となるが,側部地盤は限界状態にはならず,領域(I)のみの局部せん断破壊が生じたと考える.この場合の側部地盤は静止状態であると仮定し,このときの支持力を局部せん断破壊に対する支持力 q_L として,q_L を上述の方法により求めよ.なお,静止土圧係数は K_0 とせよ.

(**解**) 側部地盤の BC 面に対する静止土圧合力 P_{K_0}' は

$$P_{k_0}' = \int_0^H K_0 \sigma_v' dz = \int_0^H K_0 (\gamma' z + q_e) dz = \frac{1}{2} K_0 \gamma' H^2 + K_0 q_e H$$

$P_A' = P_{k_0}'$ とおくことにより

$$\left(\frac{1}{2}\gamma'H^2 + q_L H\right)(N_\phi')^{-1} - 2c'H(N_\phi')^{-\frac{1}{2}} = \frac{1}{2}K_0\gamma'H^2 + K_0 q_e H$$

$$\therefore q_L = \frac{1}{2}K_0\gamma'HN_\phi' - \frac{1}{2}\gamma'H + K_0 q_e N_\phi' + 2c'(N_\phi')^{\frac{1}{2}}$$

$$= \frac{1}{2}\gamma' \times \frac{B}{2}(N_\phi')^{\frac{1}{2}}[K_0 N_\phi' - 1] + K_0 q_e N_\phi' + 2c'(N_\phi')^{\frac{1}{2}}$$

$$= \frac{\gamma'B}{4}[K_0(N_\phi')^{\frac{3}{2}} - (N_\phi')^{\frac{1}{2}}] + K_0 q_e N_\phi' + 2c'(N_\phi')^{\frac{1}{2}} \tag{13.13}$$

式(13.13)が解である.式(13.11)による q_d 値と,$K_0 = 0.3, 0.6, 1.0$,$\phi' = 28°, 32°, 36°$ に対し $B = 10 \mathrm{m}$,$\gamma' = 7 \mathrm{kN/m^3}$,$q_e = 20 \mathrm{kN/m^2}$,$c' = 20 \mathrm{kN/m^2}$ として比較すると表

13.4のようになり，q_Lはq_dより大幅に小さくなっていることがわかる（局部せん断破壊は全般せん断破壊より早く始まる）．

表13.4 ランキン土圧解による支持力q_dとq_Lの比較

K_0	0.3			0.6			1.0		
ϕ'	28°	32°	36°	28°	32°	36°	28°	32°	36°
q_d (kN/m²)	598.8	819.4	1151.7	598.8	819.4	1151.7	598.8	819.4	1151.7
q_L (kN/m²)	78.3	90.8	106.9	119.1	141.1	169.7	173.5	208.1	253.4
q_L/q_d	0.13	0.11	0.09	0.20	0.17	0.15	0.29	0.25	0.22

13.4 浅い基礎の沈下量

A 弾性的沈下（即時沈下）

構造物基礎の沈下が構造物に及ぼす影響は，① 沈下量がその構造物の機能を妨げない範囲であるか否か，② 基礎各部相互間の不同沈下が構造物に悪影響を与えないか，の2点から検討しなければならない．

構造物の基礎地盤の沈下には，次の2要素が主要なものとなる．
① 弾性的沈下（即時沈下とも呼ばれる）
② 圧密沈下

このうち，第2項の圧密沈下は，しばしば構造物に深刻な影響を与える重要な事項であるが，7章で十分に議論しているのでここでは改めてふれないことにする．

一方，第1項の弾性的沈下は，地盤の荷重-沈下関係がほぼ直線的な領域で発生するものであり，かつ，構造物荷重の載荷と同時に発生するので，即時沈下とも呼ばれる．すなわち，その大部分が構造物の建設中に生じ，建設後はほとんど進行しない．この弾性的沈下は，地盤を一様な半無限弾性体と仮定し，その表面に作用する荷重に対し弾性論をもとに算出されるひずみを積分することにより求められ，次式により与えられる．

$$S_E = I_s \frac{1-\nu^2}{E} q_s B \qquad (13.14)$$

ここに　S_E：即時沈下量（m）

　　　　B：基礎の短辺長さ（円形の場合は直径）（m）

　　　　q_s：基礎に作用する荷重強度（kN/m^2）

　　　　E：地盤のヤング係数（kN/m^2）

　　　　ν：地盤のポアソン比

　　　　I_s：基礎底面の形状と剛性によって決まる係数（表13.5参照）

なお，式（13.14）の沈下係数 I_s の値は表13.5に示すとおりである[1]．また，実務において，地盤の E，ν の値をどのように定めればよいかについても参考文献1）に詳しく説明されている．

表 13.5　沈下係数 I_s [1]

底面形状	基礎の剛性	底面上の位置		I_s
円（直径 B）	0	中央		1
		辺		0.64
	∞	全体		0.79
正方形（$B \times B$）	0	中央		1.12
		隅角		0.56
		辺の中央		0.77
	∞	全体		0.88
長方形（$B \times L$）	0	隅角	$L/B=1$	0.56
			1.5	0.68
			2.0	0.76
			2.5	0.84
			3.0	0.89
			4.0	0.98
			5.0	1.05
			10.0	1.27
			100.0	2.00

B　許容沈下量と不同沈下量

構造物の性質や基礎形式により，許容される沈下量と不同沈下量は変化する．その目安を示すと表13.6，表13.7のようになる．この表に示されるように，

13.4 浅い基礎の沈下量

基礎形式および上部構造の構造形式や構造物の用途などにより，許容沈下量（＝使用限界状態総沈下量）および許容不同沈下量（＝使用限界状態不同沈下量）は変化する．

表 13.6 構造タイプ別の不同沈下量標準限界値（単位：cm）

構造種別	コンクリートブロック構造	鉄筋コンクリート構造		
基礎形式	布基礎	独立基礎	布基礎	べた基礎
標準値	1.0	1.5	2.0	2.0〜3.0
最大値	2.0	3.0	4.0	4.0〜6.0

表 13.7 構造タイプ別の標準許容総沈下量（即時沈下の場合）（単位：cm）

構造種別	コンクリートブロック構造	鉄筋コンクリート構造		
基礎形式	布基礎	独立基礎	布基礎	べた基礎
標準値	1.5	2.0	2.5	3.0〜(4.0)
最大値	2.0	3.0	4.0	6.0〜(8.0)

[**例題 13.4**] 40 m×40 m の正方形で，地表面下 6 m の直接基礎により建設する地上 50 階地下 2 階の高層ビルがある．このビルの 1 階当たりの重量は死・活荷重を合計して 8 kN/m²/階とし，支持地盤の変形係数 $E=500\,\mathrm{MN/m^2}$，ポアソン比 $\nu=0.4$ とする．
（イ）基礎が剛の場合，（ロ）基礎が柔の場合（中央，隅角，辺の中央の 3 点），の即時沈下量を求めよ．

（**解**）（イ）基礎が剛の場合

$$S_E = I_s \frac{1-\nu^2}{E} q_e B = 0.88 \times \frac{1-0.4^2}{500000} \times 8 \times 52 \times 40 = 0.0246\,\mathrm{m} = 2.46\,\mathrm{cm}$$

（ロ）基礎が柔の場合（3 点）

《中央》 $S_E = 1.12 \times \dfrac{1-0.4^2}{500000} \times 8 \times 52 \times 40 = 0.0313\,\mathrm{m} = 3.13\,\mathrm{cm}$

《隅角》 $S_E = 0.56 \times \dfrac{1-0.4^2}{500000} \times 8 \times 52 \times 40 = 0.0157\,\mathrm{m} = 1.57\,\mathrm{cm}$

《辺の中央》 $S_E = 0.77 \times \dfrac{1-0.4^2}{500000} \times 8 \times 52 \times 40 = 0.0215\,\mathrm{m} = 2.15\,\mathrm{cm}$

以上のとおり，総沈下量，不同沈下量（3.13−1.57＝1.56 cm）とも構造物の使用限界値以内になると判断できる．

13.5 深い基礎の鉛直支持力

A マイヤーホッフの解

テルツァギは,浅い基礎の支持力式(13.4)が深い基礎にも適用できると考えたが,その後の多くの研究および実測結果との対比より,式(13.4)を杭などの深い基礎に適用すると(図13.9左側の図),実際よりも過大な値を与える(危険側の解となる)ことが判明した.マイヤーホッフ(Meyerhof)[5]は,この原因として,深い基礎に対する地盤の破壊パターンは,テルツァギが考えたようにすべり線が地表まで達するものではなく,図13.9の右側の図に示すようにある深さのところで閉じた形状になるとして,深い基礎の支持力解を導いた.

しかし,このマイヤーホッフの解は,浅い基礎に対するテルツァギ解以上に複雑な解となるため,マイヤーホッフは彼の導いた理論解をもとに,実務に適用しやすい「深い基礎の鉛直支持力推定式」を,標準貫入試験によるN値をベースにして提案した.マイヤーホッフの提案した実用式は,砂質土地盤に対し

$$R_u = 40N\ A_p + \frac{\overline{N}}{5} A_f \qquad (13.15)$$

ここにR_u:杭の極限支持力(tonf/本):〔(注):×9.81とすれば(kN/本)となる〕

N:杭先端地盤のN値,$\overline{N}$:杭周面地盤の平均N値

A_p:杭先端の面積(m^2), A_f:杭周面の面積(m^2)

なお,式(13.15)に示されるように,深い基礎の支持力推定式は,「杭先端の支持力」と「杭周面の摩擦抵抗による支持力」の和として求める形となっており,式で示すと式(13.16)のようになる.

$$R_u = q_d A_p + \tau\ A_f \qquad (13.16)$$

ここにq_d:杭先端地盤の極限支持力(kN/m^2)

τ:杭と杭周地盤との摩擦抵抗力(kN/m^2)

R_u:杭の極限支持力(kN/本)

13.5 深い基礎の鉛直支持力

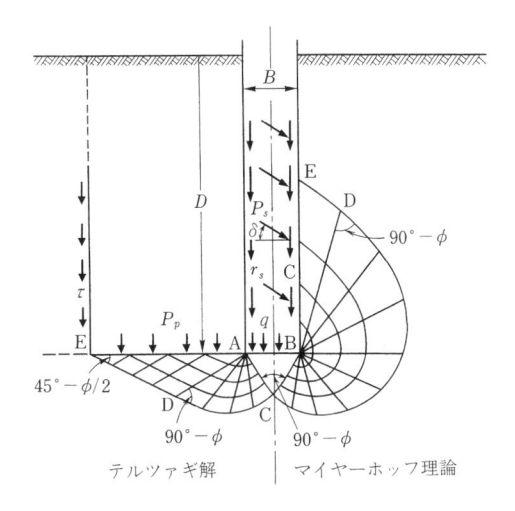

図 13.9 深い基礎の支持力機構[6]
（マイヤーホッフの解）

B 実務に用いられる支持力式

上述のマイヤーホッフの解および実用式をベースに、日本建築学会設計指針[1]では以下に示す推定式を実務に用いる深い基礎の支持力式として示している。これらの式は、マイヤーホッフの提案をもとに、その後の多くの支持力実測試験結果との対比検討を行い必要な修正を加えたものであり、現在、国際的に採用されている支持力算定法であるといえる。なお、最近では振動・騒音問題を避けるため、打込杭よりも場所打杭が多用されるようになっており、場所打杭の支持力を求める場合の注意事項に留意することが重要である。

（1） 打込杭に対して

〔砂質土の場合〕

$$R_u = 300\overline{N_1}\,A_p + 2.0\overline{N_2}\,A_f \qquad (13.17)$$

ここに R_u：杭の極限支持力（kN/本）

$\overline{N_1}$：杭先端より下に $1d$、上に $4d$ の範囲の地盤の平均 N 値（d は杭径）、ただし $\overline{N_1}$ の上限値を 60 とする。

$\overline{N_2}$：杭周面地盤の平均 N 値，ただし $\overline{N_2}$ の上限値を 50 とする．

〔粘性土の場合〕

$$R_u = 6s_{u_1}A_p + \beta s_{u_2}A_f \tag{13.18}$$

ここに　R_u：杭の極限支持力（kN/本）

　　　s_{u_1}：杭先端より下に $1d$，上に $4d$ の範囲の地盤の平均非排水せん断強さ（kN/m²），ただし s_{u_1} の上限値を $3\mathrm{MN/m^2}$ とする．

　　　s_{u_2}：杭周面地盤の平均非排水せん断強さ（kN/m²），ただし s_{u_2} の上限値を $100\mathrm{kN/m^2}$ とする．

　　　β：低減係数で $0.35 \sim 1.0$ の間の値となるが通常の杭なら 1.0 でよい．詳細は参考文献 1) p.217 参照．

　式（13.18）に対して，コーン貫入試験結果を用いる場合には，下記の式（13.19）により求めればよい．

$$R_u = 0.7q_cA_p + \beta s_{u_2}A_f \tag{13.19}$$

ここに　q_c：杭先端より下に $1d$，上に $4d$ の範囲の地盤の平均コーン貫入抵抗（kN/m²），ただし q_c の上限値を $25.7\mathrm{MN/m^2}$ とする．

（2） 場所打杭に対して

〔砂質土の場合〕

$$R_u = 100\overline{N_1}A_p + 3.3\overline{N_2}A_f \text{（kN/本）} \tag{13.20}$$

ここに　$\overline{N_1}$：杭先端より下に $1d$，上に $1d$ の範囲の地盤の平均 N 値（d は杭径）．ただし $\overline{N_1}$ の上限値を 75 とする．（注：上に $1d$ としているのは，一般に場所打杭の杭径が打込杭に比し大きいためである）．

上記以外の記号については式（13.17）と同じ．

　場所打杭の場合には，掘削により先端地盤が乱されること，および掘削孔中のスライム（細粒土など）がコンクリート打設前に孔底に沈積し，先端支持力を低下させる原因となるケースが多いことを考慮し，先端支持力を打込杭に比べて，低減することにしている点に留意する必要がある．

〔粘性土の場合〕

上記の問題が粘性土では起こりにくいと判断し，粘性土地盤での場所打杭の支持力式として

$$R_u = 6s_{u_1}A_p + s_{u_2}A_f \qquad (13.21)$$

または

$$R_u = 0.7q_c A_p + s_{u_2}A_f \qquad (13.22)$$

を用いる．なお，記号については式（13.18），式（13.19）と同じである．

ここで実務上の課題として残された問題が，使用限界状態に対応する支持力値（従来の手法での許容支持力 q_a に対応する）をどのように定めればよいかという課題である．原則的には，上部構の沈下量，不同沈下量等に対する要件を検討し定めることになるが，その検討には多くの要素が関係し容易ではない．これまでの多くの研究と，実構造物に対する挙動観測結果などを総合して考えると，実務的には R_u の 1/3 の値を使えば一般的には安全であるといえる．

[**例題 13.5**] 図 13.10 のような地盤に打ち込まれた①コンクリート杭および②鋼 H 杭の極限支持力を求めよ．なお，円筒形・H 形断面の打込杭は閉塞効果により，先端断

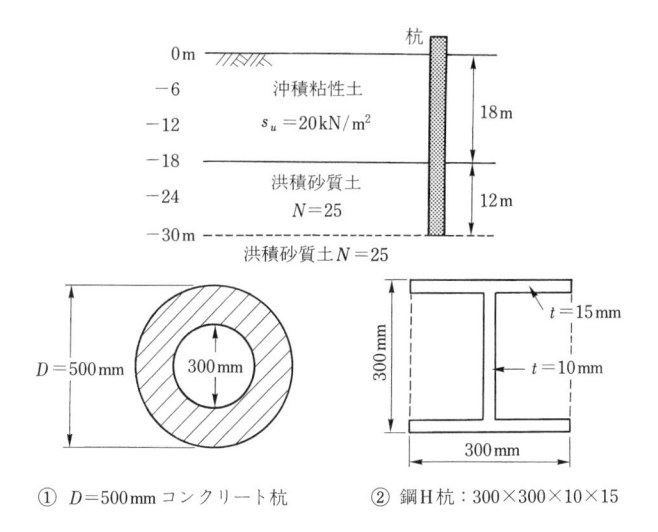

図 13.10 例題 13.5 の図

面積および杭周面積は,断面の外縁を結んだ面をとる(②では点線を結んだ断面).

(解)

① $A_p = \dfrac{\pi}{4} \times 0.5^2 = 0.196 \, \text{m}^2$,杭周長 $\phi = 0.5 \times \pi = 1.57 \, \text{m}$

$R_u = 300 \times 25 \times 0.196 + 2.0 \times 25 \times 1.57 \times 12 + 1.0 \times 20 \times 1.57 \times 18 = 2977 \, \text{kN/本}$

(2.98 MN/本)

② $A_p = 0.3^2 = 0.09 \, \text{m}^2$,杭周長 $\phi = 0.3 \times 4 = 1.2 \, \text{m}$

$R_u = 300 \times 25 \times 0.09 + 2.0 \times 25 \times 1.2 \times 12 + 1.0 \times 20 \times 1.2 \times 18 = 1827 \, \text{kN/本}$

(1.83 MN/本)

C 基礎の支持力の実測:載荷試験

基礎の支持力を実測し確認する試験が載荷試験と呼ばれる試験方法である.浅い基礎に対する支持力の実測は,基礎を支持する地盤に対して,実基礎をモデル化(小形化)した載荷板への載荷により行うのが一般的であり,図13.2を用いてすでに説明している.

ここでは,深い基礎の代表である杭基礎に対する載荷試験について説明する.この試験は単杭の支持力を確認する最も良い方法である.実際に打設した杭に対して載荷試験を行い,荷重と沈下の関係から降伏荷重,極限荷重(極限支持

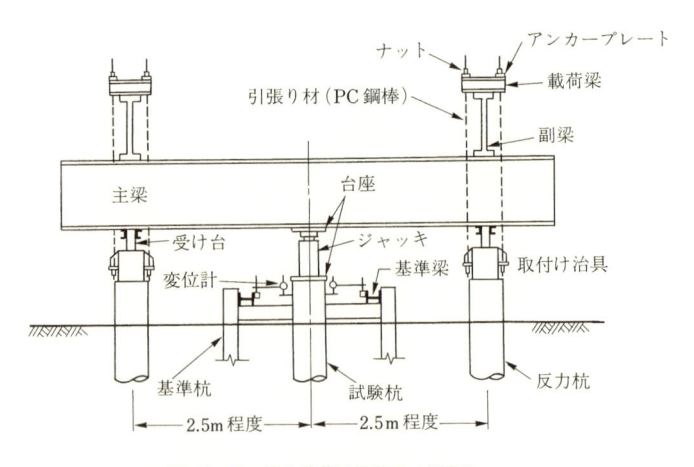

図 13.11 杭の載荷試験装置の例[7]※

力）などを求めることができる．

　杭の載荷試験は，1本の試験杭に対し，そのまわりに打設した数本の杭に反力を取り，試験杭に油圧ジャッキで載荷して荷重と沈下の関係を求めるのが最も一般的な方法である（図 13.11 参照）．しかし，ヨーロッパや東南アジア地域などでは，反力杭を用いる代わりに，多量の大型コンクリートブロックを積み上げて，これを反力として油圧ジャッキで試験杭に載荷する方法も利用されている．

　試験結果は，図 13.12 (a) に示すように，荷重–沈下量–時間の関係としてグラフ化して表示する．このグラフから降伏荷重，極限荷重などが求められるが，杭の極限支持力は一般に大きな値となるため，極限荷重まで載荷するのは困難で降伏荷重が明確に求められるか，あるいは設計支持力の 150〜200% の支持力が確認されれば，試験を終了するケースが多い．さらに，この結果を図 13.12 (b)〜(d) に示すように荷重-沈下の関係を対数目盛でプロットし，その折点を降伏荷重と定める方法もある．

D　杭の動的支持力推定法

　最近では，振動と騒音の問題があるため，打込杭の利用が少なくなっているので杭打ち記録をもとに動的支持力を求める場合が減少しているが，簡単に杭の動的支持力推定方法を説明しておきたい．

（1）　杭打ち公式による方法

　杭を打設する際の打ち止め時の記録をもとに杭の支持力を求めようとするものが「杭打ち公式」と呼ばれる支持力式である．

　杭打ち公式の基本的な考え方は式 (13.23) に示すとおりである．

$$W_H H = R_u S_d \qquad (13.23)$$

ここに　W_H：杭打ちハンマーの重量（kN）

　　　　H：杭打ちハンマーの落下高さ（m）

　　　　R_u：杭の極限支持力（kN）

　　　　S_d：杭打ちハンマー1打設当たりの杭沈下量（貫入量）（m）

すなわち，杭打ちのエネルギーが $W_H H$ で，これが地盤の抵抗力（極限支持力）

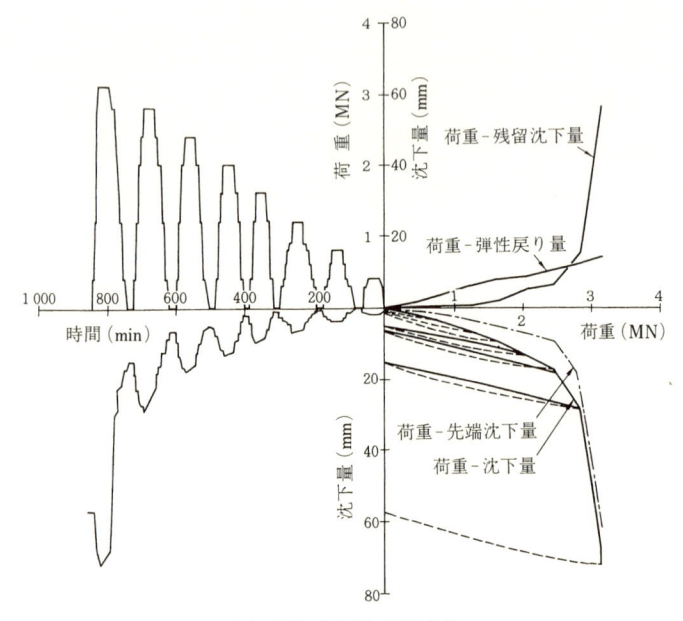

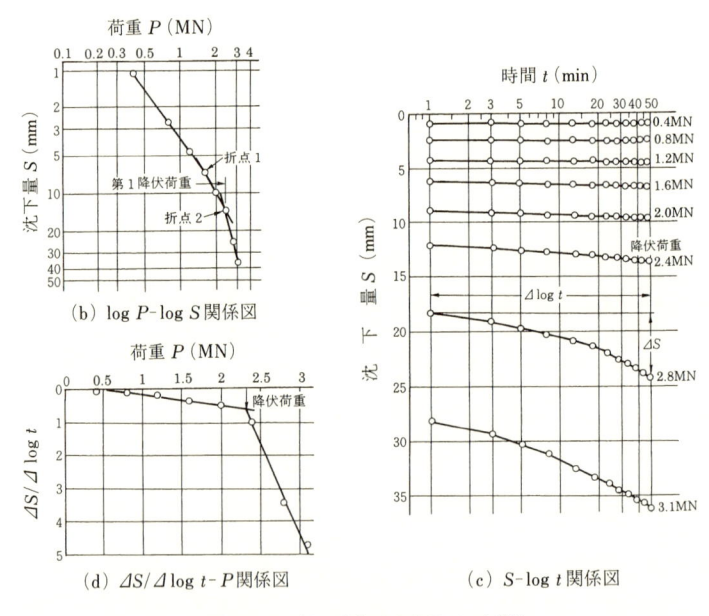

図 13.12 杭の載荷試験結果図の例[7]※

(a) 荷重-沈下量-時間曲線

(b) log P-log S 関係図

(c) S-log t 関係図

(d) $\Delta S/\Delta \log t$-P 関係図

に対して杭を S_d だけ押し込むのに使われたエネルギーに等しいとする考え方である．式（13.23）を変形すると

$$R_u = \frac{W_H H}{S_d} \qquad (13.24)$$

となる．このタイプの杭打ち公式の代表的なものには，ハイリーの式，エンジニアリング・ニューズ式などがある．エンジニアリング・ニューズ式を示すと，式（13.25）となる．

$$R_u = \frac{W_H H}{S_d + c} \qquad (13.25)$$

ここに　　c：定数で杭打設時に，杭の弾性変形などにより失われたエネルギーに対応する．ハンマーのタイプに応じ 0.02〜0.002 m 程度の値とする．

以上の杭打ち公式は，精度があまり高くなく杭打設時の施工管理に主として利用されている．

（2）　波動方程式による杭の動的支持力

　上述の杭打ち公式は，杭打ちハンマーと杭との衝突を数式化したものであるが，実際には杭は細長い形状なのでハンマーにより杭頭に与えられたエネルギーは，杭頭から杭先端に向かって波動として伝達される．この伝達過程を波動方程式として解析し，杭の打設記録をもとに，杭の動的極限支持力および静的極限支持力を求めようとする方法が「波動方程式による杭の支持力解析法」である．

　その代表例がデビソン（Davisson）[3]が行った解析である．図 13.13 に示すように，杭をいくつかの要素に区切り，それぞれの要素が重量 W_i とスプリング K_i をもつものとする．また，区切られた杭の要素ごとに地盤からの抵抗を考え，さらに先端地盤の抵抗を考慮する．このようにモデル化した杭に対する解析をもとに杭の動的支持力，静的支持力，および杭打ち時の杭材応力を求める解析法で杭打ち公式より精度が良い．なお，この解析法の詳細は参考文献[3]にさらに詳しく説明されている．

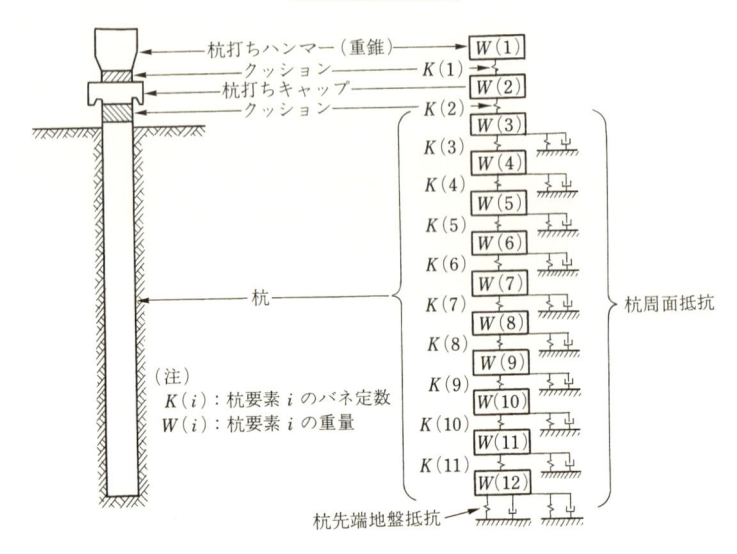

図 13.13 波動方程式による杭の支持力解析モデル[3]※

(注)
$K(i)$：杭要素 i のバネ定数
$W(i)$：杭要素 i の重量

13.6 深い基礎の支持力に関する考慮事項

前節で議論した深い基礎の鉛直支持力は，深い基礎の設計に関し最も重要な事項であるが，それに関連して考慮すべき事項およびその他の深い基礎に関し考慮を要する事項を以下に述べる．

A 杭材に作用する応力の検討

杭に作用する構造物荷重を地盤が安全に支持しなければならないと同時に杭部材も限界応力度以内で構造物荷重を支えなければならない．

基本的には，杭に作用する構造物荷重 P を杭材断面積 A で割った値（＝杭材に作用する応力 σ）が，杭材の限界応力度 σ_{cr} 以内であることが必要で，式で表せば

$$\frac{P}{A} = \sigma \leq \sigma_{cr} \tag{13.26}$$

となる．なお，杭材の限界応力度を日本建築学会設計指針[1]をもとに示すと，表13.8に示すようになる．これをもとに，鋼材とコンクリートについて，要点を記すと以下のとおりとなる．

表13.8 杭の材料強度に関する設計用限界値[1]

性能レベル	材料強度の限界値	
	コンクリート（圧縮）	鋼材および鉄筋（圧縮・引張）
終局限界状態	設計基準強度の 3/4	規格降伏点
損傷限界状態	設計基準強度の 1/2	同　　上
使用限界状態	設計基準強度の 1/4	

（1） 鋼材（鋼管杭，鋼H杭など）：規格降伏点応力（使用・損傷・終局限界に共通）〔(注) 鋼杭は腐食しろ1mm（程度）を除いた断面積を用いるものとする．〕

（2） コンクリート（圧縮）

　工場製の既製コンクリート杭では，杭の運搬・打設時の損傷，場所打コンクリート杭では地中（水中）でのコンクリート打設という施工上の問題があるため，設計用限界値を表13.8のように低減する考え方となっている．

B　杭に作用する負の摩擦力

杭に作用する負の摩擦力（ネガティブフリクションとも呼ばれる）は，杭が地盤沈下を起こす土層に設置されている場合に発生する．

負の摩擦力が作用した杭の摩擦力度と軸力の典型的な分布形は図13.14のようになる．負の摩擦力の実測例は参考文献1）などに多数報告されているが，図13.14の軸力分布図と同様の結果が実測されている．この図でわかるように，地盤沈下により，本来杭に対し正の摩擦抵抗を与えるはずの粘土地盤が，地盤沈下により杭を下に向かって引きずり降ろすように作用するため，杭の軸力は，杭頭に作用する構造物荷重Pより中立点まで増加していき，中立点で最大値$P+P_{FN}$を示すことになる．

図 13.14　負の摩擦力が作用する杭の挙動[1]※

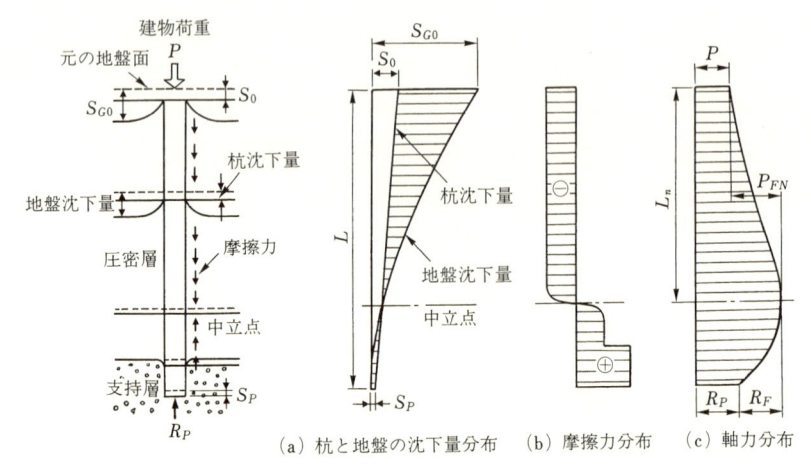

(a) 杭と地盤の沈下量分布　(b) 摩擦力分布　(c) 軸力分布

S_{G0}：地表面における地盤沈下量　S_0：杭頭の沈下量　S_P：杭先端の沈下量
R_P：杭の先端支持力　P_{FN}：負の摩擦力　R_F：正の摩擦力

このため，杭は設計時よりも大きな荷重 $P+P_{FN}$ を受けることとなり，杭はこの軸力によって圧縮破壊を起こさないとともに，この軸力を中立点以下の正の摩擦力 R_F と杭の先端支持力 R_P とで支持しなければならない．式（13.27）および式（13.28）は，この検討を示したものである．

$$P+P_{FN} < (R_P+R_F)/1.2 \qquad (13.27)$$

$$P+P_{FN} < {}_sf_c \cdot A_P \qquad (13.28)$$

ここに　P：杭頭に作用する使用限界検討用荷重（N）
　　　　P_{FN}：中立点より上部の杭周面に作用する負の最大摩擦力（N）
　　　　R_P：極限支持力時の杭先端支持力（N）
　　　　R_F：中立点より下部の杭周面に作用する正の極限摩擦力（N）
　　　　${}_sf_c$：杭体の弾性限界圧縮強度（N/mm^2）
　　　　A_P：杭の実断面積（mm^2）

なお，設計検討において中立点深さは原則として圧密層厚さの 0.9 とする．

C 群杭の支持力

構造物の支持に使用される杭基礎は，群杭であることが多い．群杭とは，多数の杭が打設され，その支持力が単杭とは異なって相互に影響し合う場合をいう．この場合には，群杭の支持力が単杭の支持力の杭本数倍で良いか否かの検討が必要となる．

群杭の終局限界支持力を考える場合に，基礎の破壊形態として次の2つを考慮する必要がある（図 13.15 参照）．すなわち

- 貫入破壊：個々の杭が単独で挙動すると考えられるもの
- ブロック破壊：杭に囲まれたブロックが，全体として1つになって貫入すると考えられるもの

貫入破壊の場合，群杭の極限支持力 R_{gp} は，単杭の極限支持力の杭本数倍となり，次式で表される．

$$R_{gp} = n \cdot R_u \quad (13.29)$$

ブロック破壊の場合の群杭の極限支持力 R_{gB} は，次式で表される．

$$R_{gB} = \phi \cdot L \cdot s + A_g \cdot q_{uB} \quad (13.30)$$

ここに　n：杭本数
　　　　R_u：単杭の極限支持力（N）
　　　　ϕ：群杭の外側を結んでできる包絡線の周長（m）
　　　　L：ブロック長（m）
　　　　s：群杭ブロック外周部地盤のせん断強さ（N/m^2）
　　　　A_g：群杭ブロック部分の先端面積（m^2）
　　　　q_{uB}：群杭ブロック部分の先端支持力度（N/m^2）

群杭の支持力を検討する際には，上記の2つの破壊形態に従って支持力を算

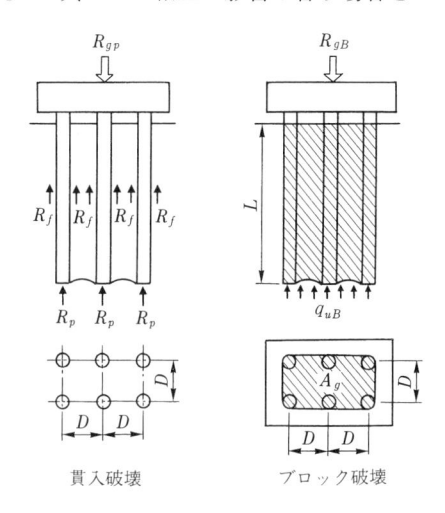

図 13.15 群杭の支持力機構[1]

出し，その結果が小さくなる方を採用する必要がある．

D 杭の水平耐力

これまでの杭基礎に関する検討では，鉛直支持力に関する事項を議論した．しかし，杭基礎には水平力も作用する．たとえば，地震時や風荷重が上部構造物に作用した場合，あるいはモノレールの車両が曲線部を走行する場合などがその代表例である．

このような水平力に対する基礎杭の抵抗力は，以下の要素により発揮される（図 13.16 参照）．

1) 深く打ち込まれた杭の杭軸に直角方向に作用する力に対する杭の長柱としての抵抗力．
2) 杭側面の地盤が杭を介して受ける水平力に対して発揮する抵抗力．
3) 杭頭の固定条件の影響．

この課題に対する解として，弾性床上のはりの理論を水平力を受ける杭に適用し，解を導いたものがチャン（Chang）の解と呼ばれるものである．本書では，その詳細を記述する余地がないので，必要な場合には，参考文献 1) の 6.6 節などを参照されたい．

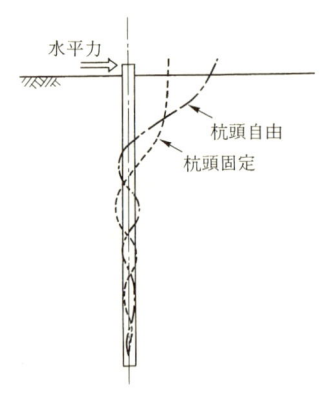

図 13.16 水平力に対する杭の変形パターン

13.7　土の強さを求めるための原位置試験

杭の支持力を求めるために，「標準貫入試験」「コーン貫入試験」といった原位置試験の結果が利用されることを前節で説明した．ここでは，それらの土の強さを求めるために原位置で実施される試験について説明する．

A 標準貫入試験

地盤調査用ボーリング孔ではいろいろな試験が行われ，地盤の特性が調査される．「標準貫入試験」「ベーンせん断試験」「孔内水平載荷試験」「地下水調査」などがその例である．まず，その代表選手である「標準貫入試験」を説明する．

標準貫入試験とは，図13.17に示すように，ボーリング孔底に標準貫入試験用サンプラーを設置し，これを孔底地盤中に打ち込むことにより，地盤の硬軟を調べるとともに，打ち込まれた地盤の試料（サンプル）を地上に取り上げる（採取する）ことのできる試験方法であり，JIS A 1219になっている．

試験は「質量63.5 ± 0.5kgのドライブハンマーを76 ± 1cmの高さから自由落下させて，ボーリング用ロッドの頭部に取り付けたノッキングブロックを打撃し，ロッドの先端に取り付けられた標準貫入試験用サンプラーを地盤に30cm打ち込むのに要する打撃回数を求める」という方法で行われる．この試験により求められた打撃回数を「N値」と呼ぶ．

標準貫入試験は，最も広く利用されている地盤調査手法であり，多くのプロジェクトにおいて提供される地盤情報の最も代表的なものである．標準貫入試

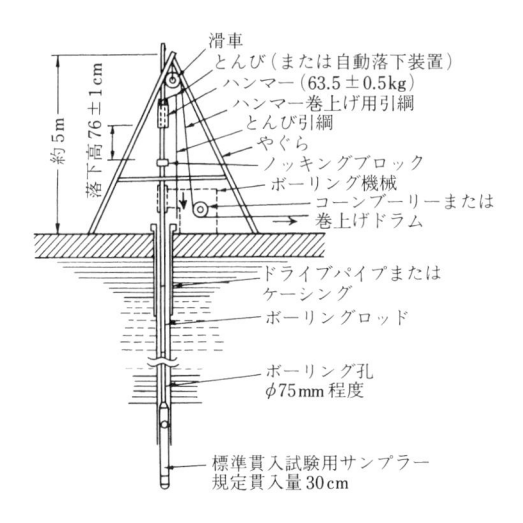

図 13.17 標準貫入試験装置の概略図[6]

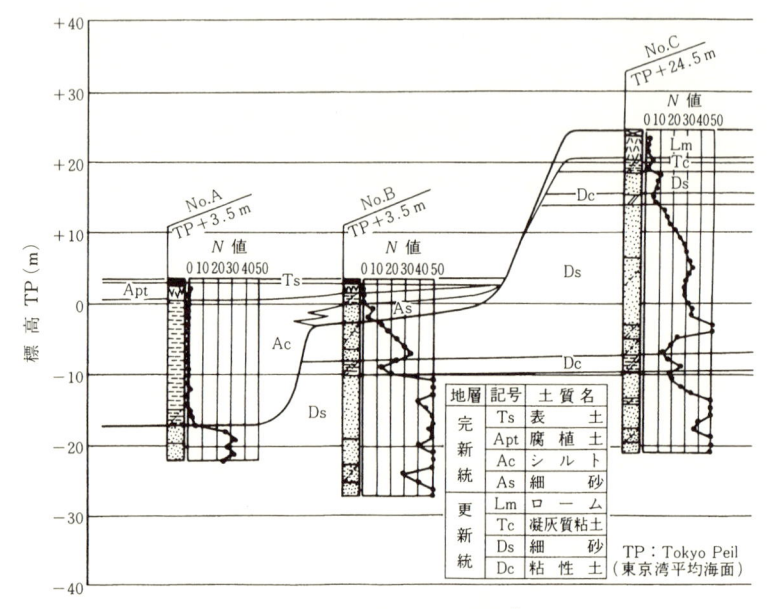

図 13.18 地盤断面図の作成例[6]

験の結果は，ボーリング結果とともにボーリング柱状図に整理される．そして，そのボーリング柱状図をもとに地盤断面図を作成したものを例示したのが図 13.18 である．

また，表 13.9 は，テルツァギ-ペックが示した N 値と砂質土の相対密度を示す表である． N 値は，地表面近く，あるいは上載圧（深度）が大きくなると補正を要するが[9)10)]，通常の条件下では補正せずに現在でも広く利用されている．

表 13.9 N 値と砂の相対密度の関係 (Terzaghi-Peck, 1967)

N 値	相対密度
0～4	非常に緩い（very loose）
4～10	緩 い（loose）
10～30	中 位 の（medium）
30～50	密 な（dense）
50 以上	非常に密な（very dense）

B　コーン貫入試験

静的コーン貫入試験は，先端がコーンの形状をした円筒状の測定管を地盤に静的に圧入し，そのときの深度とコーン貫入抵抗との関係を試験するもので，そのための専用の圧入装置も普及している．また，コーン貫入抵抗のほかに，

測定管の側面に作用する周面摩擦やコーン貫入に伴って地盤に発生する間隙水圧など，その他の成分も同時に試験し，試験結果の解釈に利用する場合もある．

コーン貫入試験の代表的なものはメカニカル式コーンで，コーン貫入抵抗をロッドを介して，地上で測定する方式の**静的コーン貫入試験**である．わが国では，コーン貫入試験といえばメカニカル式の一種であるオランダ式二重管コーン貫入試験（ダッチコーン）を指す場合が多い．

ダッチコーンの装置の概要を図 13.19 (a) に示した．これはオランダで開発された初期の装置である．図 13.19 (b) には，測定操作の状況を示した．コーン貫入抵抗 $q_c(\mathrm{kN/m^2})$ は (b) 図の「2. 測定時」に得られ，コーン圧入力を $Q_{rd}(\mathrm{kN})$ とすると

$$q_c = \frac{Q_{rd}}{A} \tag{13.31}$$

ここに　A：コーン底面積（$\mathrm{m^2}$）
で得られる．

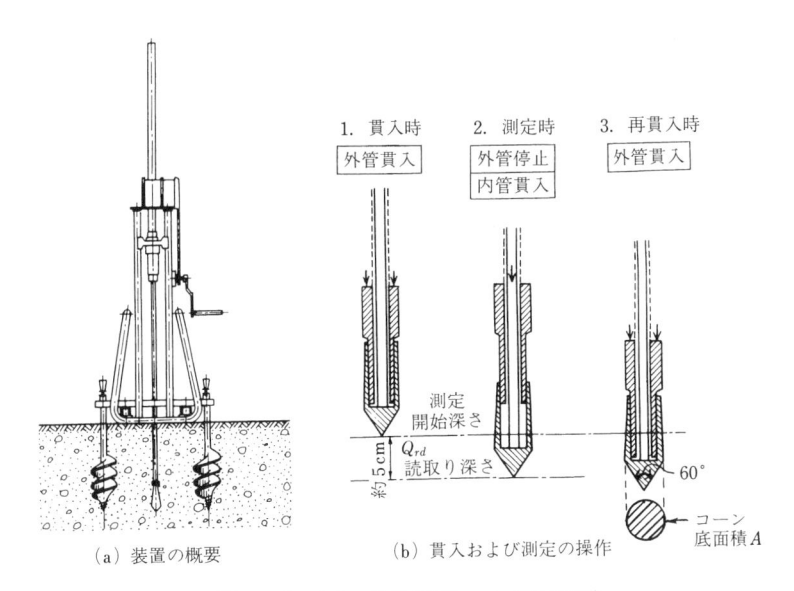

図 13.19　オランダ式二重管コーン貫入試験[6]

C ベーンせん断試験

ベーンせん断試験とは，比較的軟らかい粘性土を対象とし，原位置でそのせん断強さを測定する試験方法である．図 13.20 にベーンせん断試験の概略図を，また，図 13.21 にベーンの形状および諸元を示した．

土のせん断強さ τ_v（kN/m²）は

$$\tau_v = \frac{6(M - M_f)}{7\pi D^3} \qquad (13.32)$$

ここに　M：測定最大トルク（kN・m）
　　　　M_f：試験機の摩擦トルク（kN・m）
　　　　D：ベーンブレードの幅（m）

なお，式 (13.32) は，標準タイプの $H=2D$ のベーンに対する τ_v の算定式である．

(a) ボアホール式ベーンせん断試験概略図
(b) 押込み式ベーンせん断試験概略図

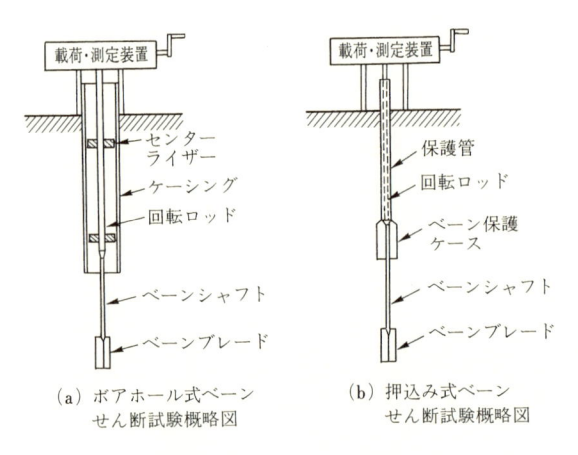

図 13.20　ベーンせん断試験概略図[8]

演習問題

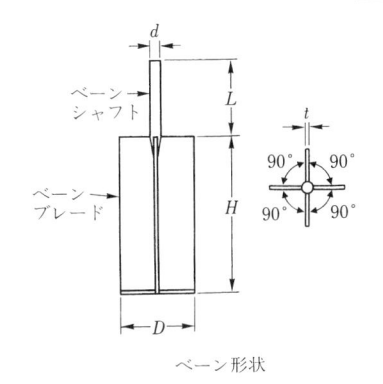

諸　　元		タイプI	タイプII
ベーン寸法（単位：mm）			
ベーンブレード	幅(D)	75	50
	高さ(H)	150	100
	厚さ(t)	3.0	1.5
ベーンシャフト	径(d)	16	13
	長さ(L)	750	500

ベーン形状

図 13.21　ベーンの寸法[8]

［演習問題］

13.1 $\gamma_t = 17\,\text{kN/m}^3$, $\phi' = 25°$, $c' = 20\,\text{kN/m}^2$, $E = 10\,\text{MN/m}^2$, $\nu = 0.4$ の地盤が深くまで続く場所に，直径60mの円形タンクを底板が地表面下1mに位置するように建設し，単位体積重量γが$9\,\text{kN/m}^3$の油を底板から高さ12mまで貯蔵したとき，① タンクの支持力に対する安全性，および② 即時沈下量および不同沈下量に対する検討を行い，見解を述べよ．なお，タンクの自重は無視し，また底板の剛性はきわめて小さいと考えよ．

13.2 図13.10に示した地盤条件の地点に（例題13.5），直径1.5m，長さ30mの場所打杭を設置した場合の極限支持力を求めよ．また，コンクリートの設計強度が$20\,\text{N/mm}^2$であるときには，杭材による使用限界荷重はいくらか．

13.3 問題13.2に関して，沖積粘土層が地盤沈下を起こした場合の，負の摩擦力に対する検討を行え．

13.4 非排水せん断強さが$10\,\text{kN/m}^2$の泥地に湿地ブルトーザーを入れたい．ブルトーザーの2つのキャタピラーは，それぞれ幅60cm，接地長さ3mである．ブルトーザーが安全に湿地を移動できるブルトーザーの自重の最大値はいくらか．

［参　考　文　献］

1) 日本建築学会：建築基礎構造設計指針（第2版），日本建築学会，485 pp., 2001

2) Prandtl, L. : On the Penetrating Strength (hardness) of Plastic Construction Materials and the Strength of Cutting Edges, Zeit. Angew. Math. Mech., 1, No. 1, pp. 15-20, 1921
3) Terzaghi, K., Peck, R. B. and Mesri, G. : Soil Mechanics in Engineering Practice (Third Edition), John Wiley & Sons, pp. 265-267, 1996
4) Terzaghi, K. : Theoretical Soil Mechanics, New York, John Wiley and Sons, 510 pp., 1943
5) Meyerhof, G. G. : The Ultimate Bearing Capacity of Foundations, Geotechnique, Vol. 2, No. 4, pp.301-332, 1951
6) 地盤工学会：入門シリーズ⑯支持力入門，地盤工学会，pp. 62-68, 1990
7) 土質工学会：土質工学会基準・杭の鉛直載荷試験方法・同解説，土質工学会，pp. 37, 76, 82, 1993
8) 地盤工学会：地盤調査法，地盤工学会，pp. 242-244, 1995
9) 地盤工学会：地盤調査の方法と解説，地盤工学会，pp. 262-263, 2005
10) Terzaghi, K., Peck, R. B. and Mesri, G. : Soil Mechanics in Engineering Practice (Third Edition), John Wiley & Sons, p. 205, 1996

SI 単位について

　本書では単位系を **SI 単位系** に統一して記述している．SI 単位系とは，国際標準機構 (ISO) が世界で共通に使用する単位系として定めたもので，仏語の「Système International d'Unités」の頭文字を使い，SI 単位系と呼ばれている．ちなみに英語では「International System of Units」と表現する．わが国でも，1992 年の計量法全面改正により SI 単位系の採用が決定され，1999 年 10 月より完全に SI 単位系に移行した．

　フィート・ポンド単位系を使っていたアメリカ・イギリスなどにとっては，SI 単位系への移行が大事業であるが，重力式メトリック単位系を使っていた日本人にとって，SI 単位系への移行はそれほど難しいことではない．

　SI 単位系のポイントは，質量と重量を明確に区分している点である．すなわち質量は g，kg，ton などの単位で表示し，重量は N，kN，MN などという単位で表示する．SI 単位系では，「力」の大きさを示す単位として，N（ニュートン）が用いられることになったため，「力」と同じディメンションの「重量」には，従来の重力式メトリック単位系とは異なる単位：N（ニュートン）を用いることになる．1N（1 ニュートン）とは，SI 単位系において「力の大きさ」を示す誘導単位で，「**質量 1kg の物体に働き，与える加速度が $1m/s^2$ の力の大きさを 1N とする**」と定義されている．したがって，**従来の重力式メトリック単位系の 1kg 重（1kgf）は，SI 単位系では $1(kg) \times 9.80665 m/s^2 = 9.80665 N (\fallingdotseq 9.81 N)$ となる**．この点をしっかり頭に叩き込んでおきさえすれば，SI 単位系は難しいものではない．ついでに述べておくが，SI 単位系では応力・圧力の単位である N/m^2 を Pa（パスカル）と呼ぶことになっている．当初，著者には余計な呼称で複雑化するだけではないかと感じられたが，口頭で説明する場合には，N/m^2 に比し Pa（パスカル）と発言すればすむことに最近では大変な便利さを感じている．なお，本書では，Pa（パスカル）も一部使用しているが，N/m^2 と N/m^3 の両方が出てくる場合が多いため，理解のしやすさを考え N/m^2 を主に用いることにしている．

　地盤工学では，土の単位体積重量，土圧，先行圧密応力など，重量が 1 つの重要な入力条件となる場面が非常に多く，SI 単位系ではニュートンという単位を使いこなす必要がある．参考に，地盤工学でよく用いられる単位に関し，従来単位と SI 単位系との換算表を以下に示した．なお，下表に示すとおり，本書では全体を通じて重力加速度として $9.81 m/s^2$（有効数字 3 桁）を採用している．したがって 1kg 重は 9.81N，1ton 重は 9.81kN と表記される．

表 1　土質力学でよく用いられる単位の従来単位と SI 単位との換算表

力・荷重・重量

$1\,\mathrm{kgf} \fallingdotseq 9.81\,\mathrm{N}$
［厳密な換算：$1\,\mathrm{kgf} = 9.80665\,\mathrm{N}$］
$1\,\mathrm{tf} \fallingdotseq 9.81\,\mathrm{kN}$
$1\,\mathrm{N} \fallingdotseq 0.102\,\mathrm{kgf}$

応力・圧力・体積圧縮係数

$1\,\mathrm{kgf/cm^2} \fallingdotseq 98.1\,\mathrm{kPa} = 98.1\,\mathrm{kN/m^2}$
$1\,\mathrm{tf/m^2} \fallingdotseq 9.81\,\mathrm{kPa} = 9.81\,\mathrm{kN/m^2}$
$1\,\mathrm{kgf/mm^2} \fallingdotseq 9.81\,\mathrm{MPa} = 9.81\,\mathrm{N/mm^2}$
$1\,\mathrm{kPa} \fallingdotseq 0.0102\,\mathrm{kgf/cm^2}$
$\qquad = 0.102\,\mathrm{tf/m^2}$
$1\,\mathrm{N/mm^2} = 1\,\mathrm{MPa} \fallingdotseq 0.102\,\mathrm{kgf/mm^2}$
$\qquad = 10.2\,\mathrm{kgf/cm^2}$
$1\,\mathrm{bar} = 100\,\mathrm{kPa} = 0.1\,\mathrm{MPa}$
$1\,\mathrm{atm}$（気圧）$\fallingdotseq 1013\,\mathrm{hPa} = 101.3\,\mathrm{kPa}$
$1\,\mathrm{mH_2O} \fallingdotseq 9.81\,\mathrm{kPa}$
$1\,\mathrm{m^2/kN} = 1\,(\mathrm{kPa})^{-1} \fallingdotseq 9.81\,\mathrm{m^2/tf}$

単位体積重量・地盤反力係数・浸透力

$1\,\mathrm{tf/m^3}\,(=1\,\mathrm{gf/cm^3}) \fallingdotseq 9.81\,\mathrm{kN/m^3}$
$1\,\mathrm{kgf/cm^3} \fallingdotseq 9.81\,\mathrm{MN/m^3}$
$1\,\mathrm{kN/m^3} \fallingdotseq 0.102\,\mathrm{tf/cm^3}$
$1\,\mathrm{MN/m^3} \fallingdotseq 102\,\mathrm{gf/cm^3}$

表 2　SI 接頭語

接頭語の名称	記号	大きさ	接頭語の名称	記号	大きさ
ヨタ	Y	10^{24}	デシ	d	10^{-1}
ゼタ	Z	10^{21}	センチ	c	10^{-2}
エクサ	E	10^{18}	ミリ	m	10^{-3}
ペタ	P	10^{15}	マイクロ	μ	10^{-6}
テラ	T	10^{12}	ナノ	n	10^{-9}
ギガ	G	10^{9}	ピコ	p	10^{-12}
メガ	M	10^{6}	フェムト	f	10^{-15}
キロ	k	10^{3}	アト	a	10^{-18}
ヘクト	h	10^{2}	ゼプト	z	10^{-21}
デカ	da	10^{1}	ヨクト	y	10^{-24}

演習問題略解

〔(注)：図を用いての解は，大略，答が合っていればよい〕

1.1 沈下量の大きい関西国際空港では，① 厚い軟弱粘土層が存在する，② 載荷面積が大変大きいので深い地層にまで載荷の影響が及ぶ，などがあげられる．一方，ラッフルズタワーでは，上記①，②の事項がない他に，③ 約12 m の掘削をして構造物を建設しているので構造物荷重の1/2以上を除荷した後に載荷（構造物建設）している．

1.2 本文を参照し解答を検討せよ．

1.3 本文を参照し解答を検討せよ．

2.1 ① $e=1.75$, $S_r=54.9\%$, $\rho_d=0.976\,\text{g/cm}^3$
　　② $w=46.0\%$, $e=1.45$, $S_r=85.4\%$

2.2 $e=1.16$, $n=53.7\%$, $w=22.0\%$, $\rho_d=1.23\,\text{t/m}^3$
　　$\rho_{\text{sat}}=1.77\,\text{t/m}^3$, $\gamma_{\text{sat}}=17.4\,\text{kN/m}^3$

2.3 ① $S_r=84.5\%$, $\gamma_t=18.4\,\text{kN/m}^3$, $\gamma_d=14.7\,\text{kN/m}^3$
　　② $1.05\times10^4\,\text{m}^3$　③ 473 ton

2.4 本文を参照し解答せよ．

2.5

	粘土分(%)	シルト分(%)	砂分(%)	礫分(%)	D_{10} (mm)	D_{30} (mm)	D_{60} (mm)	U_c	U_c'	配合の良否 日本	配合の良否 アメリカ
①	51	49	0	0	0.0017	0.003	0.006	—	—		
②	0	0	55	45	0.87	1.3	2.2	2.53	0.88	悪い	悪い
③	6	35	55	4	0.0072	0.038	0.21	29.2	0.96	良い	ほぼ良い
④	0	0	100	0	0.115	0.13	0.14	1.22	1.05	悪い	悪い

〔(注)：$D_{10}\sim U_c'$の値はグラフからなので大略合っていればよい〕

3.1 ハーゼン式による k：② 0.76 cm/sec，④ 1.3×10^{-2} cm/sec（ただし $C_e=100$ とした）．表3.2にほぼ合致している．

3.2

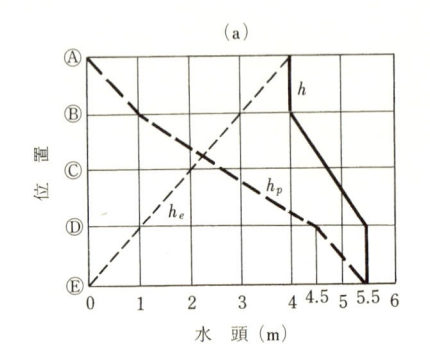

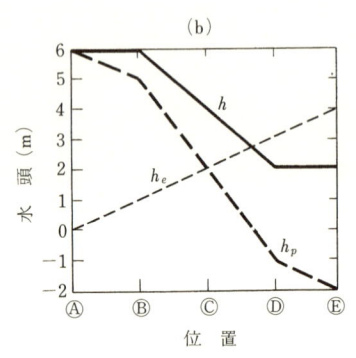

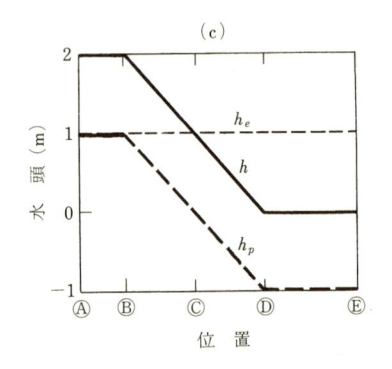

(a) グラフ: 水頭 (m) 0〜6, 位置 A〜E. h_e, h_p, h の関係図. h は約5.5m付近.

(b) グラフ: 水頭 (m) −2〜6, 位置 A〜E. h_e, h_p, h の関係図.

(c) グラフ: 水頭 (m) −1〜2, 位置 A〜E. h_e, h_p, h の関係図.

3.3 この問の解は図式解なので，答は大略合っていればよい．

① 図 3.13 を拡大コピーし，各自で描け．$N_d=14$(13 または 15 も OK)．

② $h_e=15\,\mathrm{m}$, $h_p=15\,\mathrm{m}$, $h=30\,\mathrm{m}$

③ A点 $h_e=2.5\,\mathrm{m}$ $h_p=22.8\,\mathrm{m}$ $h=25.3\,\mathrm{m}$
  B点 $h_e=2.5\,\mathrm{m}$ $h_p=15.6\,\mathrm{m}$ $h=18.1\,\mathrm{m}$
  （図式解なので答はほぼ同じ値ならよい．④も同様）

④ $Q=2.31\,\mathrm{m}^3$

⑤ A点 h が $25.3\,\mathrm{m} \rightarrow 26.1\,\mathrm{m}$ h_p が $22.8\,\mathrm{m} \rightarrow 23.6\,\mathrm{m}$
  B点 〃 $18.1\,\mathrm{m} \rightarrow 18.9\,\mathrm{m}$ 〃 $15.6\,\mathrm{m} \rightarrow 16.4\,\mathrm{m}$
  に変わる．理由：B点に関しては流線網で検討する必要がある（壁がB点の真上のため）．A点に関してはA点以降の透水に対する抵抗割合が高くなり，A点の h, h_p が上がる．

⑥ A点 h が $25.3\,\mathrm{m} \rightarrow 26.1\,\mathrm{m}$ h_p が $22.8\,\mathrm{m} \rightarrow 23.6\,\mathrm{m}$

演習問題略解   273

　　　B 点　h が 18.1 m → 19.0 m　h_p が 15.6 m → 16.5 m
　　　に変わる．理由：不透壁がなくなり，A 点・B 点以降の透水に対する対抗割
　　　合が高くなり，A 点・B 点の h，h_p が上がる．

4.1　① CH，② MH，③ CL．特性については，図 4.10 および図 4.14 を参照し検
　　　討せよ．
4.2　$D_r = 54\%$
4.3　① では w_L および I_p がもとの土より大きくなり，② ではその逆となる．混合土の
　　　性質の変化については図 4.10 参照．
4.4　本文 4.3 節および 9.5 節 A 参照．

5.1　$\sigma_v = 120 + \gamma_{sat} z$, $u = \gamma_w z$, $\sigma_v' = 120 + \gamma' z$（単位はいずれも kN/m^2）
5.2　本文 5.4 節参照．

6.1　$\Delta\sigma_z$ の値　　A 点　$64\,kN/m^2$　B 点　$33\,kN/m^2$
　　　　　　　　　　　C 点　$29\,kN/m^2$　D 点　$20\,kN/m^2$
6.2　$\Delta\sigma_z$ の値　　A 点　$58\,kN/m^2$　B 点　$43\,kN/m^2$
　　　　　　　　　　　C 点　$25\,kN/m^2$　D 点　$12\,kN/m^2$

7.1　図 7.7：p_c の値　キャサグランデ法：300 kPa, JIS 法：300 kPa
　　　　　　$C_c = 1.2$（図式解なので，ほぼ近い値ならよい）
　　　図 7.11：p_c の値　キャサグランデ法：130 kPa, JIS 法：130 kPa
　　　　　　$C_c = 2.0$（同上）
　　　p_c を求めるときは，e-$\log p$ 曲線の最急勾配部を用い，C_c を求めるときは，そ
　　　の先の直線部を用いよ．
　　　〔注〕　図 7.11 と 7.12 (b) は土層は同じだが同一試料ではない〕
7.2　①　A 点の沈下量：m_v 法　7 cm　C_c 法　12 cm
　　　　　　B 点の沈下量：m_v 法　21 cm　C_c 法　36 cm
　　　　〔注〕　m_v を直線で与えているので，m_v 法と C_c 法には答に差が出ている〕
　　　②　沈下量は許容値（p.249 参照）を超えている．対応策：数十 cm の砂層を敷
　　　　き，プレロード工法により事前に圧密を終了させる，など．

7.3

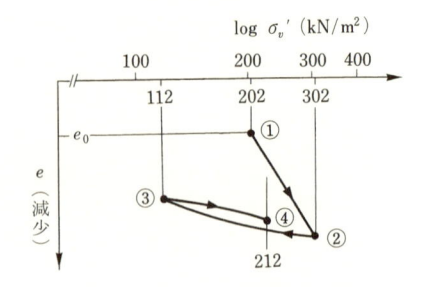

```
                    log σᵥ' (kN/m²)
              100    200   300  400
                    ┃     ┃
                    112   202  302
         e₀ ─────────────①
      e                      ╲
    (減少)           ③────────╲
                      ╲──────④╲
                              ╲②
                         212
```

7.4 S–$\log t$, S–$\sqrt{t}$ 曲線とも，圧密沈下が進行中であることを示し終了に向かっているとは判断できない．とくに S–$\log t$ 曲線は今後の 5〜10 年で 1.5 m 前後の沈下量を示唆しており，事態は深刻である．

8.1 $20\% \leq w \leq 29\%$

8.2 本文 8.3 節参照

8.3 締め固める土の w が w_{opt} より大となり，施工が難しくなる可能性が高くなる．

9.1 ① $u = 100\,\text{kPa}$, $\sigma_1' = \sigma_3' = 100\,\text{kPa}$

② 破壊時の $\sigma_1 = 300\,\text{kPa}$, $u = 130\,\text{kPa}$, $\sigma_1' = 170\,\text{kPa}$, $\sigma_3' = 70\,\text{kPa}$

9.2 ① 比較的均一な地盤では σ_v' が z に比例し，かつ $s_u/\sigma_v' = $ 一定値であるから．

② 埋立て土の重量に対する圧密が完了していないので，排水境界に近い地盤では s_u が増加しているが，排水境界から遠い地盤では s_u の増加が見られない．

9.3 (イ) 非排水条件下でのせん断挙動（せん断の進行とともに土の強さが上がるか，下がるかなど），(ロ) 限界間隙比 e_{cr} と直接的関連がある，などとくに砂質土のせん断挙動に大きく影響する．

9.4 本文を参照し解答せよ．

10.1 F_l は深度 5.5 m で 1.3，深度 8.0 m で 0.73 となり，深度 5.5 m では液状化の可能性は低いが，深度 8.0 m では液状化の危険性が高い．

10.2 $F_s = 4.03$，この問題は，矢板の近傍を通る浸透流に関して検討したことにほぼ等しい．実際の掘削現場では，3 次元の透水現象となり厳密な解を求めるのは容易ではない．厳密解の F_s は，4.03 と 1.48（例題 10.1）の間の値になると判断してよいと考えられる．

10.3 繰返しせん断により間隙水圧 Δu が上昇し，有効応力が当初の σ_c' より徐々に減少していくため，有効応力経路が Δu の上昇に応じて左側に移動していく．その

演習問題略解 275

繰返しの結果，破壊規準線に達し，砂試料は液状化破壊する．

10.4 本文を読み，解答を検討せよ．

11.1 式 (11.9) より $P_A = 342\,\mathrm{kN/m}$ （図式解にほぼ等しい）．

11.2 $H_c = \dfrac{4c'}{\gamma_t} = \dfrac{4s_u}{\gamma_t}$ 〔注〕 12.2 節参照〕

11.3 $z=0\,\mathrm{m}: \sigma'_P = 167.3\,\mathrm{kN/m^2}$
$z=5\,\mathrm{m}: \sigma'_P = 437.3\,\mathrm{kN/m^2}$
$z=10\,\mathrm{m}$（上）: $\sigma'_P = 560.2\,\mathrm{kN/m^2}$
$z=10\,\mathrm{m}$（下）: $\sigma'_P = 369.1\,\mathrm{kN/m^2}$
$z=15\,\mathrm{m}$（上）: $\sigma'_P = 473.1\,\mathrm{kN/m^2}$

11.4 $\phi'=28° \rightarrow K_0=0.53$, $\phi'=36° \rightarrow K_0=0.41$

12.1 盛土を含め $s_u=18\,\mathrm{kN/m^2}$ として図 12.3 を利用する（盛土部分のすべりに対する抵抗はその割合が少ない）．
$N_d=1.8, \beta=34° \rightarrow H_c=5.85, F_s=1.17$ が得られる．コンピュータ解析の $F_s=1.112$ と大差はない（図表で概略解を求め，詳細解をチェックすることは，大きな誤まりを避けるために役立つ）．

12.2 ① $3.54\,\mathrm{m}$ ② $s_u=15+17.8=32.8\,\mathrm{kN/m^2}$ となる．
③ 盛土外地盤は s_u に変化がないので，平均的 s_u を $(32.8+15)/2$ と考えると，$F_s=1.47$ となる．

13.1 ① $q_d=2.76\,\mathrm{MN/m^2} \gg q_s$, ② S_E：中央 $54\,\mathrm{cm}$, 辺 $35\,\mathrm{cm}$, 不同沈下量$=19\,\mathrm{cm}$. 支持力は十分であるが沈下が過大．何らかの基礎構造が必要．（注：地下水位は深いとした）

13.2 $R_u=10.8\,\mathrm{MN/本}$，杭材による使用限界荷重$=8.8\,\mathrm{MN/本}$（$8.8\,\mathrm{MN/本}$の値は，地盤により定まる許容支持力値〔$R_u/3=3.6\,\mathrm{MN/本}$〕より大きいので，杭材による使用限界荷重が限界値にはならない）．

13.3 式 (13.3) および式 (13.4) を満たすので OK．なお $P=R_u/3$ とした．

13.4 短期なので $F_s=2$ とし，ブルトーザーの最大重量は，$185\,\mathrm{kN}$．作業内容によっては，作業の安全性のためブルトーザーの最大重量をさらに小さくする必要がある．

索　引

〔アルファベット，ギリシャ文字で始まる用語は末尾に示してある〕

＜ア　行＞

アイソクローン……………96
明石海峡大橋………………2
浅い基礎……………………236
浅い基礎の支持力…………237
浅い基礎の沈下量…………247
圧縮応力……………………136
圧縮曲線……………………102
圧縮指数……………………102
圧縮強さ……………………136
圧縮破壊……………………135
圧縮率………………………90
アッターベルグ限界………56
圧　密……………………89, 92
圧密係数…………………94, 114
圧密係数の求め方…………114
圧密降伏応力……………103, 104
圧密降伏応力の求め方……103
圧密試験……………………101
圧密促進工法………………116
圧密沈下（量）…………89, 92, 107
圧密沈下量の経時変化……112
圧密度………………………96
圧密に要する時間…………114
圧密排水試験………………157
圧密排水せん断試験………158
圧密非排水試験……………157
圧密非排水せん断試験……162
圧密容器……………………101
圧力球根……………………82
圧力水頭……………………38
安全率…………218, 221, 242, 253
安全率のコンター図………224
安息角………………………219
安定係数……………………221

一次圧密……………………121
一軸圧縮試験…………150, 170
一軸圧縮強さ………………150
１次元圧密…………………92
一次盛土……………………176
位置水頭……………………38
一面せん断試験…………145, 152
イライト……………………65
打込杭………………………236
打込杭の支持力式…………251
ウルム氷期…………………54
上向きの浸透流…………42, 187
上向きの浸透流による液状化
　　…………………………189
運積土………………………52
鋭敏な粘土…………………151
鋭敏比………………………151
液　状………………………57
液状化………………………187
液状化現象のシミュレーション
　　…………………………188
液状化対策工法……………198
液状化抵抗…………………193
液状化抵抗比………………195
液状化に影響する要素……194
液状化の発生から終了までの
　過程………………………188
液状化発生危険度…………196
液状化判定…………………194
液状化防止対策……………198
液性限界……………………57
液性指数…………………59, 151
円形荷重……………………82
円弧すべり面………………220
エンジニアリングニューズ式
　　…………………………257
鉛直切り取り面の安全性…226
鉛直集中荷重………………79
鉛直自立高さ………………227
鉛直ドレーン………………118
鉛直方向増加応力…………82
円筒座標……………………79
応　力……………………69, 138
応力経路……………………181
応力履歴……………………177
オスターバーグの図表…85, 86
帯状基礎……………………236
帯状分布荷重………………83
オープンケーソン…………236
おぼれ谷…………………6, 54
重錘の落下…………………125
オランダ式二重管コーン貫入
　試験………………………265

＜カ　行＞

過圧密粘土…………………119
海　進……………………54, 55
崖　錐………………………53
海水位の変動………………54
海成堆積土…………………53
海　退……………………54, 55
カオリナイト………………65
化学的風化…………………52
重ね合わせ…………………80
火山灰質粘性土……………63
火山噴出物…………………52
荷重-沈下と支持力…………235
過剰間隙水圧………………91
過剰間隙水圧比……………192
河川周辺の地形……………54

索　引

河川と地盤の関係 ……………53
河川による土の運搬と堆積 …53
活性度 ……………………………65
活性粘土 …………………………65
壁の変形と土圧の再配分 …214
壁の変形パターン ……………215
間隙水圧 …………………69, 70, 90
間隙水圧係数 $\bar{A}$ ……………180, 181
間隙水圧係数 B ……………178, 179
間隙水圧変化 ……………163, 164
間隙水の圧縮率 ………………179
間隙比 ……………………………15
間隙率 ……………………………15
関西国際空港 ……………………7
関西国際空港沈下データ
　………………………………9, 123
完新統 ……………………………9
含水比 ……………………………18
含水比管理 ……………………133
岩石の風化 ……………………52
乾燥単位体積質量 ……………16
乾燥単位体積重量 ……………18
乾燥密度 ………………………16
緩速載荷 ………………………176
緩速施工 ………………………176
関東ローム ……………………52
貫入破壊 ………………………261

機械的風化 ……………………52
木　杭 …………………………236
基礎の種類 ……………………236
基本的物理量 …………………15
キャサグランデ法 ……………104
吸引圧力 ………………………76
急速盛土施工 …………………176
吸着水層 …………………………30
強度増加率 ……………………169
強度特性（材料の）…………138
極 ………………………………142
極限鉛直支持力 ………………241
極限荷重 ………………………235
極限支持力 ………………235, 237
極限支持力度 …………………235

極限平衡状態 …………………203
極限平衡状態でのすべり線
　………………………………208
曲線定規法 ……………………115
極の利用法 ……………………142
局部せん断破壊 ………………246
曲率係数 ………………………25
許容沈下量 ……………………248
切り取り ………………………217
切り取り斜面 …………………218
切り取りのり面採点表 ………230
均等係数 ………………………25

杭打ち公式 ……………………255
杭打ちハンマー ………………255
杭基礎 …………………………236
杭材に作用する応力 …………258
杭材の限界応力度 ……………259
杭周面の摩擦抵抗による
　支持力 ……………………250
杭先端の支持力 ………………250
クイッククレイ ………………152
クイックコンディション …189
クイックサンド …………42, 189
杭に作用する負の摩擦力 …259
杭の極限支持力 ………………250
杭の載荷試験結果 ……………256
杭の水平耐力 …………………262
杭の動的支持力推定法 ………255
空気間隙率一定曲線 …………130
矩形断面単純梁への載荷 …136
掘削土留め壁に作用する
　土圧分布 …………………215
繰返し載荷回数 ………………193
繰返し三軸試験装置 …………191
繰返し軸差応力 ………………192
繰返しせん断応力 ……………187
繰返しせん断応力比 …………191
繰返しせん断による液状化
　………………………………190
繰返しねじりせん断試験 …190
繰返し非排水三軸試験 ………190
繰返し非排水三軸試験結果
　
………………………………192
クーロン土圧 …………………210
クーロンの主働土圧 …………211
クーロンの受働土圧 …………213
クーロンの土圧理論 …………210
クーロンの破壊規準 …………144
クーロンの破壊規準線 ………145
群杭の支持力 …………………261

形状係数 ………………………242
ケーソン基礎 ……………3, 236
原位置試験 ……………………262
限界間隙比 ……………………185
限界せん断ひずみ曲線 ………195
限界高さ …………………221, 226
限界動水勾配 ……………42, 189
現場 CBR 試験 …………………134
広域地盤沈下 …………………10
降雨強度 ………………………228
降雨と斜面の安定との関係
　………………………………228
高液性限界シルト ……………60
高液性限界粘土 ………………60
鋼 H 杭 …………………………236
鋼管杭 …………………………236
構成三相 ………………………14
洪積層（更新統）………………9
高層ビル ……………………………3
構造物の変位と土圧の大きさ
　………………………………202
黄　土 …………………………53
後背湿地 ………………………54
降伏応力 ………………………235
降伏荷重 …………………235, 256
高有機質土 …………………62, 63
骨格構造 ………………………28
ゴム膜 …………………………156
コーン貫入試験 ………………264
コーン貫入抵抗 ………………264
コンクリート杭 ………………236
コンシステンシー限界 ………56
コンピュータによる斜面の
　安定解析 …………………224

索　　引

＜サ 行＞

再圧縮過程 …………………105
再圧縮指数 …………105, 120
載荷試験 ……………………254
最終圧密沈下量 ……………107
最小安全率 …………………226
最小主応力 …………………139
最小主応力面 ………………139
最大乾燥密度 ………………129
最大曲率点 …………………104
最大主応力 …………………139
最大主応力面 ………………139
最大排水長 ………95, 112, 114
最適含水比 …………………129
細粒土 …………………23, 62
細粒土含有率 ……………60, 195
細粒土の構造 ………………29
細粒土の特性 ………………61
材料の強度特性 ……………138
サクション …………………75
サクションによる負圧 ……170
砂質土 ………………………63
砂質土のせん断強さ ………184
砂質土のせん断抵抗角に影響
　する要素 …………………184
砂質土の代表的なせん断
　抵抗角 ……………………184
サーチャージ工法 …………120
三角座標分類 ………………56
三角州 ………………………54
三軸圧縮試験 ……………154, 155
三軸圧縮強さ ………………174
三軸試験結果の具体的プロ
　ジェクトへの適用 ………175
三軸伸張試験 ………………172
三軸伸張状態 ………………173
三軸伸張強さ ………………174
三軸セル ……………………156
3次元圧密 …………………122
残積土 ………………………52
三相体 ………………………21
サンドパイル ……………116, 117

時間雨量 ……………………228
時間係数 …………95, 97, 112
支持力 ………………………233
支持力係数 ……………240, 242
地震動 ………………………190
自然斜面 ……………………217
自然斜面の安定性 …………227
自然斜面の安定性検討 ……229
自然堤防 ……………………54
湿潤単位体積質量 …………16
湿潤単位体積重量 …………18
湿潤密度 ……………………16
室内 CBR 試験 ……………134
地盤工学コンサルタント …4
地盤断面図 ………………2, 264
地盤沈下 ……………………73
地盤沈下問題 ………………7
地盤内応力 …………………79
地盤内応力分布 ……………79
地盤の支持力 ………………233
地盤の生成 …………………53
締固め ………………………125
締固めエネルギー …………126
締固めエネルギーの大小 …131
締固め機構 …………………126
締固め曲線 …………………129
締固め作業の施工管理 ……132
締固め試験 …………………126
締固め試験用ランマー ……127
斜面の安定 …………………217
斜面の安定解析 ……………217
斜面の安定性判定表 ………229
斜面崩壊 ……………………218
終局限界状態 ………………235
収縮限界 ……………………57
集中荷重 ……………………79
10% 径 ………………………25
周面摩擦 ……………………265
主応力 ………………………138
主応力面 ……………………138
主応力面と傾きをもつ面に
　働く応力 …………………139
主働くさび …………………244

受働くさび …………………244
主働限界状態 …………203, 204
受働限界状態 …………203, 204
主働限界領域 …………237, 238
受働限界領域 …………237, 238
主働土圧 ……………………202
受働土圧 ……………………202
主働土圧係数 ………………204
受働土圧係数 ………………204
主働土圧合力 ………………206
受働土圧合力 ………………206
瞬間載荷 ……………………176
使用限界状態 ………………235
小分類 ………………………63
処女圧密 ……………………105
しらす ………………………52
試料の撹乱 …………………171
シルト ………………………22
人工材料 …………………62, 63
人工斜面 ……………………217
進行性破壊 …………………246
浸透水圧 ……………………42
浸透速度 ……………………41
振動による締固め …………125
水　圧 ………………71, 201
水圧分布 ……………72, 208
スウェーデン法 ……………223
水中単位体積重量 …………19
水　頭 ………………37, 39
水平加速度 …………………195
スケンプトン ………………178
ストレスパス ………………181
砂 ……………………………22
砂地盤の液状化 ………187, 194
砂のせん断抵抗角 …………184
すべり破壊 …………………217
スライス法 …………………222
スライス法による斜面の安定
　解析 ………………………222
スライム ……………………252
正規圧密粘土 ………………119
静止土圧 ……………202, 214

索引

静止土圧係数 K_0 ……171, 214
静水圧……………………71
生成過程による分類………52
静的コーン貫入試験 ………265
正のダイレイタンシー
　　　　　………159, 163, 181
接触点応力………………75
ゼロ空気間隙曲線 ……129, 130
全応力 ………………69, 70
全応力破壊規準 …148, 149, 163
全応力モール円
　　　　　………163, 166, 167, 168
先行圧密応力 ……………104
線状荷重…………………80
扇状地……………………54
全水頭……………………38
せん断応力比 ……………193
せん断試験の種類と施工条件
　との関係 ………………176
せん断速度………………160
せん断中の排水条件 ……178
せん断抵抗角 …………144, 149
せん断破壊 ……………135, 137
せん断前の有効応力 ……177

層厚が大きい粘土層 ……110
相対密度 ………………64, 264
即時沈下…………………247
即時沈下量………………248
側方流動…………………122
塑性限界…………………57
塑性指数………………57, 62
塑性状態…………………57
塑性図……………………60
粗粒土…………………23, 62
粗粒土の構造……………28

＜タ　行＞

対数らせん領域 ………237, 238
体積圧縮係数……………105
体積圧縮係数の求め方 …105
体積拡大…………………159
体積縮小………………159, 181

体積弾性率………………90
堆積土……………………52
体積変化…………………158
体積膨張…………………181
大分類……………………63
ダイレイタンシー ………159
ダイレイタンシー効果 …242
ダイレイタンシー性向 …163
多次元圧密………………122
多層粘土地盤 ……………110
ダッチコーン……………265
ダルシーの法則……33, 35, 94
段階載荷…………………176
段階載荷による圧密試験方法
　　　　　…………………101
段階盛土…………………176
弾性的沈下………………247
タンパー…………………125
端面摩擦…………………156
単粒構造…………………28
地下水位の低下…………73
地下水のくみ上げ………10
地層断面図………………6
チャンの解………………262
中央径間…………………2
中間主応力………………139
中間主応力面……………139
中空ねじりせん断試験 …154
沖積層……………………9
沖積土……………………53
中分類……………………63
中立点……………………260
超鋭敏な粘土……………151
超活性粘土………………65
長方形荷重………………84
直接基礎 ………………233, 236
直線すべり面……………218
直線すべり面による安定解析
　　　　　…………………219
沈下係数…………………248
沈降分析…………………23
通過質量百分率…………24

突固めエネルギーの大きさ
　　　　　…………………128
土の工学的分類…………60
土の構成…………………13
土の構造…………………28
土の骨格…………………13
土の骨格構造……………70
土の骨格構造の圧縮率 …179
土の締固め………………125
土の生成…………………51
土のせん断試験の種類 …150
土のせん断強さ ……135, 154
土のせん断強さを支配する
　要素……………………177
土の微視構造……………74
土の分類…………………51
土粒子……………………14
土粒子の大きさ…………22
土粒子の形状……………26
土粒子の破壊……………75
土粒子の密度……………16
土粒子表面の電荷………77
定圧一面せん断試験 ……152
低液性限界シルト………60
低液性限界粘土…………60
定体積一面せん断試験 …152
泥　炭……………………52
定ひずみ速度圧密試験方法
　　　　　…………………106
テイラーの図表 …………221
テルツァギの圧密理論 …92
テルツァギの圧密理論の条件
　と仮定…………………99
テルツァギの1次元圧密
　方程式…………………94
テルツァギの支持力解 …239
土　圧……………………201
土圧がランキン土圧となる
　条件……………………209
土圧合力の作用点 ………206
土圧の再配分……………215
土圧分布…………………208

索　引

統一土質分類法 …………… 60
統一分類法 …………… 23, 60
等価な繰返しせん断応力比
　……………………… 194, 196
東京湾平均海面 ……… 54, 264
等時曲線 …………………… 96
透　水 ………………… 33, 92
透水係数 ……………… 34, 35
動水傾度 …………………… 34
動水勾配 …………………… 34
等分布円形荷重 …………… 82
等分布帯状荷重 …………… 83
等分布長方形荷重 ………… 83
等ポテンシャル線 ………… 44
独立基礎 ………………… 236
土石流堆積物 ……………… 53
豊浦標準砂 ………………… 26
ドレーンキャパシティー … 118

＜ナ　行＞

内部摩擦角 ……………… 144
日雨量 …………………… 228
二次圧密 ………………… 121
二次圧密係数 …………… 121
２次元圧密 ……………… 122
２次元透水問題 …………… 43
二次盛土 ………………… 176
日本建築学会・指針式 … 241
日本統一土質分類法 … 60, 62
日本の海成粘土 ………… 151
ニューマークの図表 … 83, 84
ニューマチックケーソン 236
布基礎 …………………… 236
根入れ深さ ……………… 241
ネガティブフリクション … 259
ねじりせん断試験 ……… 154
粘性土 ……………………… 63
粘着力 …………… 144, 149
粘　土 ……………………… 22
粘土の骨格構造 …………… 90
粘土の微視構造 …………… 74

伸びひずみ ……………… 173
のり勾配 ………………… 229
のり高 …………………… 229
のり面 …………………… 217

＜ハ　行＞

配向構造 …………………… 29
排水工法 ………………… 198
排水条件による三軸圧縮試験
　の種類 ………………… 158
排水量 …………………… 158
ハイリーの式 …………… 257
破壊規準 ………………… 144
破壊面 …………………… 147
薄片状 ……………………… 26
場所打杭 ………………… 236
場所打杭の支持力式 …… 252
ハーゼンの式 ……………… 36
波動方程式による杭の支持力
　解析法 ………………… 257
梁の曲げ破壊 …………… 137
半固体 ……………………… 57
阪神大震災 ……………… 187
半無限弾性地盤 …………… 81
非圧密非排水試験 ……… 157
非圧密非排水せん断試験 … 166
非活性粘土 ………………… 65
微視的構造 ………………… 30
比　重 ……………………… 17
ビショップ法 …………… 223
引張応力 ………………… 136
引張強さ ………………… 135
引張破壊 ………………… 135
非排水せん断強さ …… 168, 169
比表面積 …………………… 30
標準圧密試験 …………… 101
標準貫入試験 …………… 263
標準プロクター試験 …… 128
表面張力 ……………… 75, 76
表面電荷 …………………… 30
ファイバードレーン …… 118
風　化 ……………………… 52

フェレニウス法 ………… 223
フォールコーン …………… 59
深い基礎 ………………… 236
深い基礎の鉛直支持力 … 250
ブーシネクス解 …………… 80
腐植土 ……………………… 52
フーチング ……………… 236
物体内に生じる応力 …… 138
物体のこわれ方 ………… 135
不同沈下量 ……………… 248
負のダイレイタンシー
　……………… 159, 163, 181
負の摩擦力 ……………… 259
不飽和土 ……………… 16, 75
浮遊状態 ………………… 189
プラスチックドレーン … 118
プラントルの考えた破壊
　パターン ……………… 238
プラントルの支持力解 … 237
フーリエ級数 ……………… 95
プレロード工法 ………… 120
プロクター ……………… 126
ブロック破壊 …………… 261
分割法 …………………… 222
分布荷重 …………………… 81
平均圧密応力 ……… 109, 111
平均圧密度 ………… 97, 112
閉塞効果 ………………… 253
平面ひずみ条件 ………… 185
べた基礎 …………… 233, 236
ペーパードレーン ……… 118
ベルヌーイの定理 ………… 38
変形係数 ………………… 150
変数分離法 ………………… 95
ベーンせん断試験 ……… 266
ボイリング ……………… 189
飽和単位体積質量 ………… 16
飽和単位体積重量 ………… 19
飽和土 ……………………… 16
飽和度 ……………………… 15
飽和度一定曲線 ………… 130
飽和度のチェック ……… 179

索　引

飽和密度 …………………… 16
補正 N 値 …………………… 195
ボーリング柱状図 ………… 264

＜マ　行＞

マイヤーホッフの支持力解
　　…………………………… 250
マイヤーホッフの実用式 … 250
マグニチュード …………… 195
三笠の圧密理論 …………… 100
水の圧縮率 ………………… 90
水の密度 ……………… 17, 19
面に垂直に作用する応力 … 139
面に平行に作用するせん
　断応力 …………………… 139
綿毛構造 …………………… 29
盛　土 ……………………… 217
盛土荷重 …………………… 85
モール円 …………………… 142
モールの応力円 …………… 140
モールの破壊規準 ………… 146
モールの破壊包絡線 ……… 146
モール・クーロンの破壊規準
　　………………… 144, 146, 147
モール・クーロンの破壊規準線
　　…………………………… 147
モンモリロナイト ………… 65

＜ヤ　行＞

ヤーキーの式 ……………… 214
ヤンブー法 ………………… 224
有機質土 ……………… 52, 63
有効応力 …………… 69, 70, 91
有効応力の概念 …………… 69
有効応力破壊規準
　　………………… 148, 149, 163
有効応力モール円
　　………………… 163, 166, 167, 168
有効間隔 …………………… 117
有効径 ……………………… 25
有楽町層 …………………… 55

＜ラ　行＞

ラプラスの方程式 ………… 45
ランキン土圧 ……………… 203
ランキンの極限平衡状態での
　すべり線 ………………… 209
ランキンの限界状態に基づく
　支持力 …………………… 244
ランキンの土圧式 …… 205, 206
ランキンの土圧理論 ……… 202
ランダム構造 ……………… 29
リーチング ………………… 152
粒　径 ……………………… 22
粒径加積曲線 …………… 23, 24
粒径による分類 …………… 22
粒径分布 …………………… 23
粒　状 ……………………… 26
流　線 ……………………… 44
流線網 ……………………… 43
流線網の図式解法 ………… 45
粒度組成による分類 ……… 55
粒度配合 …………………… 24
粒度配合の良い土 ………… 24
粒度配合の悪い土 ………… 24
粒度分布 …………………… 23
累積雨量 …………………… 228
礫 ………………………… 22
礫質土 ……………………… 63
60% 径 ……………………… 25
ローラー …………………… 125

＜英　名＞

$\overline{A}$ 係数 …………………… 180
A 線 ………………………… 60
$\overline{A}$ の値 …………………… 181
B 係数 ……………………… 179
B 線 ………………………… 60
B 値 ………………………… 179
CBR 試験 ………………… 133
CBR 用突固め試験 ……… 128
C_c 法 ……………………… 108
C_c の求め方 ……………… 103
C_α/C_c の値 ………………… 122
CD テスト ………………… 158
CH …………………………… 60
CIU テスト ………………… 172
CK_0U テスト …………… 171, 172
CK_0UC テスト …………… 173
CK_0UE テスト …………… 172
CL …………………………… 60
CU テスト ………………… 162
$\overline{CU}$ テスト …………… 162, 164
E_{50} ………………………… 150
e 法 ………………………… 108
e-$\log p$ 曲線 ……………… 102
e-$\log\sigma'$-$\log t$ 図 ………… 183
F_l 値 ………………… 195, 196
Fat な土 …………………… 61
K_0 圧密非排水三軸試験 …… 171
K_0 条件 …………………… 172
K_0 条件下 ………………… 169
K_0 条件下の土 …………… 171
K_0CU テスト …………… 172
Lean な土 ………………… 61
MH …………………………… 60
ML …………………………… 60
m_v 法 ……………………… 107
N 値 ……………………… 263
O リング …………………… 156
p-q 図 …………………… 182
p'-q 図 …………………… 182
p-q-e 図 ………………… 183
p'-q-e 図 ………………… 183
SI 単位 …………………… 269
$\sqrt{t}$ 法 …………………… 114
UU テスト ……………… 166, 167
VD 圧密 …………………… 118
ρ_d-w 曲線 ……………… 129
σ_m-q 図 ………………… 182
σ_m'-q 図 ………………… 182
σ_v-σ_h 図 ………………… 183
σ_v'-σ_h' 図 ………………… 183
$\phi=0$ コンディション …… 168

〈著者紹介〉

足立 格一郎（あだち　かくいちろう）
　1962年　東京大学工学部土木工学科卒業
　1974年　イリノイ大学大学院博士課程修了
　1986年　芝浦工業大学工学部土木工学科・教授
　専門分野　地盤工学，土質力学
　現　　在　芝浦工業大学名誉教授．Ph.D.

　　　テキストシリーズ　土木工学⑪
　　　土　質　力　学
　2002年6月25日　初版1刷発行
　2024年2月20日　初版19刷発行
　　　　　　　　　　　　　　　　　　　　検印廃止

　著　者　足立　格一郎　　ⓒ2002

　発行者　南條　光章

　発行所　共立出版株式会社
　　　〒112-0006　東京都文京区小日向4丁目6番19号
　　　　電話　03-3947-2511
　　　　振替　00110-2-57035
　　　URL　www.kyoritsu-pub.co.jp

　　　　　　　　　　　　　　　　　（一般社団法人
　　　　　　　　　　　　　　　　　 自然科学書協会
　　　　　　　　　　　　　　　　　 会　員）

印刷・製本：藤原印刷

NDC 511.3／Printed in Japan

ISBN 978-4-320-07393-7

|JCOPY| ＜出版者著作権管理機構委託出版物＞
本書の無断複製は著作権法上での例外を除き禁じられています．複製される場合は，そのつど事前に，出版者著作権管理機構（TEL：03-5244-5088，FAX：03-5244-5089，e-mail：info@jcopy.or.jp）の許諾を得てください．

■土木工学関連書

www.kyoritsu-pub.co.jp　共立出版

景観生態学 …………………………日本景観生態学会編	復刊 河川地形 ………………………………高山茂美著
土木職公務員試験 過去問と攻略法 ‥山本忠幸他著	交通計画学 第2版(テキストS土木工学10) ………樗木 武他著
コンクリート工学の基礎 建設材料コンクリートノート:改訂・改題 ……村田二郎他著	エシェロン解析 階層化して視る時空間データ(統計学OP 19) ……栗原考次他著
工学基礎 固体力学 …………………………園田佳巨他著	メッシュ統計 (統計学OP 15) ………………佐藤彰洋著
静定構造力学 第2版 …………高岡宣善著／白木 渡改訂	都市の計画と設計 第3版 ……………小嶋勝衛他監修
不静定構造力学 第2版 ………高岡宣善著／白木 渡改訂	新・都市計画概論 改訂2版 ………………加藤 晃他編著
詳解 構造力学演習 ……………………………彦坂 熙他著	風景のとらえ方・つくり方 九州実践編 ……小林一郎監修
鉄筋コンクリート工学 ………………………加藤清志他著	鋼構造 (テキストS土木工学10) …………………三木千壽著
土砂動態学 山から深海底までの流砂・漂砂・生態系 ……松島亘志他編著	新編 橋梁工学 ………………………………中井 博他著
土質力学の基礎とその応用 土質力学の基礎改訂・改題 ……石橋 勲他著	例題で学ぶ橋梁工学 第2版 ………………中井 博他著
土質力学 (テキストS土木工学11) ……………足立格一郎他著	対話形式による橋梁設計シミュレーション 中井 博他著
地盤環境工学 ……………………………嘉門雅史他著	橋梁工学 第2版(テキストS土木工学3) …………長井正嗣著
森林と水 (森林科学S 5) ……………………三枝信子他編	森の根の生態学 ……………………………平野恭弘他著
水理学 改訂増補版 ………………………………小川 元他著	森林と災害 (森林科学S 3) ………………中村太士他編
水理学入門 …………………………………真野 明他著	実践 耐震工学 第2版 ……………………大塚久哲著
移動床流れの水理学 …………………………関根正人著	津波と海岸林 バイオシールドの減災効果 ………佐々木 寧他著
水文科学 ……………………………杉田倫明他編著	入門 環境の科学と工学 ………………川本克也他著
水文学 ……………………………………杉田倫明訳	